農業経営統計調査報告

令和3年

畜 産 物 生 産 費

大臣官房統計部

令 和 5 年 9 月

農林水産省

目　　次

累年統計表

利用者のために

1 調査の概要

(1) 調査の目的

農業経営統計調査「畜産物生産費統計」は、牛乳、子牛、乳用雄育成牛、交雑種育成牛、去勢若齢肥育牛、乳用雄肥育牛、交雑種肥育牛（(2)調査の沿革を除き、以下、乳用雄育成牛及び交雑種育成牛を「育成牛」、去勢若齢肥育牛、乳用雄肥育牛及び交雑種肥育牛を「肥育牛」という。）及び肥育豚の生産費の実態を明らかにし、畜産物価格の安定をはじめとする畜産行政及び畜産経営の改善に必要な資料を整備することを目的としている。

(2) 調査の沿革

わが国の畜産物生産費調査は、昭和26年に農林省統計調査部において牛乳生産費調査を実施したのが始まりで、その後、国民の食料消費構造の変化から畜産物の需要が増加する中で、昭和29年に酪農及び肉用牛生産の振興に関する法律（昭和29年法律第182号）が施行されたことに伴い、牛乳生産費調査を拡充した。昭和33年に食肉価格が急騰し、食肉の需給安定対策が緊急の課題となったことに伴い、昭和34年から子牛、肥育牛、子豚及び肥育豚の生産費調査を開始し、翌35年に養鶏振興法（昭和35年法律第49号）が制定されたことを契機に鶏卵生産費調査を開始した。

昭和36年には畜産物の価格安定等に関する法律（昭和36年法律第183号）が、昭和40年には加工原料乳生産者補給金等暫定措置法（昭和40年法律第112号）がそれぞれ施行されたことにより、価格安定対策の資料としての必要性から各種畜産物生産費調査の規模を大幅に拡充した。また、昭和42年にはブロイラー生産費調査、昭和48年には乳用雄肥育牛生産費調査をそれぞれ開始した。

昭和63年には、牛肉の輸入自由化に関連した国内対策として肉用子牛生産安定等特別措置法（昭和63年法律第98号）が施行され、肉用子牛価格安定制度が抜本的に強化拡充されたことに伴い、乳用雄育成牛生産費調査を開始した。

その後の農業・農山村・農業経営の実態変化は著しく、こうした実態を的確に捉えたものとするため、平成2年から3年にかけて生産費調査の見直し検討を行い、その結果を踏まえ、平成3年には農業及び農業経営の著しい変化に対応できるよう調査項目の一部改正を行った。

その後は、ブロイラー生産費調査は平成4年まで、鶏卵生産費調査は平成6年まで実施し、それ以降は調査を廃止し、また、養豚経営において、子取り経営農家及び肥育経営農家の割合が低下し、子取りから肥育までを一貫して行う養豚経営農家の割合が高まっている状況に鑑み、平成5年から肥育豚生産費調査対象農家を、これまでの肥育経営農家から一貫経営農家に変更した。これに伴い、子豚生産費調査を廃止した。

平成6年には、農業経営の実態把握に重点を置き、多面的な統計作成が可能な調査体系とすることを目的に、従来、別体系で実施していた農家経済調査と農畜産物繭生産費調査を統合し、「農業経営統計調査」（指定統計第119号）として、農業経営統計調査規則（平成6年農林水産省令第42号）に基づき実施されることとなった。

畜産物生産費については、平成7年から農業経営統計調査の下、「畜産物生産費統計」として取りまとめることとなり、同時に間接労働の取扱い等の改正を行い、また、平成10年から家族労働費について、それまでの男女別評価から男女同一評価（当該地域で男女を問わず実際に支払われた平均賃金

による評価）に改定が行われた。

　平成11年度からは、多様な肉用牛経営について品目別に把握するため「交雑種肥育牛生産費統計」及び「交雑種育成牛生産費統計」の取りまとめをそれぞれ開始した。また、畜産物価格算定時期の変更に伴い調査期間を変更し、全ての品目について当年4月から翌年3月とした。

　平成16年には、食料・農業・農村基本計画等の新たな施策の展開に応えるため農業経営統計調査を、営農類型別・地域別に経営実態を把握する営農類型別経営統計に編成する調査体系の再編・整備等の所要の見直しを行った。これに伴って畜産物生産費についても、平成16年度から農家の農業経営全体の農業収支、自家農業投下労働時間の把握の取りやめ、自動車費を農機具費から分離・表章する等の一部改正を行った。

　令和元年から、調査への決算書類等の活用の幅が広がる等、調査の効率化を図るため、全ての品目の調査期間を当年1月から12月までと変更した。

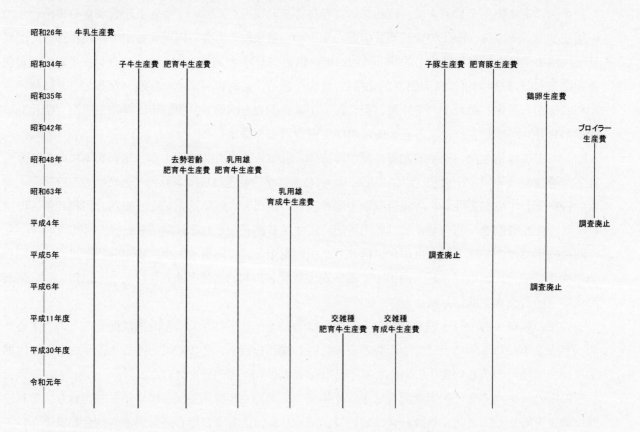

(3) 調査の根拠法令

　本調査は、統計法（平成19年法律第53号）第9条第1項の規定に基づく総務大臣の承認を受けた基幹統計調査（基幹統計である農業経営統計を作成する調査）として、農業経営統計調査規則（平成6年農林水産省令第42号）に基づき実施した。

(4) 調査の機構

　農林水産省大臣官房統計部及び地方組織（地方農政局、北海道農政事務所、内閣府沖縄総合事務局及び内閣府沖縄総合事務局の農林水産センター）を通じて実施した。

(5) 調査の体系

　農業経営統計調査は、営農類型別経営統計及び生産費統計の２つの体系から構成されており、それぞれ次図のとおりである。

農 業 経 営 統 計 調 査 の 体 系 図

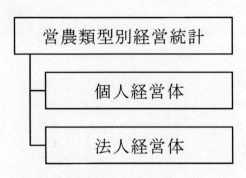
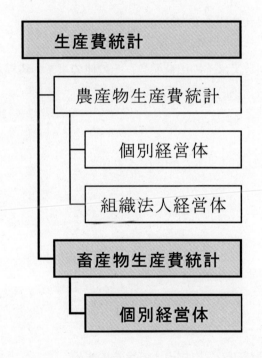

[畜産物生産費統計で統計を作成する品目]
牛乳、去勢若齢肥育牛、乳用雄肥育牛、
交雑種肥育牛、子牛、乳用雄育成牛、
交雑種育成牛、肥育豚

(6) 本資料の収録範囲

　本資料は、農業経営統計調査のうち畜産物生産費統計について収録した。

(7) 調査の対象

　本調査における調査の対象は、次のとおりである。

　農業生産物の販売を目的とし、世帯による農業経営を行う農業経営体（法人格を有する経営体を含む。本調査において「個別経営体」という。）であり、かつ品目ごとに、次の条件に該当するものである。

　　牛 乳 生 産 費：搾乳牛（ホルスタイン種等の乳用種に限る。）を１頭以上飼養し、生乳を販売する経営体

肥　育　牛　生　産　費
　　去勢若齢肥育牛生産費：　肥育を目的とする去勢若齢和牛を1頭以上飼養し、販売する経営体
　　乳用雄肥育牛生産費：　肥育を目的とする乳用雄牛を1頭以上飼養し、販売する経営体
　　交雑種肥育牛生産費：　肥育を目的とする交雑種牛を1頭以上飼養し、販売する経営体
子　牛　生　産　費：　肉用種の繁殖雌牛を2頭以上飼養して子牛を生産し、販売する経営体
育　成　牛　生　産　費
　　乳用雄育成牛生産費：　肥育用もと牛とする目的で育成している乳用雄牛を5頭以上飼養し、
　　　　　　　　　　　　　　販売する経営体
　　交雑種育成牛生産費：　肥育用もと牛とする目的で育成している交雑種牛を5頭以上飼養し、
　　　　　　　　　　　　　　販売する経営体
肥　育　豚　生　産　費：　肥育豚を年間20頭以上販売し、肥育用もと豚に占める自家生産子豚
　　　　　　　　　　　　　　の割合が7割以上の経営体

　　なお、農業経営体とは、次のいずれかに該当する事業を行う者をいう。
ア　経営耕地面積が30a以上の規模の農業
イ　農作物の作付面積又は栽培面積、家畜の飼養頭羽数又はその出荷羽数、その他の事業の規模が次
　　に示す農業経営体の外形基準（面積、頭数等といった物的指標）以上の農業
　　　　露地野菜作付面積　　15a
　　　　施設野菜栽培面積　　350㎡
　　　　果樹栽培面積　　　　10a
　　　　露地花き栽培面積　　10a
　　　　施設花き栽培面積　　250㎡
　　　　搾乳牛飼養頭数　　　　1頭
　　　　肥育牛飼養頭数　　　　1頭
　　　　豚飼養頭数　　　　　　15頭
　　　　採卵鶏飼養羽数　　　150羽
　　　　ブロイラー年間出荷羽数　　1,000羽
　　　　その他　　1年間における農業生産物の総販売額が50万円に相当する事業の規模

(8)　調査の対象と調査対象経営体の選定方法

　ア　対象品目別経営体リストの作成
　　　2015年農林業センサス（農林業経営体調査票）において把握した農業経営体のうち、対象品目ご
　　とに次の経営体を飼養頭数規模別及び全国農業地域別に区分したリストを作成している。なお、対
　　象品目別の飼養頭数規模階層は表1のとおりである。
　（ア）　牛乳生産費
　　　　乳用牛（24か月齢以上。以下同じ。）を飼養する経営体
　（イ）　肥育牛生産費
　　　　和牛などの肉用種（肥育中の牛）、肉用として飼っている乳用種（肥育中の牛）又は和牛と乳
　　　用種の交雑種（肥育中の牛）を飼養する経営体

4

(ウ)　子牛生産費

　　和牛などの肉用種（子取り用雌牛）（以下「繁殖雌牛」という。）を飼養する経営体

(エ)　育成牛生産費

　　肉用として飼っている乳用種（売る予定の子牛）又は和牛と乳用種の交雑種（売る予定の子牛）
　を飼養する経営体

(オ)　肥育豚生産費

　　肥育豚を飼養する経営体

表1　畜産物生産費統計の飼養頭数規模階層

区　分	規　　模　　区　　分						
牛　　乳	20頭未満	20〜30	30〜50	50〜100	100〜200	200頭以上	
去勢若齢肥育牛 乳用雄肥育牛 交雑種肥育牛	10頭未満	10〜20	20〜30	30〜50	50〜100	100〜200	200〜500
子　　牛	2〜5頭未満	5〜10	10〜20	20〜50	50〜100	100頭以上	
乳用雄育成牛 交雑種育成牛	5〜20頭未満	20〜50	50〜100	100〜200	200頭以上		
肥　育　豚	100頭未満	100〜300	300〜500	500〜1,000	1,000〜2,000	2,000頭以上	

イ　調査対象経営体数（標本の大きさ）

　　調査対象経営体数（標本の大きさ）については、計算対象品目ごとの計算単位当たり資本利子・
　地代全額算入生産費（以下「全算入生産費」という。）を指標とした目標精度（標準誤差率）に基
　づき、それぞれ必要な調査対象経営体数を算出している。

　　各品目における指標、目標精度、調査対象経営体数（標本配分における追加数を含む。）、抽出
　率は表2のとおりである。

表2　畜産物生産費統計の目標精度、調査対象経営体数及び抽出率

単位：経営体

	指標		目標精度 (標準誤差率)	調査対象経営体数	抽出率
牛乳	北海道	生乳100kg（乳脂肪分3.5%換算）当たり全算入生産費	1.0	234	1/ 26
	都府県		2.0	188	1/ 57
	小計		－	422	1/ 40
去勢若齢肥育牛		肥育牛1頭当たり全算入生産費	2.0	299	1/ 27
乳用雄肥育牛			2.0	84	1/ 14
交雑種肥育牛			2.0	96	1/ 19
子牛		子牛1頭当たり全算入生産費	2.0	188	1/187
乳用雄育成牛		育成牛1頭当たり全算入生産費	3.0	53	1/ 11
交雑種育成牛			3.0	60	1/ 23
肥育豚		肥育豚1頭当たり全算入生産費	2.0	100	1/ 20

ウ　標本配分

（ア）　牛乳生産費

　　イで定めた北海道、都府県別の調査対象経営体数を飼養頭数規模別に最適配分し、更に全国農業地域別の乳用牛を飼養する経営体数に応じて比例配分している。この際、都府県において規模階層別の精度が4％を下回った階層について、精度が4％となるまで調査対象経営体を追加し、全国農業地域別の精度が8％を下回った全国農業地域について、精度が8％となるまで調査対象経営体を追加している。

（イ）　牛乳生産費以外

　　イで定めた調査対象経営体数を飼養頭数規模別に最適配分し、更に全国農業地域別に該当畜を飼養する経営体数に応じて比例配分している。

エ　標本抽出

　　アで作成した対象品目別経営体リストにおいて、対象品目の飼養頭数の小さい経営体から順に並べた上で、ウで配分した当該規模階層の調査対象経営体数で等分し、等分したそれぞれの区分から1経営体ずつ無作為に抽出している。

(9)　**調査の時期**

ア　調査対象期間

　　調査期間は、令和3年1月1日から令和3年12月31日までの1年間である。

イ　調査票の配布時期及び提出期限

　　調査期間前に配布し、提出期限については、調査期間終了月の翌々月とする。

(10) 調査事項

調査対象畜の飼養及び自給牧草の生産に要した費用別の費用（消費税を含む。）、労働時間、建物・農機具等の所有状況並びに土地及び地代、調査対象畜へ給与した飼料の給与量、調査対象畜の取引状況、主産物及び副産物の数量と価額、農業就業者数、経営耕地面積等で、次のとおりである。

- ア　経営の概況
- イ　生産物の販売等の状況又は調査対象畜の取引状況
- ウ　調査対象畜産物の生産に使用した資材等に関する事項
- エ　物件税及び公課諸負担に関する事項
- オ　消費税
- カ　借入金（買掛未払金を含む。）及び支払利子に関する事項
- キ　出荷に要した経費（牛乳生産費を除く。）
- ク　建物及び構築物（土地改良設備を含む。）の所有状況
- ケ　自動車（自動二輪・三輪を含む。）の所有状況
- コ　農業機械（生産管理機器を含む。）の所有状況
- サ　農具の購入費等に関する事項
- シ　搾乳牛等の所有状況（牛乳生産費のみ）
- ス　土地の面積及び地代に関する事項
- セ　労働に関する事項
- ソ　乳用牛の月齢別の飼育経費に関する事項（牛乳生産費のみ）

(11) 調査対象畜となるものの範囲

この調査において、生産費を把握する対象とする家畜の種類は、次のとおりである。

ア　牛乳生産費統計

搾乳牛及び調査期間中にその搾乳牛から生まれた子牛。ただし、子牛については、生後10日齢までを調査の対象とし、副産物として取り扱っている（調査開始時以前に生まれた子牛、調査期間中に生まれ10日齢を超えた子牛等は対象外としている。）。

イ　肥育牛生産費統計

肉用として販売する目的で肥育している牛（繁殖雌牛及びその繁殖雌牛から生まれた子牛は対象外とした。ただし、育成が終了し肥育中のものは対象としている。）。

ウ　子牛生産費統計

繁殖雌牛及びその繁殖雌牛から生まれた子牛（肥育牛（育成が終了した牛）あるいは使役専用の牛、種雄牛等は対象外としている。）。

エ　育成牛生産費統計

肥育用もと牛とする目的で育成している牛（肉用種の子牛、搾乳牛に仕向けるために育成している牛、育成が終了した牛は対象外としている。）

オ　肥育豚生産費統計

　　肉用として販売する目的で飼養されている豚及びその生産にかかわる全ての豚（肉豚、子豚生産のための繁殖雌豚、種雄豚、繁殖用後継豚として育成中の豚、繁殖用豚生産のための原種豚及び繁殖能力消滅後肥育されている豚）。

(12) 調査方法

　　調査は、農林水産省―地方農政局等（注）―報告者の実施系統で実施している。

　　職員又は統計調査員が調査票を調査対象経営体に配布し、郵送、職員若しくは統計調査員による訪問又はオンラインの方法により回収（決算書類等の提供を含む。）する自計調査の方法で行っている。

　　また、必要に応じて、職員又は統計調査員による調査対象経営体に対する面接調査の方法も併用している。

　　注：　「地方農政局等」とは、地方農政局、北海道農政事務所、内閣府沖縄総合事務局（農林水産センターを含む。）をいう。

2　調査上の主な約束事項

(1)　畜産物生産費の概念

　　畜産物生産費統計において、「生産費」とは、畜産物の一定単位量の生産のために消費した経済費用の合計をいう。ここでいう費用の合計とは、具体的には、畜産物の生産に要した材料（種付料、飼料、敷料、光熱動力、獣医師料及び医薬品、その他の諸材料）、賃借料及び料金、物件税及び公課諸負担、労働費（雇用・家族（生産管理労働も含む。））、固定資産（建物、自動車、農機具、生産管理機器、家畜）の財貨及び用役の合計をいう。

　　なお、これらの各項目の具体的事例は、別表1を参照されたい。

(2)　主な約束事項

ア　生産費の種別（生産費統計においては、「生産費」を次の3種類に区分する。）

(ｱ)　「生産費（副産物価額差引）」

　　調査対象畜産物の生産に要した費用合計から副産物価額を控除したもの

(ｲ)　「支払利子・地代算入生産費」

　　「生産費（副産物価額差引）」に支払利子及び支払地代を加えたもの

(ｳ)　「資本利子・地代全額算入生産費」

　　「支払利子・地代算入生産費」に自己資本利子及び自作地地代を擬制的に計算して算入したもの

イ　物財費

　　調査対象畜を生産するために消費した流動財費（種付料、飼料費、敷料費、光熱動力費、獣医師料及び医薬品費、その他の諸材料等）及び固定財（建物、自動車、農機具、生産管理機器、家畜の償却資産）の減価償却費を合計したものである。

　　なお、流動財費は、購入したものについてはその支払額、自給したものについてはその評価額により算出している。

(ｱ)　種付料

牛乳生産費統計、子牛生産費統計及び肥育豚生産費統計における種付料は、搾乳牛、繁殖雌牛及び繁殖雌豚に、計算期間中に種付けに要した精液代、種付料金等を計上している。

　なお、自家で種雄牛を飼養し、種付けに使用している場合の種付料は、その地方の１回の授精に要する種付料で評価している。ただし、肥育豚生産費統計では、自家で飼養している種雄豚により種付けを行った場合は「種雄豚費」を計上しているので、種付料は計上しない。

(ｲ)　もと畜費

　育成牛生産費統計、肥育牛生産費統計及び肥育豚生産費統計におけるもと畜費は、もと畜そのものの価額に、もと畜を購入するために要した諸経費も計上している。自家生産のもと畜は、その地方の市価により評価している。

　なお、肥育豚生産費統計における自家生産のもと畜については、その育成に要した費用を各費目に計上しているため、もと畜費としては計上しない。

(ｳ)　飼料費

　ａ　流通飼料費

　(a)　購入飼料費

　　　実際の飼料の購入価額、購入付帯費及び委託加工料を計上している。

　　　なお、生産費調査では、配合飼料価格安定基金の積立金及び補てん金は計上しない。

　(b)　自給飼料費

　　　飼料作物以外の自給の生産物を飼料として給与した場合は、その地方の市価（生産時の経営体受取価格）によって評価して計上している。

　ｂ　牧草・放牧・採草費（自給）

　　　牧草等の飼料作物の生産に要した費用及び野生草・野乾草・放牧場・採草地に要した費用を計上している。

　　　なお、生産に投下した労働については、平成７年から労働費のうちの間接労働費として計上している。

(ｴ)　敷料費

　稲わら、麦わら、おがくず、野草など畜舎内の敷料として利用した費用を計上している。

　なお、自給敷料はその地方の市価（生産時の経営体受取価格）によって評価して計上している。

(ｵ)　光熱水料及び動力費

　購入又は自家生産した動力材料、燃料、水道料、電気料等を計上している。

(ｶ)　その他の諸材料費

　縄、ひも、ビニールシート等の消耗材料など、他の費目に計上できない材料を計上している。

(ｷ)　獣医師料及び医薬品費

　獣医師に支払った料金及び使用した医薬品、防虫剤、殺虫剤、消毒剤等の費用のほか、家畜共済掛金のうちの疾病傷害分を計上している。

(ｸ)　賃借料及び料金

　建物・農機具等の借料、生産のために要した共同負担費、削てい料、きゅう肥を処理するために支払った引取料等を計上している。

(ｹ)　物件税及び公課諸負担

　畜産物の生産のための装備に賦課される物件税（建物・構築物の固定資産税、自動車税等。た

だし、土地の固定資産税は除く。）、畜産物の生産を維持・継続する上で必要不可欠な公課諸負担（集落協議会費、農業協同組合費、自動車損害賠償責任保険等）を計上している。

(コ)　家畜の減価償却費

　　生産物である牛乳、子牛の生産手段としての搾乳牛、繁殖雌牛の取得に要した費用を減価償却計算を行い計上した。牛乳生産費統計では乳牛償却費、子牛生産費統計では繁殖雌牛償却費という。

　　また、搾乳牛、繁殖雌牛を廃用した場合は、廃用時の帳簿価額から廃用時の評価額（売却した場合は売却額）を差し引いた額を処分差損益として償却費に加算している（ただし、処分差益が減価償却費を上回った場合は、統計表上においては減価償却費を負数「△」として表章している。）。

　　なお、肥育豚生産費統計における繁殖雌豚費及び種雄豚費については、後述(サ)のとおり。

　a　償却費

　　減価償却費

　　　1か年の減価償却額

　　　＝（取得価額－1円（備忘価額））×耐用年数に応じた償却率

　b　取得価額

　　搾乳牛及び繁殖雌牛の取得価額は初回分べん以降（繁殖雌牛の場合、初回種付け以降）に購入したものは購入価額とし、自家育成した場合にはその地方における家畜市場の取引価格又は実際の売買価格等を参考として、搾乳牛については初回分べん時、繁殖雌牛は初回種付時で評価している。

　　また、購入した場合は、購入価額に購入に要した費用を含めて計上している。

　c　耐用年数に応じた償却率

　　搾乳牛及び繁殖雌牛の耐用年数に応じた償却率は、減価償却資産の耐用年数等に関する省令（昭和40年大蔵省令第15号）に定められている耐用年数（以下「法定耐用年数」という。）に対応する償却率をそれぞれ用いている。

(サ)　繁殖雌豚費及び種雄豚費

　　繁殖雌豚及び種雄豚の購入に要した費用を計上している。

　　なお、自家育成の繁殖畜については、それの生産に要した費用を生産費の各費目に含めているので本費目には計上しない。

(シ)　建物費

　　建物・構築物の償却費と修繕費を計上している。

　　また、建物・構築物を廃棄又は売却した場合は、処分時の帳簿価額から処分時の評価額（売却した場合は売却額）を差し引いた額を処分差損益として償却費に加算している（ただし、処分差益が減価償却費を上回った場合は、統計表上においては減価償却費を負数「△」として表章している。）。

　a　償却費

　　減価償却費

　　　1か年の減価償却額

　　　＝（取得価額－1円（備忘価額））×耐用年数に応じた償却率

　(a)　取得価額

　　取得価額は取得に要した価額により評価している。ただし、国及び地方公共団体から補助

金を受けて取得した場合は、取得価額から補助金部分を差し引いた残額で、償却費の計算を行っている。

(b) 耐用年数に応じた償却率

法定耐用年数に対応した償却率を用いている。

b 修繕費

建物・構築物の維持修繕について、購入又は支払の場合、購入材料の代金及び支払労賃を計上している。

(ス) 自動車費

自動車の減価償却費及び修繕費を計上している。

なお、自動車の償却費と修繕費の計算方法は、建物と同様である。

(セ) 農機具費

農機具の減価償却費及び修繕費を計上している。

なお、農機具の償却費と修繕費の計算方法は、建物と同様である。

(ソ) 生産管理費

畜産物の生産を維持・継続するために使用したパソコン、ファックス、複写機等の生産管理機器の購入費、償却費及び集会出席に要した交通費、技術習得に要した受講料などを計上している。

なお、生産管理機器の償却費の計算方法は、建物と同様である。

ウ 労働費

調査対象畜の生産のために投下された家族労働の評価額と雇用労働に対する支払額の合計である。

(ア) 家族労働評価

調査対象畜の生産のために投下された家族労働については、「毎月勤労統計調査」（厚生労働省）（以下「毎月勤労統計」という。）の「建設業」、「製造業」及び「運輸業，郵便業」に属する5〜29人規模の事業所における賃金データ（都道府県単位）を基に算出した単価を乗じて計算したものである。

(イ) 労働時間

労働時間は、直接労働時間と間接労働時間に区分している。

直接労働時間とは、食事・休憩などの時間を除いた調査対象畜の生産に直接投下された労働時間（生産管理労働時間を含む。）であり、間接労働時間とは、自給牧草の生産、建物や農機具の自己修繕等に要した労働時間の調査対象畜の負担部分である。

なお、作業分類の具体的事例は、別表2を参照されたい。

エ 費用合計

調査対象畜を生産するために消費した物財費と労働費の合計である。

オ 副産物価額

副産物とは、主産物（生産費集計対象）の生産過程で主産物と必然的に結合して生産される生産物である。生産費においては、主産物生産に要した費用のみとするため、副産物を市価で評価（費用に相当すると考える。）し、費用合計から差し引くこととしている。

各畜産物生産費の副産物価額については、次のものを計上した。

① 牛乳生産費統計：子牛（生後10日齢時点）及びきゅう肥
② 子牛生産費統計：きゅう肥
③ 育成牛生産費統計：事故畜、4か月齢未満で販売された子畜及びきゅう肥
④ 肥育牛生産費統計：事故畜及びきゅう肥
⑤ 肥育豚生産費統計：事故畜、販売された子豚、繁殖雌豚、種雄豚及びきゅう肥

なお、牛乳生産費統計における子牛については、10日齢以前に販売されたものはその販売価額、10日齢時点で育成中のものは10日齢時点での市価評価額、各畜種のきゅう肥については、販売されたものはその販売価額、自家用に仕向けられたものは費用価計算で評価し、その他の副産物については、販売価額としている。

　　注：　費用価とは、自給物の生産に要した材料、固定材、労働等に係る費用を計算し評価したものである。

カ　資本利子
（ア）　支払利子
　　調査対象畜の生産のために調査期間内に支払った利子額を計上している。
（イ）　自己資本利子
　　調査対象畜の生産のために投下された総資本額から、借入資本額を差し引いた自己資本額に年利率4％を乗じて計算している。
　　なお、本利率は、統計法に基づく生産費調査開始時（昭和24年）の国債、郵便貯金の利子率を基礎に定めたものを踏襲している。

キ　地代
（ア）　支払地代
　　調査対象畜の飼養及び飼料作物の生産に利用された土地のうち、借入地について実際に支払った賃借料及び支払地代を計上している。
（イ）　自作地地代
　　調査対象畜の飼養及び飼料作物の生産に利用された土地のうち、所有地について、その近傍類地（調査対象畜の生産に利用される所有地と地力等が類似している土地）の賃借料又は支払地代により評価している。

3　調査結果の取りまとめ方法と統計表の編成
(1)　調査結果の取りまとめ方法
ア　集計対象（集計経営体）
　　集計経営体は、調査対象経営体のうち、次の経営体を除いた経営体としている。
　　　　・調査期間途中で調査対象畜の飼養を中止した経営体
　　　　・記帳不可能等により調査ができなくなった経営体
　　　　・調査期間中の家畜の飼養実績が調査対象に該当しなかった経営体

イ　集計方法

　　各集計経営体について取りまとめた個別の結果（様式は巻末の「個別結果表」に示すとおり。）
　を用いて、全国又は規模階層別等の集計対象とする区分ごとに、次のウ及びエの算定式により計算
　単位当たり生産費又は１経営体当たり平均値を算出している。ここで、算定式中のウエイトは次の
　値を用い集計経営体ごとに定めた。

$$標本抽出率 ＝ \frac{調査結果において当該階層に該当する畜産物生産費集計経営体数}{畜産統計における当該階層の大きさ}$$

(ｱ)　牛乳生産費統計

　　飼養頭数規模別及び全国農業地域別の区分ごとに、集計経営体数を畜産統計（令和３年２月１
　日現在）における乳用牛成畜飼養頭数規模別飼養戸数で除した値の逆数としている。

(ｲ)　子牛生産費統計、育成牛生産費統計及び肥育牛生産費統計

　　全国平均値の算出では、飼養頭数規模別及び全国農業地域別の区分ごとに、集計経営体数を畜
　産統計（令和３年２月１日現在）における次の戸数で除した値の逆数としている。

　　全国農業地域別平均値は算術平均（相加平均）により算出しており、全ての集計経営体のウエ
　イトを「１」としている。

　　　　子　　　　　　牛：　子取り用めす牛飼養頭数規模別の飼養戸数（組替）
　　　　去勢若齢肥育牛：　肉用種の肥育用牛飼養頭数規模別の飼養戸数（組替）
　　　　乳 用 雄 育 成 牛：　飼養状態別（ホルスタイン種他飼養頭数規模別）の乳用種育成牛飼養及び
　　　　　　　　　　　　　　その他の飼養の戸数
　　　　乳 用 雄 肥 育 牛：　飼養状態別（ホルスタイン種他飼養頭数規模別）の乳用種肥育牛飼養及び
　　　　　　　　　　　　　　その他の飼養の戸数
　　　　交 雑 種 育 成 牛：　飼養状態別（交雑種飼養頭数規模別）の乳用種育成牛飼養及びその他の飼
　　　　　　　　　　　　　　養の戸数
　　　　交 雑 種 肥 育 牛：　飼養状態別（交雑種飼養頭数規模別）の乳用種肥育牛飼養及びその他の飼
　　　　　　　　　　　　　　養の戸数

(ｳ)　肥育豚生産費統計

　　飼養頭数規模別及び全国農業地域別の区分ごとに、集計経営体数を畜産統計調査における豚の
　一貫経営の戸数で除した値の逆数としている。

ウ　計算単位当たり生産費の算出方法

　　生産費は、一定数量の主産物の生産のために要した費用として計算されるものであり、その「計
　算単位」はできるだけ取引単位に一致させるため、次のとおり主産物の単位数量を生産費の計算単
　位としている。

(ｱ)　牛乳生産費統計

　　牛乳生産費統計における主産物は、調査期間中に搾乳された生乳の全量（販売用、自家用、子

13

牛の給与用）であって、計算の単位は生乳100kg当たりである。

生乳100kg当たりの生産費の算出方法は、次のとおりである。

$$生乳100kg当たりの生産費 = \frac{1頭当たり生産費}{1頭当たり搾乳量（kg）} \times 100$$

この調査では、分母となる搾乳量として乳脂肪分3.5%換算乳量又は実搾乳量を用いている。乳脂肪分3.5%換算乳量の算出方法は、次のとおりである。

$$乳脂肪分3.5\%換算乳量 = \frac{乳脂肪量（実搾乳量×乳脂肪分）}{0.035}$$

(イ)　子牛生産費統計

子牛生産費統計における主産物は、調査期間中に販売又は自家肥育に仕向けられた子牛であって、計算の単位は子牛1頭当たりである。

(ウ)　育成牛生産費統計

育成牛生産費統計における主産物は、ほ育・育成が終了し、肥育用もと牛として調査期間中に販売又は自家肥育に仕向けられたものであって、計算の単位は育成牛1頭当たりである。

(エ)　肥育牛生産費統計

肥育牛生産費統計における主産物は、肥育過程を終了し、調査期間中に肉用として販売された肥育牛であって、計算の単位は肥育牛の生体100kg当たりである。

なお、肥育過程の終了とは、肥育用もと牛を導入し、満肉の状態まで肥育することであるが、肥育牛の場合は、肥育用もと牛の性質（導入時の月齢及び生体重、性別など）、肥育期間、肥育程度等により肥育過程の終了が異なりその判定も困難である。このため、本調査では、その肥育牛が販売された時点をもって肥育終了とし、その肥育牛を主産物とした。

(オ)　肥育豚生産費統計

肥育豚生産費統計における主産物は、調査期間中に肉用として販売された肥育豚（子豚を除く。）であって、計算の単位は肥育豚の生体100kg当たりである。

また、単位頭数当たりの投下費用、あるいは生産費、収益も重要であることから、主産物の単位数量当たり生産費とともに、飼養する家畜1頭当たりの生産費を計算している。

具体的に、これらの平均値については、次の式により算出している。

$$計算単位当たり生産費 = \frac{\sum_{i=1}^{n} w_i c_i}{\sum_{i=1}^{n} w_i v_i}$$

c_i ： 集計対象とする区分に属するi番目の集計経営体の生産費の調査結果
v_i ： 集計対象とする区分に属するi番目の集計経営体の計算単位の数量の調査結果
w_i ： 集計対象とする区分に属するi番目の集計経営体のウエイト
n ： 集計対象とする区分に属する集計経営体数

エ　1経営体当たり平均値の算出方法

農業就業者数や、経営土地面積、建物等の使用状況などの1経営体当たり平均値については、次の式により算出している。

$$1経営体当たり平均値 = \frac{\sum_{i=1}^{n} w_i x_i}{\sum_{i=1}^{n} w_i}$$

xi　：　集計対象とする区分に属するi番目の集計経営体のX項目の調査結果
wi　：　集計対象とする区分に属するi番目の集計経営体のウエイト
n　：　集計対象とする区分に属する集計経営体数

オ　収益性指標（所得及び家族労働報酬）の計算

収益性指標は本来、農業経営全体の経営計算から求めるべき性格のものであるが、ここでは調査対象畜と他の家畜との収益性を比較する指標として該当対象畜部門についてのみ取りまとめている。

なお、牛乳生産費における「加工原料乳生産者補給金」は主産物価格に含めて表章しているので留意されたい。

(ア)　所得

生産費総額から家族労働費、自己資本利子及び自作地地代を控除した額を粗収益から差し引いたものである。

なお、所得には配合飼料価格安定基金の受取金や肉用子牛生産者補給金等の補助金は含まない。

所得＝粗収益－｛生産費総額－（家族労働費＋自己資本利子＋自作地地代）｝

ただし、生産費総額＝費用合計＋支払利子＋支払地代＋自己資本利子＋自作地地代

(イ)　1日当たり所得

所得を家族労働時間で除し、これに8（1日を8時間とみなす。）を乗じて算出したものである。

1日当たり所得＝所得÷家族労働時間×8時間（1日換算）

(ウ)　家族労働報酬

生産費総額から家族労働費を控除した額を粗収益から差し引いて求めたものである。

家族労働報酬＝粗収益－（生産費総額－家族労働費）

(エ)　1日当たり家族労働報酬

家族労働報酬を家族労働時間で除し、これに8（1日を8時間とみなす。）を乗じて算出したものである。

1日当たり家族労働報酬＝家族労働報酬÷家族労働時間×8時間（1日換算）

(2)　統計表の編成

全ての統計表について、全国・飼養頭数規模別、全国農業地域別に編成している。

なお、牛乳生産費統計については、北海道及び都府県の飼養頭数規模別の統計表も編成している。

(3) 統計の表章

統計表章に用いた全国農業地域及び階層区分は次のとおりである。

ア 全国農業地域区分

全 国 農 業 地 域 名	所 属 都 道 府 県 名
北 海 道	北海道
東 北	青森、岩手、宮城、秋田、山形、福島
北 陸	新潟、富山、石川、福井
関 東 ・ 東 山	茨城、栃木、群馬、埼玉、千葉、東京、神奈川、山梨、長野
東 海	岐阜、静岡、愛知、三重
近 畿	滋賀、京都、大阪、兵庫、奈良、和歌山
中 国	鳥取、島根、岡山、広島、山口
四 国	徳島、香川、愛媛、高知
九 州	福岡、佐賀、長崎、熊本、大分、宮崎、鹿児島
沖 縄	沖縄

注: 次の全国農業地域については、集計経営体がいないため表章を行っていない。
　　牛乳生産費の「沖縄」
　　子牛生産費の「北陸」
　　乳用雄育成牛生産費の「北陸」、「近畿」及び「沖縄」
　　交雑種育成牛生産費の「北陸」、「近畿」、「中国」及び「沖縄」
　　去勢若齢肥育牛生産費の「沖縄」
　　乳用雄肥育牛生産費の「北陸」、「近畿」及び「沖縄」
　　交雑種肥育牛生産費の「沖縄」
　　肥育豚生産費の「近畿」及び「中国」

イ 階層区分

調査名 階層区分 の指標	牛　　乳 搾 乳 牛 飼 養 頭 数	子　　牛 繁 殖 雌 牛 飼養月平均頭数	育 成 牛 育 成 牛 飼養月平均頭数	肥 育 牛 肥 育 牛 飼養月平均頭数	肥 育 豚 肉 豚 飼養月平均頭数
I	1〜20 頭未満	2〜5 頭未満	5〜20 頭未満	1〜10 頭未満	1〜100 頭未満
II	20〜30	5〜10	20〜50	10〜20	100〜300
III	30〜50	10〜20	50〜100	20〜30	300〜500
IV	50〜100	20〜50	100〜200	30〜50	500〜1,000
V	100〜200	50〜100	200 頭以上	50〜100	1,000〜2,000
VI	200 頭以上	100 頭以上		100〜200	2,000 頭以上
VII				200〜500	
VIII				500 頭以上	

4 　利用上の注意

(1)　畜産物生産費調査の見直しに基づく調査項目の一部改正

　　畜産物生産費調査は、農業・農山村・農業経営の著しい実態変化を的確に捉えたものとするため、平成２～３年にかけて見直し検討を行い、その検討結果を踏まえ調査項目の一部改正を行っている（ブロイラー生産費を除き、平成４年から適用。）。

　　したがって、平成４年以降の生産費及び収益性等に関する数値は、厳密な意味で平成３年以前とは接続しないので、利用に当たっては十分留意されたい。

　　なお、改正の内容は次のとおりである。

ア　家族労働の評価方法を、「毎月勤労統計」により算出した単価によって評価する方法に変更。

イ　「生産管理労働時間」を家族労働時間に、「生産管理費」を物財費に新たに計上。

ウ　土地改良に係る負担金の取り扱いを変更し、草地造成事業及び草地開発事業の負担金のうち、事業効果が個人の資産価値の増加につながるもの（整地、表土扱い）を除き全て飼料作物の生産費用（費用価）として計上。

エ　減価償却費の計上方法を変更し、更新、廃棄等に伴う処分差損益を計上。乳牛償却費については、農機具等と同様の法定に即した償却計算に改めるとともに、売却等に伴う処分差損益を新たに計上し、繁殖雌牛の耐用年数についても、法定耐用年数に改めている。

オ　物件税及び公課諸負担のうち、調査対象畜の生産を維持・継続していく上で必要なものを新たに計上。

カ　きゅう肥を処分するために処理（乾燥、脱臭等）を加えて販売した場合の加工経費を新たに計上。

キ　資本利子を支払利子と自己資本利子に、地代を支払地代と自作地地代に区分。

ク　統計表章において、「第１次生産費」を「生産費（副産物価額差引）」に、「第２次生産費」を「資本利子・地代全額算入生産費」にそれぞれ置き換え、「生産費（副産物価額差引）」と「資本利子・地代算入生産費」の間に、新たに、実際に支払った利子・地代を加えた「支払利子・地代算入生産費」を新設。

(2)　農業経営統計調査への移行に伴う調査項目の一部変更

　　平成６年７月、農業経営の実態把握に重点を置き、農業経営収支と生産費の相互関係を明らかにするなど多面的な統計作成が可能な調査体系とすることを目的に、従来、別体系で実施していた農家経済調査と農畜産物繭生産費調査を統合し、農業経営統計調査へと移行。

　　畜産物生産費は、平成７年から農業経営統計調査の下「畜産物生産費統計」として取りまとめることとなり、同時に、畜産物の生産に係る直接的な労働以外の労働（購入付帯労働及び建物・農機具等の修繕労働等）を間接労働として関係費目から分離し、「労働費」及び「労働時間」に含め計上する

こととしている。

(3) 家族労働評価方法の一部改正

ア　平成10年から従来の男女別評価を男女同一評価（当該地域で男女を問わず実際に支払われた平均賃金による評価）に改正。

イ　平成17年1月から、毎月勤労統計の表章産業が変更されたことに伴い、家族労働評価に使用する賃金データを「建設業」、「製造業」及び「運輸、通信業」から、「建設業」、「製造業」及び「運輸業」に改正。

ウ　平成22年1月から、毎月勤労統計の表章産業が変更されたことに伴い、家族労働評価に使用する賃金データを「建設業」、「製造業」及び「運輸業」から、「建設業」、「製造業」及び「運輸業、郵便業」に改正。

(4) 調査期間の変更について

令和元年調査から調査期間を変更し、全ての品目について、当年1月1日から当年12月31日としている。

なお、平成11年度調査から平成30年度調査の調査期間は、全ての品目について当年4月1日から翌年3月31日である。

また、平成11年調査以前の調査期間については、それぞれ次のとおりである。

ア　牛乳生産費統計

前年9月1日から当年8月31日までの1年間

イ　子牛生産費統計、育成牛生産費統計及び肥育牛生産費統計

前年8月1日から当年7月31日までの1年間

ウ　肥育豚生産費統計

前年7月1日から当年6月30日までの1年間

(5) 公表資料名の年次の変更について

公表資料名の年次については、平成18年までは公表する年を記載していたが、平成19年の公表から調査期間の該当する年度を記載することとしている。このことにより、掲載している平成18年度以降の年次別統計表（累年統計表）については、調査対象期間の変更を行った平成12年まで遡って変更している。したがって、既に公表した『平成12年畜産物生産費』〜『平成18年畜産物生産費』を『平成11年度畜産物生産費』〜『平成17年度畜産物生産費』と読み替えている。

(6) 農業経営統計調査の体系整備（平成16年）に伴う調査項目の一部変更等

平成16年には、食料・農業・農村基本計画等の新たな施策の展開に応えるため、農業経営統計調査を、営農類型別・地域別に経営実態を把握する営農類型別経営統計に編成する調査体系の再編・整備等の所要の見直しを行っている。

これに伴って畜産物生産費についても、平成16年度から農家の農業経営全体の農業収支、自家農業

投下労働時間の把握の取りやめ、自動車費を農機具費から分離・表章する等の一部改正を行っている。

(7) 税制改正における減価償却計算の見直し

ア　平成19年度税制改正における減価償却費計算の見直しに伴い、農業経営統計調査における１か年の減価償却額は償却資産の取得時期により次のとおり算出している。なお、本方式による計算は平成30年度まで適用している。

(ア)　平成19年４月以降に取得した資産

　　　１か年の減価償却額＝（取得価額－１円（備忘価額））×耐用年数に応じた償却率

(イ)　平成19年３月以前に取得した資産

　a　平成20年１月時点で耐用年数が終了していない資産

　　　１か年の減価償却額＝（取得価額－残存価額）×耐用年数に応じた償却率

　b　上記ａにおいて耐用年数が終了した場合、耐用年数が終了した翌年調査期間から５年間

　　　１か年の減価償却額＝（残存価額－１円（備忘価額））÷５年

　c　平成19年12月時点で耐用年数が終了している資産の場合、20年１月以降開始する調査期間から５年間

　　　１か年の減価償却額＝（残存価額－１円（備忘価額））÷５年

イ　平成20年度税制改正における減価償却費計算の見直し（資産区分の大括化、法定耐用年数の見直し）を踏まえて、平成21年度以降の農業経営統計調査における１か年の減価償却額を算出している。

(8) 調査票の変更に伴う、調査範囲、方式の変更

令和元年から、これまで使用してきた現金出納帳・作業日誌、経営台帳に変えて、調査品目別の調査票を用いた調査に変更している。これに伴い、次の変更を行っている。

ア　建物の面積、自動車、農機具の台数は、従前、経営における所有面積、所有台数であったが、調査対象品目の生産に使用した建物の面積、使用した台数に変更している。

イ　自給肥料の評価は、従前、材料費と生産に要した労働時間から評価する費用価主義によっていたが、市価評価に変更している。

(9) 牧草の費用価に係る統計表の廃止について

牧草等の飼料作物の生産に要した費用及び野生草・野乾草・放牧場・採草地に要した費用を費用価計算した統計表について、令和元年から廃止している。

(10) 全国農業地域別や飼養頭数規模別及び目標精度を設定していない調査結果について

全国農業地域別や飼養頭数規模別の結果及び目標精度を設定していない結果については、集計対象数が少ないほか、一部の表章項目によってはごく少数の経営体にしか出現しないことから、相当程度の誤差を含んだ値となっており、結果の利用に当たっては十分留意されたい。

（11）調査対象経営体数（調査を行った数）、集計経営体数及び実績精度

令和３年における調査対象畜別の調査対象経営体数（調査を行った数）、集計経営体数及び実績精度は、次のとおりである。

なお、実績精度は、計算単位当たり（注２）全算入生産費を指標とした標準誤差率（標準誤差の推定値÷推定値×100）であり、推定式は次のとおりである。

区　　分	単位	牛　　乳			子牛	乳用雄育成牛
		全国	北海道	都府県		
調査対象経営体数（調査を行った数）	経営体	411	225	186	186	27
集 計 経 営 体 数	経営体	411	225	186	183	23
標 準 誤 差 率	％	1.2	1.0	1.7	1.8	4.8

区　　分	単位	交雑種育成牛	去勢若齢肥育牛	乳用雄肥育牛	交雑種肥育牛	肥育豚
調査対象経営体数（調査を行った数）	経営体	50	291	48	87	95
集 計 経 営 体 数	経営体	48	283	47	83	94
標 準 誤 差 率	％	2.7	0.8	1.4	3.4	1.6

注１：　調査対象経営体数（調査を行った数）は、調査対象畜種の飼養状況の変化等により、対象品目別経営体リスト（母集団リスト）より標本選定できなかった経営体数を除いた数を計上している。

注２：　牛乳生産費：生乳100kg当たり（乳脂肪分3.5％換算）、子牛生産費：子牛１頭当たり
乳用雄育成牛生産費：育成牛１頭当たり、交雑種育成牛生産費：育成牛１頭当たり
去勢若齢肥育牛生産費：肥育牛１頭当たり、乳用雄肥育牛生産費：肥育牛１頭当たり
交雑種肥育牛生産費：肥育牛１頭当たり、肥育豚生産費：肥育豚１頭当たり

○　実績精度（標準誤差率）の推定式

N　　　　：　母集団の農業経営体数

N_i　　　：　i番目の階層の農業経営体数

L　　　　：　階層数

n_i　　　：　i番目の階層の標本数

x_{ij}　　：　i番目の階層のj番目の標本のx（生産費）の値

y_{ij}　　：　i番目の階層のj番目の標本のy（計算単位生産量）の値

$\overline{x}_i$　　：　i番目の階層のxの１農業経営体当たり平均の推定値

$\overline{y}_i$　　：　i番目の階層のyの１農業経営体当たり平均の推定値

$\overline{x}$　　　：　xの１農業経営体当たり平均の推定値

$\overline{y}$　　　：　yの１農業経営体当たり平均の推定値

S_{ix}　　：　i番目の階層のxの標準偏差の推定値

S_{iy}　　：　i番目の階層のyの標準偏差の推定値

S_{ixy}　：　i番目の階層のxとyの共分散の推定値

r　　　　：　計算単位当たりの生産費の推定値

S　　　　：　rの標準誤差の推定値

とするとき、

$$\overline{x} = \sum_{i=1}^{L} \frac{Ni}{N} \cdot \overline{x}i \qquad \overline{y} = \sum_{i=1}^{L} \frac{Ni}{N} \cdot \overline{y}i \qquad r = \frac{\overline{x}}{\overline{y}}$$

$$S^2 \fallingdotseq \left(\frac{\overline{x}}{\overline{y}}\right)^2 \cdot \sum_{i=1}^{L} \left(\frac{Ni}{N}\right)^2 \cdot \frac{Ni-ni}{Ni-1} \cdot \frac{1}{ni} \cdot \left(\frac{Six^2}{\overline{x}^2} + \frac{Siy^2}{\overline{y}^2} - 2 \cdot \frac{Sixy}{\overline{x}\,\overline{y}}\right)$$

$$\text{標準誤差率の推定値} = \frac{S}{r}$$

(12) 記号について

統計表中に使用した記号は、次のとおりである。

「0」　　　　　　：　単位に満たないもの（例：0.4円→0円）

「0.0」、「0.00」　：　単位に満たないもの（例：0.04頭→0.0頭）又は増減がないもの

「－」　　　　　　：　事実のないもの

「…」　　　　　　：　事実不詳又は調査を欠くもの

「x」　　　　　　：　個人又は法人その他の団体に関する秘密を保護するため、統計数値を公表しないもの

「△」　　　　　　：　負数又は減少したもの

「nc」　　　　　 ：　計算不能

(13) 秘匿措置について

統計調査結果について、集計経営体数が2以下の場合には調査結果の秘密保護の観点から、当該結果を「x」表示とする秘匿措置を施している。

(14) ホームページ掲載案内

畜産物生産費統計の詳細については、農林水産省ホームページの統計情報に掲載している分野別分類「農家の所得や生産コスト、農業産出額など」の「畜産物生産費統計」で御覧いただけます。

なお、公表した数値の正誤情報は、ホームページでお知らせします。

【 https://www.maff.go.jp/j/tokei/kouhyou/noukei/seisanhi_tikusan/#r 】

(15) 転載について

この統計表に掲載された数値を他に転載する場合は、「農業経営統計調査　令和3年畜産物生産費」（農林水産省）による旨を記載してください。

5 利活用事例

（1）　「畜産経営の安定に関する法律」に基づく加工原料乳生産者補給金単価の算定資料に利用。

（2）　「肉用子牛生産安定等特別措置法」に基づく肉用子牛の保証基準価格及び肉用子牛の合理化目標価格の算定資料に利用。

（3）　「畜産経営の安定に関する法律」に基づく肉用牛肥育経営安定交付金及び肉豚経営安定交付金の算定資料に利用。

（4）　「酪農及び肉用牛生産の振興に関する法律」に基づく「酪農及び肉用牛生産の近代化を図るための基本方針」の経営指標作成のための資料に利用。

6 お問合せ先

農林水産省　大臣官房統計部　経営・構造統計課　畜産物生産費統計班

電話：（代表）03-3502-8111（内線　3630）

　　　　（直通）03-3591-0923

※　本調査に関するご意見・ご要望は、上記問合せ先のほか、農林水産省ホームページでも受け付けております。

　　【 https://www.contactus.maff.go.jp/j/form/tokei/kikaku/160815.html 】

別表１　生産費の費目分類

費目		費目の内容	牛乳	肉用牛						肥育豚
				子牛	乳用育成雄牛	交雑育成種牛	去勢肥育若齢牛	乳用肥育雄牛	交雑肥育種牛	
種付料		精液、種付けに要した費用。自給の場合は、その地方の市価評価額（肥育豚生産費は除く。）	○	○						○
もと畜費		肥育材料であるもと畜の購入に要した費用。自家生産の場合は、その地方の市価評価額（肥育豚生産費は除く。）			○	○	○	○	○	○
飼料費	流通飼料費	購入飼料費と自給の飼料作物以外の生産物を飼料として給与した自給飼料費（市価）	○	○	○	○	○	○	○	○
	牧草・放牧・採草費（自給）	牧草等の飼料作物の生産に要した費用及び野生草、野乾草、放牧場、採草地に要した費用	○	○	○	○	○	○	○	○
敷料費		敷料として畜房内に搬入された材料費	○	○	○	○	○	○	○	○
光熱水料及び動力費		電気料、水道料、燃料、動力運転材料等	○	○	○	○	○	○	○	○
その他諸材料費		縄、ひも等の消耗材料のほか、他の費目に該当しない材料費	○	○	○	○	○	○	○	○
獣医師料及び医薬品費		獣医師料、医薬品、疾病傷害共済掛金	○	○	○	○	○	○	○	○
賃借料及び料金		賃借料（建物、農機具など）、きゅう肥の引取料、登録・登記料、共同放牧地の使用料、検査料（結核検査など）、その他材料と労賃が混合したもの	○	○	○	○	○	○	○	○
物件税及び公課諸負担		固定資産税（土地を除く。）、自動車税、軽自動車税、自動車取得税、自動車重量税、都市計画税等集落協議会費、農業協同組合費、農事実行組合費、農業共済組合賦課金、自動車損害賠償責任保険等	○	○	○	○	○	○	○	○
家畜の減価償却費		搾乳牛、繁殖雌牛の減価償却費	○	○						
繁殖雌豚費及び種雄豚費		繁殖雌豚、種雄豚の購入に要した費用								○
建物費	建物	住宅、納屋、倉庫、畜舎、作業所、農機具置場等の減価償却費及び修繕費	○	○	○	○	○	○	○	○
	構築物	浄化槽、尿だめ、サイロ、牧柵等の減価償却費及び修繕費	○	○	○	○	○	○	○	○
自動車費		減価償却費及び修繕費なお、車検料、任意車両保険費用も含む。	○	○	○	○	○	○	○	○
農機具費	大農具	大農具の減価償却費及び修繕費	○	○	○	○	○	○	○	○
	小農具	大農具以外の農具類の購入費及び修繕費	○	○	○	○	○	○	○	○
生産管理費		集会出席に要する交通費、技術習得に要する受講料及び参加料、事務用机、消耗品、パソコン、複写機、ファックス、電話代等の生産管理労働に伴う諸材料費、減価償却費	○	○	○	○	○	○	○	○
労働費	家族	「毎月勤労統計調査」（厚生労働省）により算出した賃金単価で評価した家族労働費（ゆい、手間替え受け労働の評価額を含む。）	○	○	○	○	○	○	○	○
	雇用	年雇、季節雇、臨時雇の賃金（現物支給を含む。）なお、住み込み年雇、手伝受及び共同作業受けの評価は家族労働費に準ずる。	○	○	○	○	○	○	○	○
資本利子	支払利子	支払利子額	○	○	○	○	○	○	○	○
	自己資本利子	自己資本額に年利率４％を乗じて得た額	○	○	○	○	○	○	○	○
地代	支払地代	実際に支払った建物敷地、運動場、牧草栽培地、採草地の賃借料及び支払地代	○	○	○	○	○	○	○	○
	自作地地代	所有地の見積地代（近傍類地の賃借料又は支払地代により評価）	○	○	○	○	○	○	○	○

注：○印は該当するもの

23

別表2　労働の作業分類

作　　業	作　業　の　内　容	牛乳	肉用牛 子牛	乳用育成雄牛	交雑育成種牛	去勢肥育若齢牛	乳用肥育雄牛	交雑肥育育種牛	肥育豚
			調査の種類						
飼料の調理・給与・給水	飼料材料の裁断、粉砕、引割煮炊き、麦・豆類の水浸及び芽出し、飼料の混配合などの調理・給与・給水などの作業	○	○	○	○	○	○	○	○
敷料の搬入、きゅう肥の搬出	敷わら、敷くさの畜房への投入、ふんかき、きゅう肥（尿を含む。）の最寄りの場所（たい積所・尿だめなど）までの搬出作業	○	○	○	○	○	○	○	○
搾乳及び牛乳処理・運搬	乳房の清拭・搾乳準備・搾乳・搾乳後のろ過・冷却などの作業、搾乳関係器具の消毒・殺菌などの後片付け作業、販売のため最寄りの集乳所までの運搬作業	○							
その他の畜産管理作業　手入・運動・放牧	皮ふ・毛・ひづめなどの手入れ及び追い運動・引き運動などの運動を目的とした作業、放牧場までの往復時間	△	△	△	△	△	△	△	△
その他の畜産管理作業　きゅう肥の処理	きゅう肥の処理作業	△	△	△	△	△	△	△	△
その他の畜産管理作業　飼育管理　種付関係	種付け場への往復・保定・補助などの手伝い作業	△	△						△
その他の畜産管理作業　飼育管理　分べん関係	分べん時における助産作業	△							△
その他の畜産管理作業　飼育管理　防疫関係	防虫剤・殺虫剤などの散布作業	△	△	△	△	△	△	△	△
その他の畜産管理作業　飼育管理　その他の作業	その他上記に含まれない飼育関係作業	△	△	△	△	△	△	△	△
その他の畜産管理作業　生産管理労働	畜産物の生産を維持・継続する上で必要不可欠とみられる集会出席（打合せ等）、技術習得、簿記記帳	△	△	△	△	△	△	△	△

注：1　○印は該当するもの、△印は「その他の畜産管理作業」に一括するもの。
　　2　牛乳生産費について、平成9年調査より、「飼育管理」に含めていた「きゅう肥の処理」を分離するとともに、それまで分類していた「牛乳運搬」と「搾乳及び牛乳処理」を「搾乳及び牛乳処理・運搬」に結合した。
　　3　平成29年度調査より、それまで分類していた肉用牛の「手入・運動・放牧」並びに全ての畜産物生産費の「きゅう肥の処理」、「飼育管理」及び「生産管理労働」を「その他の畜産管理作業」に結合した。

I 調査結果の概要

1 牛乳生産費

（1）全国

　ア　令和3年の搾乳牛1頭当たり資本利子・地代全額算入生産費（以下「全算入生産費」という。）は88万3,991円で前年に比べ6.7%増加した。

　イ　生乳100kg当たり（乳脂肪分3.5%換算乳量、以下同じ。）全算入生産費は8,803円で前年に比べ4.3%増加した。

図1　牛乳の全算入生産費（全国、搾乳牛1頭当たり）

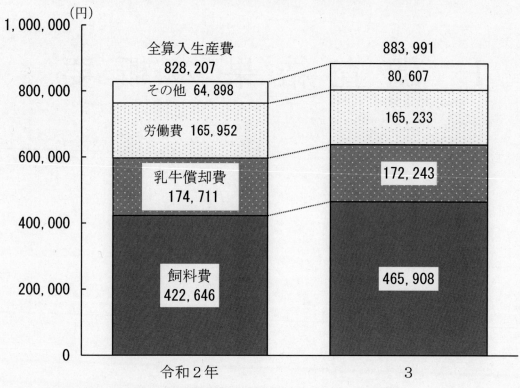

注：配合飼料価格安定制度の積立金及び補てん金は計上していない（以下同じ。）。

表1　牛乳生産費（全国）

区　　　　　分	単位	令 和 2 年	令 和 3 年 実　数	令 和 3 年 構成割合	対前年増減率
搾乳牛1頭当たり				%	%
物　　　財　　　費	円	782,582	833,286	83.5	6.5
うち飼　　　料　　　費	〃	422,646	465,908	46.7	10.2
乳　牛　償　却　費	〃	174,711	172,243	17.2	△ 1.4
農　機　具　費	〃	38,365	40,540	4.1	5.7
獣医師料及び医薬品費	〃	30,726	31,737	3.2	3.3
労　　　働　　　費	〃	165,952	165,233	16.5	△ 0.4
費　　用　　合　　計	〃	948,534	998,519	100.0	5.3
副　産　物　価　額	〃	165,208	160,215	－	△ 3.0
生産費（副産物価額差引）	〃	783,326	838,304	－	7.0
支払利子・地代算入生産費	〃	790,490	845,189	－	6.9
全　算　入　生　産　費	〃	828,207	883,991	－	6.7
生乳100kg当たり（乳脂肪分3.5%換算乳量）					
全　算　入　生　産　費	円	8,441	8,803	－	4.3
1経営体当たり搾乳牛飼養頭数	頭	61.2	62.4	－	2.0
搾乳牛1頭当たり労働時間	時間	96.88	96.84	－	0.0

（2）北海道

　ア　令和３年の搾乳牛１頭当たり全算入生産費は83万4,586円で前年に比べ7.0％増加した。

　イ　生乳100kg当たり全算入生産費は8,194円で前年に比べ4.4％増加した。

図２　牛乳の全算入生産費（北海道、搾乳牛１頭当たり）

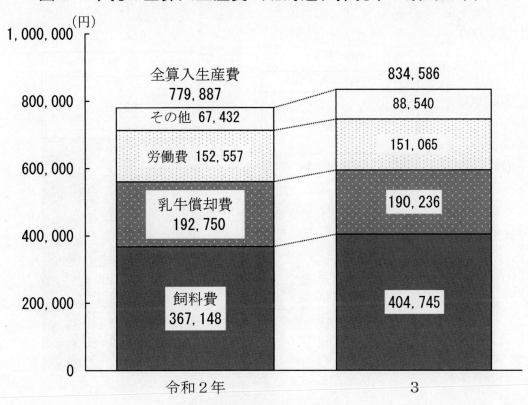

表２　牛乳生産費（北海道）

区　分	単位	令和２年	令和３年 実数	令和３年 構成割合	対前年増減率
搾乳牛１頭当たり				％	％
物　財　費	円	737,287	784,687	83.9	6.4
うち飼料費	〃	367,148	404,745	43.3	10.2
乳牛償却費	〃	192,750	190,236	20.3	△ 1.3
農機具費	〃	41,039	44,285	4.7	7.9
獣医師料及び医薬品費	〃	27,541	28,750	3.1	4.4
労　働　費	〃	152,557	151,065	16.1	△ 1.0
費用合計	〃	889,844	935,752	100.0	5.2
副産物価額	〃	162,704	155,224	－	△ 4.6
生産費（副産物価額差引）	〃	727,140	780,528	－	7.3
支払利子・地代算入生産費	〃	734,845	787,861	－	7.2
全算入生産費	〃	779,887	834,586	－	7.0
生乳100kg当たり（乳脂肪分3.5％換算乳量）					
全算入生産費	円	7,852	8,194	－	4.4
１経営体当たり搾乳牛飼養頭数	頭	82.7	83.9	－	1.5
搾乳牛１頭当たり労働時間	時間	85.19	84.98	－	△ 0.2

（3）都府県

  ア 令和３年の搾乳牛１頭当たり全算入生産費は94万4,727円で前年に比べ6.3％増加した。

  イ 生乳100kg当たり全算入生産費は9,574円で前年に比べ4.2％増加した。

図３　牛乳の全算入生産費（都府県、搾乳牛１頭当たり）

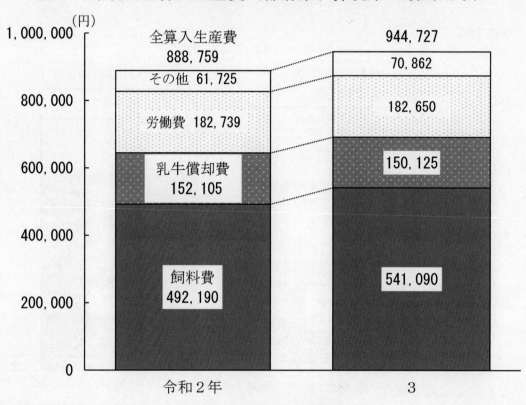

表３　牛乳生産費（都府県）

区　　　　　分	単位	令和２年	令和３年 実数	令和３年 構成割合	対前年増減率
搾乳牛１頭当たり				％	％
物　　　財　　　費	円	839,343	893,024	83.0	6.4
うち飼　　　料　　　費	〃	492,190	541,090	50.3	9.9
乳　牛　償　却　費	〃	152,105	150,125	14.0	△ 1.3
農　機　具　費	〃	35,013	35,937	3.3	2.6
獣医師料及び医薬品費	〃	34,719	35,408	3.3	2.0
労　　　働　　　費	〃	182,739	182,650	17.0	0.0
費　用　合　計	〃	1,022,082	1,075,674	100.0	5.2
副　産　物　価　額	〃	168,346	166,348	－	△ 1.2
生産費（副産物価額差引）	〃	853,736	909,326	－	6.5
支払利子・地代算入生産費	〃	860,222	915,662	－	6.4
全　算　入　生　産　費	〃	888,759	944,727	－	6.3
生乳100kg当たり（乳脂肪分3.5％換算乳量）					
全　算　入　生　産　費	円	9,189	9,574	－	4.2
１経営体当たり搾乳牛飼養頭数	頭	46.2	47.4	－	2.6
搾乳牛１頭当たり労働時間	時間	111.55	111.41	－	△ 0.1

2 子牛生産費

　肉用種の繁殖雌牛を飼養し、子牛を販売する経営体における子牛1頭当たり全算入生産費は71万2,210円で、前年に比べ7.3%増加した。

図4　子牛の全算入生産費（全国、子牛1頭当たり）

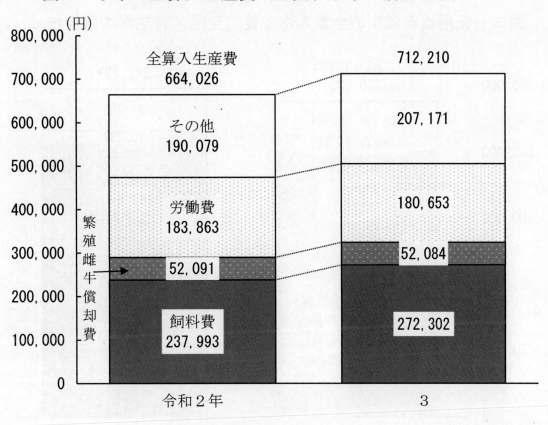

表4　子牛生産費（全国）

区　　分	単位	令和2年	令和3年 実数	令和3年 構成割合	対前年 増減率
子牛1頭当たり				%	%
物　　財　　費	円	422,324	466,069	72.1	10.4
うち飼　料　費	〃	237,993	272,302	42.1	14.4
繁殖雌牛償却費	〃	52,091	52,084	8.1	0.0
獣医師料及び医薬品費	〃	21,879	26,192	4.0	19.7
種　付　料	〃	22,775	22,252	3.4	△ 2.3
労　　働　　費	〃	183,863	180,653	27.9	△ 1.7
費　用　合　計	〃	606,187	646,722	100.0	6.7
生産費（副産物価額差引）	〃	581,804	620,296	−	6.6
支払利子・地代算入生産費	〃	592,530	630,742	−	6.4
全　算　入　生　産　費	〃	664,026	712,210	−	7.3
1経営体当たり子牛販売頭数	頭	13.4	13.5	−	0.7
1頭当たり労働時間	時間	120.71	121.07	−	0.3

29

3 乳用雄育成牛生産費

　肥育用もと牛とする目的で乳用種の雄牛を育成し、販売する経営体における育成牛1頭当たり全算入生産費は24万7,737円で、前年に比べ4.1%増加した。

図5　乳用雄育成牛の全算入生産費（全国、育成牛1頭当たり）

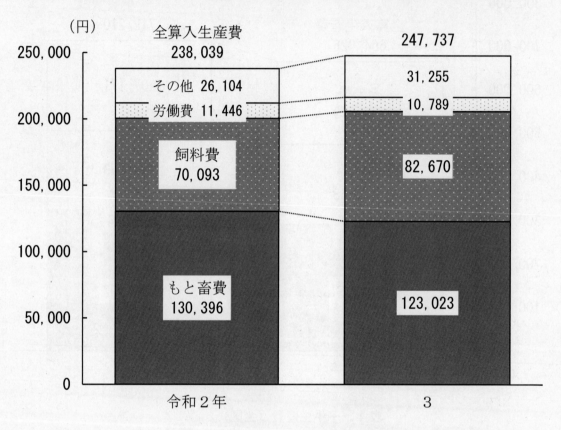

表5　乳用雄育成牛生産費（全国）

区　　　　　分	単位	令和2年	令和3年 実数	令和3年 構成割合	対前年増減率
育成牛1頭当たり				%	%
物　　　　財　　　　費	円	227,934	237,422	95.7	4.2
うち　も　　と　　畜　　費	〃	130,396	123,023	49.6	△ 5.7
飼　　　　料　　　　費	〃	70,093	82,670	33.3	17.9
敷　　　　料　　　　費	〃	9,869	10,318	4.2	4.5
獣医師料及び医薬品費	〃	7,559	10,188	4.1	34.8
労　　　　働　　　　費	〃	11,446	10,789	4.3	△ 5.7
費　　用　　合　　計	〃	239,380	248,211	100.0	3.7
生産費（副産物価額差引）	〃	235,507	245,083	－	4.1
支払利子・地代算入生産費	〃	236,281	245,925	－	4.1
全　算　入　生　産　費	〃	238,039	247,737	－	4.1
1 経営体当たり販売頭数	頭	367.7	391.4	－	6.4
1 頭当たり労働時間	時間	6.22	6.26	－	0.6

4 交雑種育成牛生産費

　肥育用もと牛とする目的で交雑種の牛を育成し、販売する経営体における育成牛１頭当たり全算入生産費は31万9,032円で、前年に比べ7.6％減少した。

図６　交雑種育成牛の全算入生産費（全国、育成牛１頭当たり）

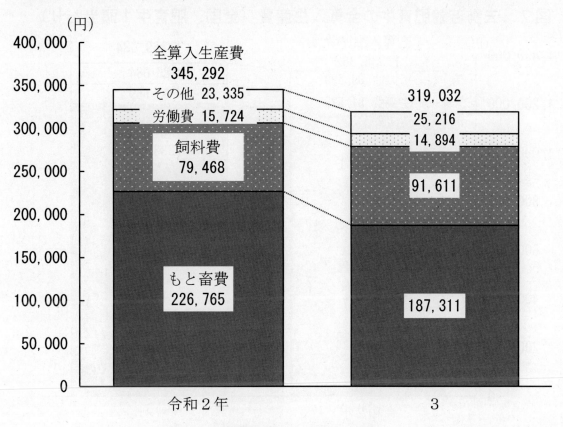

表６　交雑種育成牛生産費（全国）

区　　　　　分	単位	令和２年	令和３年 実数	令和３年 構成割合	対前年増減率
育成牛１頭当たり				%	%
物　　　　財　　　　費	円	330,240	304,735	95.3	△ 7.7
うち　も　と　畜　費	〃	226,765	187,311	58.6	△ 17.4
飼　　料　　費	〃	79,468	91,611	28.7	15.3
獣医師料及び医薬品費	〃	5,822	6,766	2.1	16.2
敷　　料　　費	〃	5,298	5,001	1.6	△ 5.6
労　　　　働　　　　費	〃	15,724	14,894	4.7	△ 5.3
費　　用　　合　　計	〃	345,964	319,629	100.0	△ 7.6
生産費（副産物価額差引）	〃	341,230	314,915	－	△ 7.7
支払利子・地代算入生産費	〃	342,271	315,935	－	△ 7.7
全　算　入　生　産　費	〃	345,292	319,032	－	△ 7.6
１経営体当たり販売頭数	頭	246.3	265.4	－	7.8
１頭当たり労働時間	時間	9.36	8.91	－	△ 4.8

5 去勢若齢肥育牛生産費

(1) 去勢若齢和牛を肥育し、販売する経営体における肥育牛1頭当たり全算入生産費は136万9,634円で、前年に比べ2.5％増加した。

(2) 生体100kg当たり全算入生産費は16万8,664円で、前年に比べ2.2％増加した。

図7 去勢若齢肥育牛の全算入生産費（全国、肥育牛1頭当たり）

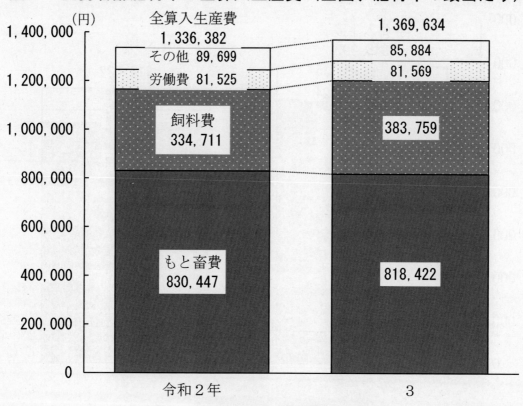

表7 去勢若齢肥育牛生産費（全国）

区　　分	単位	令 和 2 年	令 和 3 年 実 数	令 和 3 年 構成割合	対 前 年 増 減 率
肥育牛1頭当たり				％	％
物　　　　　財　　　　　費	円	1,246,351	1,286,498	94.0	3.2
うちも　　と　　畜　　費	〃	830,447	818,422	59.8	△ 1.4
飼　　　　　料　　　　　費	〃	334,711	383,759	28.1	14.7
光 熱 水 料 及 び 動 力 費	〃	12,663	14,507	1.1	14.6
敷　　　　　料　　　　　費	〃	13,731	13,573	1.0	△ 1.2
労　　　　　働　　　　　費	〃	81,525	81,569	6.0	0.1
費　　用　　合　　計	〃	1,327,876	1,368,067	100.0	3.0
生 産 費 （ 副 産 物 価 額 差 引 ）	〃	1,317,708	1,352,697	－	2.7
支 払 利 子 ・ 地 代 算 入 生 産 費	〃	1,326,635	1,359,996	－	2.5
全　算　入　生　産　費	〃	1,336,382	1,369,634	－	2.5
生 体 100kg 当 た り 全 算 入 生 産 費	円	165,065	168,664	－	2.2
1 経 営 体 当 た り 販 売 頭 数	頭	42.3	40.7	－	△ 3.8
1 頭 当 た り 労 働 時 間	時間	50.80	51.51	－	1.4

6 乳用雄肥育牛生産費

(1) 乳用種の雄牛を肥育し、販売する経営体における肥育牛1頭当たり全算入生産費は
58万638円で、前年に比べ6.5%増加した。

(2) 生体100kg当たり全算入生産費は7万3,111円で、前年に比べ6.1%増加した。

図8 乳用雄肥育牛の全算入生産費（全国、肥育牛1頭当たり）

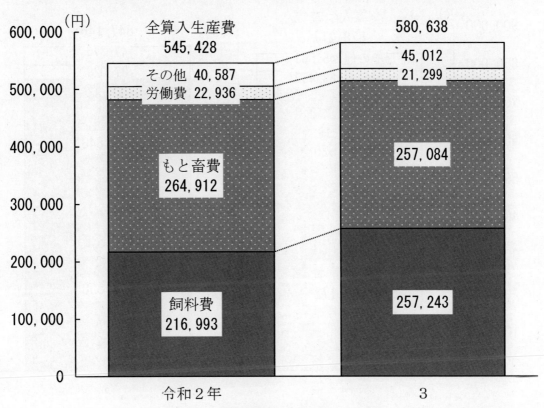

表8 乳用雄肥育牛生産費（全国）

区　　　　　分	単位	令和2年	令和3年 実数	令和3年 構成割合	対前年増減率
肥育牛1頭当たり				%	%
物　　　　財　　　　費	円	521,087	559,074	96.3	7.3
う　ち　飼　　　料　　　費	〃	216,993	257,243	44.3	18.5
も　　と　　畜　　費	〃	264,912	257,084	44.3	△ 3.0
敷　　　　料　　　費	〃	11,444	15,318	2.6	33.9
光熱水料及び動力費	〃	7,980	8,470	1.5	6.1
労　　　　働　　　　費	〃	22,936	21,299	3.7	△ 7.1
費　　用　　合　　計	〃	544,023	580,373	100.0	6.7
生産費（副産物価額差引）	〃	538,176	572,484	－	6.4
支払利子・地代算入生産費	〃	539,809	574,168	－	6.4
全　算　入　生　産　費	〃	545,428	580,638	－	6.5
生体100kg当たり全算入生産費	円	68,878	73,111	－	6.1
1　経営体当たり販売頭数	頭	149.8	154.2	－	2.9
1　頭　当　た　り　労　働　時　間	時間	12.89	12.40	－	△ 3.8

7 交雑種肥育牛生産費

(1)　交雑種の牛を肥育し、販売する経営体における肥育牛1頭当たり全算入生産費は84万7,146円で、前年に比べ2.3%増加した。

(2)　生体100kg当たり全算入生産費は10万1,461円で、前年に比べ1.9%増加した。

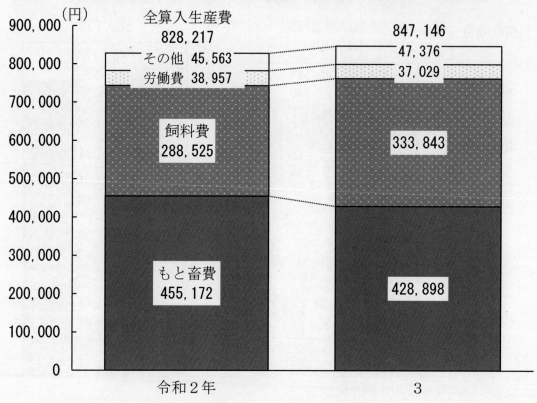

図9　交雑種肥育牛の全算入生産費（全国、肥育牛1頭当たり）

表9　交雑種肥育牛生産費（全国）

区　　　　分	単位	令和2年	令和3年 実数	令和3年 構成割合	対前年増減率
肥育牛1頭当たり				%	%
物　　財　　費	円	786,657	808,802	95.6	2.8
うち　も　と　畜　費	〃	455,172	428,898	50.7	△ 5.8
飼　　料　　費	〃	288,525	333,843	39.5	15.7
敷　　料　　費	〃	9,005	10,166	1.2	12.9
光熱水料及び動力費	〃	8,923	9,531	1.1	6.8
労　　働　　費	〃	38,957	37,029	4.4	△ 4.9
費　用　合　計	〃	825,614	845,831	100.0	2.4
生産費（副産物価額差引）	〃	817,220	836,102	－	2.3
支払利子・地代算入生産費	〃	821,835	840,777	－	2.3
全　算　入　生　産　費	〃	828,217	847,146	－	2.3
生体100kg当たり全算入生産費	円	99,575	101,461	－	1.9
1経営体当たり販売頭数	頭	117.8	125.5	－	6.5
1頭当たり労働時間	時間	23.12	21.96	－	△ 5.0

8 肥育豚生産費

(1) 令和3年の肥育豚1頭当たり全算入生産費は3万7,907円で、前年に比べ12.7%増加した。

(2) 生体100kg当たり全算入生産費は3万2,912円で、前年に比べ12.1%増加した。

図10　肥育豚の全算入生産費（全国、肥育豚1頭当たり）

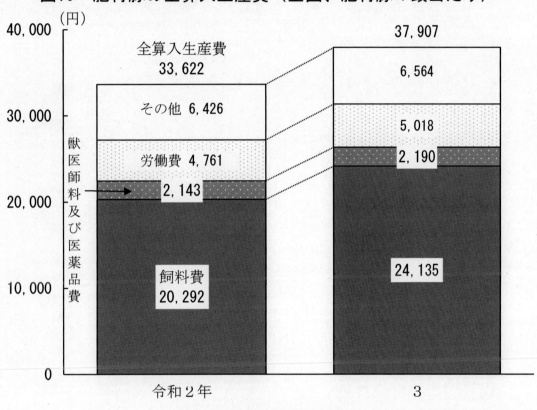

表10　肥育豚生産費（全国）

区　　分	単位	令和2年	令和3年 実数	令和3年 構成割合	対前年増減率
肥育豚1頭当たり				%	%
物　　　財　　　費	円	29,116	33,114	86.8	13.7
うち飼　　　料　　　費	〃	20,292	24,135	63.3	18.9
獣医師料及び医薬品費	〃	2,143	2,190	5.7	2.2
光熱水料及び動力費	〃	1,752	1,814	4.8	3.5
建　　　物　　　費	〃	1,630	1,551	4.1	△ 4.8
労　　　働　　　費	〃	4,761	5,018	13.2	5.4
費　　用　　合　　計	〃	33,877	38,132	100.0	12.6
生産費（副産物価額差引）	〃	32,884	37,076	－	12.7
支払利子・地代算入生産費	〃	32,968	37,178	－	12.8
全　算　入　生　産　費	〃	33,622	37,907	－	12.7
生体100kg当たり全算入生産費	円	29,363	32,912	－	12.1
1経営体当たり販売頭数	頭	1,373.8	1,432.7	－	4.3
1頭当たり労働時間	時間	2.91	2.99	－	2.7

Ⅱ 統 計 表

1 牛 乳 生 産 費

1 牛乳生産費
(1) 経営の概況（1経営体当たり）

区　　　　　分	集　計経営体数	世　帯　員			農　業　就　業　者		
		計	男	女	計	男	女
	(1) 経営体	(2) 人	(3) 人	(4) 人	(5) 人	(6) 人	(7) 人
全　　　　　　　国 (1)	411	4.5	2.3	2.2	2.6	1.6	1.0
1 ～ 20頭未満 (2)	52	3.5	1.9	1.6	1.8	1.2	0.6
20 ～ 30 (3)	40	3.7	1.8	1.9	2.2	1.4	0.8
30 ～ 50 (4)	105	4.4	2.3	2.1	2.5	1.5	1.0
50 ～ 100 (5)	140	4.7	2.4	2.3	2.8	1.7	1.1
100 ～ 200 (6)	56	5.6	2.5	3.1	3.0	1.8	1.2
200頭以上 (7)	18	6.0	3.2	2.8	3.9	2.6	1.3
北　　海　　道 (8)	225	4.6	2.4	2.2	2.7	1.7	1.0
1 ～ 20頭未満 (9)	10	3.7	2.2	1.5	2.1	1.6	0.5
20 ～ 30 (10)	14	3.9	2.0	1.9	2.3	1.4	0.9
30 ～ 50 (11)	51	3.7	2.0	1.7	2.3	1.4	0.9
50 ～ 100 (12)	94	4.7	2.5	2.2	2.7	1.6	1.1
100 ～ 200 (13)	41	5.7	2.6	3.1	3.0	1.8	1.2
200頭以上 (14)	15	6.2	3.3	2.9	4.0	2.7	1.3
都　　府　　県 (15)	186	4.3	2.2	2.1	2.4	1.5	0.9
1 ～ 20頭未満 (16)	42	3.4	1.8	1.6	1.8	1.1	0.7
20 ～ 30 (17)	26	3.8	1.8	2.0	2.2	1.4	0.8
30 ～ 50 (18)	54	4.8	2.5	2.3	2.6	1.6	1.0
50 ～ 100 (19)	46	4.9	2.4	2.5	2.8	1.7	1.1
100 ～ 200 (20)	15	5.4	2.4	3.0	3.1	2.0	1.1
200頭以上 (21)	3	5.7	3.1	2.6	3.8	2.4	1.4
東　　　　　　　北 (22)	42	4.7	2.4	2.3	2.5	1.5	1.0
北　　　　　　　陸 (23)	5	5.1	2.7	2.4	1.6	1.2	0.4
関　東　・　東　山 (24)	57	4.1	2.1	2.0	2.3	1.5	0.8
東　　　　　　　海 (25)	17	4.5	2.5	2.0	2.8	1.7	1.1
近　　　　　　　畿 (26)	9	4.0	1.9	2.1	1.7	1.3	0.4
中　　　　　　　国 (27)	13	4.0	1.9	2.1	2.7	1.5	1.2
四　　　　　　　国 (28)	6	4.3	2.1	2.2	2.4	1.3	1.1
九　　　　　　　州 (29)	37	4.2	2.1	2.1	2.7	1.6	1.1

	経　営　土　地								
計	耕　　地				畜　産　用　地				
		田	普通畑	牧草地	小　計	畜舎等	放牧地	採草地	
(8) a	(9) a	(10) a	(11) a	(12) a	(13) a	(14) a	(15) a	(16) a	
3,684	3,376	160	398	2,817	308	102	197	9	(1)
782	739	231	179	329	43	22	21	-	(2)
1,482	1,324	256	421	640	158	60	98	-	(3)
2,385	2,053	122	245	1,686	332	76	230	26	(4)
5,186	4,709	137	421	4,151	477	104	363	10	(5)
7,037	6,713	117	596	6,000	324	273	51	-	(6)
12,795	12,091	15	1,531	10,545	704	311	393	-	(7)
7,591	6,929	51	615	6,261	662	165	479	18	(8)
2,146	1,987	299	443	1,245	159	27	132	-	(9)
4,150	3,478	28	1,044	2,366	672	86	586	-	(10)
4,852	4,087	52	269	3,766	765	65	646	54	(11)
7,743	6,998	28	457	6,513	745	133	595	17	(12)
9,598	9,158	15	638	8,505	440	365	75	-	(13)
18,751	17,765	-	2,389	15,376	986	373	613	-	(14)
969	907	236	248	423	62	59	-	3	(15)
516	494	218	127	149	22	22	-	-	(16)
942	888	302	295	291	54	54	-	-	(17)
1,020	926	160	232	534	94	83	-	11	(18)
1,205	1,145	309	365	471	60	60	-	-	(19)
1,733	1,650	328	508	814	83	83	-	-	(20)
2,157	1,959	42	-	1,917	198	198	-	-	(21)
1,640	1,601	408	204	989	39	39	-	-	(22)
552	244	117	16	111	308	308	-	-	(23)
895	827	142	379	306	68	68	-	-	(24)
401	363	28	122	212	38	38	-	-	(25)
294	262	258	4	-	32	32	-	-	(26)
647	593	184	384	25	54	54	-	-	(27)
531	507	215	80	212	24	24	-	-	(28)
913	847	314	199	334	66	48	-	18	(29)

1 牛乳生産費（続き）
(1) 経営の概況（1経営体当たり）（続き）

区　　　　分	家畜の飼養状況（調査開始時）		生産に使用した建物・設備（1経営体当たり）				
	搾乳牛	育成牛	畜　舎	納屋・倉　庫	乾牧草収納庫	サイロ	ふん尿貯留槽
	(17)	(18)	(19)	(20)	(21)	(22)	(23)
	頭	頭	m²	m²	m²	基	基
全　　　　　　国　(1)	62.0	33.3	1,258.7	295.6	81.9	2.4	0.9
1　～　20頭未満　(2)	13.4	6.1	301.6	124.7	21.7	5.1	0.2
20　～　30　(3)	26.2	10.4	522.2	176.9	41.2	1.2	1.4
30　～　50　(4)	40.0	20.4	784.2	182.3	52.4	1.2	0.5
50　～　100　(5)	71.1	40.2	1,389.6	428.2	142.7	1.9	0.8
100　～　200　(6)	133.7	78.6	2,974.7	534.7	95.4	2.4	2.3
200頭以上　(7)	276.8	140.8	5,373.1	629.3	217.8	2.9	1.5
北　　海　　道　(8)	82.7	52.9	1,621.1	522.5	167.4	1.7	1.4
1　～　20頭未満　(9)	12.4	8.3	223.7	280.9	61.3	0.1	0.5
20　～　30　(10)	25.2	13.6	630.5	462.2	170.6	0.7	0.6
30　～　50　(11)	41.1	24.4	668.5	326.0	116.4	1.2	0.8
50　～　100　(12)	72.1	45.8	1,343.7	550.2	216.5	1.6	1.1
100　～　200　(13)	135.1	85.9	3,115.9	713.0	141.5	2.9	3.3
200頭以上　(14)	264.0	179.8	4,771.0	801.3	213.7	3.8	2.0
都　　府　　県　(15)	47.7	19.7	1,006.9	137.9	22.5	2.9	0.5
1　～　20頭未満　(16)	13.6	5.7	316.9	94.0	13.9	6.0	0.1
20　～　30　(17)	26.4	9.8	500.3	119.3	15.0	1.3	1.6
30　～　50　(18)	39.3	18.3	848.2	102.7	17.0	1.3	0.3
50　～　100　(19)	69.5	31.6	1,461.0	238.2	27.8	2.5	0.4
100　～　200　(20)	130.7	63.5	2,682.4	165.8	－	1.4	0.1
200頭以上　(21)	299.6	71.3	6,448.1	322.2	225.1	1.1	0.6
東　　　　　　北　(22)	29.6	13.7	565.9	82.3	19.1	0.7	0.3
北　　　　　　陸　(23)	33.4	11.9	802.6	38.5	19.4	0.4	－
関　東　・　東　山　(24)	58.7	21.1	1,186.1	171.5	12.8	1.5	0.9
東　　　　　　海　(25)	68.7	25.3	1,347.0	101.2	87.3	0.6	0.4
近　　　　　　畿　(26)	44.4	22.8	649.9	86.8	21.9	0.4	0.2
中　　　　　　国　(27)	41.0	18.1	880.3	176.9	14.9	24.9	0.5
四　　　　　　国　(28)	32.1	16.2	452.3	178.6	8.2	0.1	0.2
九　　　　　　州　(29)	52.0	25.0	1,449.6	178.8	23.7	1.9	0.3

1 牛乳生産費（続き）
(1) 経営の概況（1経営体当たり）（続き）

自 動 車 ・ 農 機 具 の 使 用 台 数 （ 10 経 営 体 当 た り ）									
貨 物 自動車	ミ ル カ ー		搾 乳 ロボット	バ ル ク クーラー	牛乳冷却機 （バルククーラーを除く。）	バ ー ン クリーナー	トラクター	は 種 機	
	バケット	パイプ ライン							
(24)	(25)	(26)	(27)	(28)	(29)	(30)	(31)	(32)	
台	台	台	台	台	台	台	台	台	
26.5	2.6	11.3	0.6	10.9	0.8	10.5	37.8	2.6	(1)
21.0	4.7	6.5	0.3	10.0	0.6	5.3	24.2	1.4	(2)
23.0	2.5	11.1	0.4	10.4	1.1	10.9	29.8	3.2	(3)
25.4	1.2	11.0	0.3	10.7	0.6	11.4	32.8	2.8	(4)
29.2	2.2	12.5	0.5	10.3	0.5	13.0	46.3	2.6	(5)
29.9	2.9	14.4	2.4	13.8	2.0	11.7	49.8	3.6	(6)
41.7	3.2	19.8	0.2	13.7	0.6	10.0	66.7	3.1	(7)
23.6	2.3	13.3	0.8	11.5	0.6	13.2	50.7	1.4	(8)
17.3	6.5	8.4	-	10.0	1.1	3.3	36.2	-	(9)
20.9	-	12.6	-	9.7	-	10.9	44.3	1.4	(10)
16.3	2.0	10.7	-	9.6	0.3	12.5	40.7	0.7	(11)
24.0	1.1	13.2	0.5	11.0	0.5	14.9	52.6	1.6	(12)
28.6	3.0	15.3	3.2	14.3	0.9	15.2	55.9	2.5	(13)
40.0	5.0	23.8	0.3	16.4	0.9	14.2	79.1	0.6	(14)
28.5	2.8	9.8	0.5	10.4	0.9	8.6	28.7	3.5	(15)
21.8	4.3	6.1	0.4	10.0	0.5	5.7	21.8	1.6	(16)
23.4	3.1	10.8	0.4	10.5	1.3	10.9	26.8	3.5	(17)
30.5	0.7	11.1	0.5	11.3	0.7	10.8	28.5	4.0	(18)
37.4	3.8	11.5	0.6	9.2	0.6	10.0	36.6	4.3	(19)
32.7	2.8	12.6	0.6	12.6	4.1	4.4	37.1	5.9	(20)
44.7	-	12.6	-	8.9	-	2.6	44.7	7.4	(21)
21.9	3.0	8.4	-	11.1	-	10.3	31.1	2.7	(22)
21.5	2.4	9.5	-	10.0	-	5.3	15.4	-	(23)
32.3	1.9	10.4	0.4	10.5	1.4	8.9	27.4	4.7	(24)
29.9	1.7	9.2	-	10.7	1.6	12.5	18.6	2.3	(25)
23.5	1.4	11.3	0.7	9.6	-	6.2	17.0	-	(26)
29.9	4.4	10.6	1.5	9.5	1.3	10.4	41.0	5.7	(27)
37.5	6.6	6.7	0.8	10.0	-	1.0	26.9	1.8	(28)
30.5	4.0	11.0	1.0	10.1	1.5	5.9	33.9	4.1	(29)

1 牛乳生産費（続き）
(1) 経営の概況（1経営体当たり）（続き）

区　　　　分	自動車・農機具の使用台数（10経営体当たり）					
	マニュア スプレッダー	プラウ・ ハ ロ ー	モ ア ー	集 草 機	カッター	ベーラー
	(33)	(34)	(35)	(36)	(37)	(38)
	台	台	台	台	台	台
全　　　　　　国　(1)	7.9	11.0	12.6	12.3	2.1	9.7
1 ～ 20頭未満 (2)	5.1	7.6	8.3	7.1	1.8	8.3
20 ～ 30 (3)	5.4	7.7	11.6	10.6	1.9	10.0
30 ～ 50 (4)	7.3	9.2	10.6	10.1	2.4	9.0
50 ～ 100 (5)	9.2	13.4	16.5	18.0	2.1	10.8
100 ～ 200 (6)	11.8	15.9	13.7	14.1	2.1	8.6
200頭以上 (7)	12.0	19.1	19.0	13.4	1.8	14.1
北　海　道　(8)	9.9	15.8	17.9	20.4	1.4	12.8
1 ～ 20頭未満 (9)	8.0	12.9	9.1	18.2	1.1	11.1
20 ～ 30 (10)	9.1	17.4	16.3	22.9	1.1	14.3
30 ～ 50 (11)	8.2	14.0	13.5	17.6	1.0	12.6
50 ～ 100 (12)	10.1	15.2	21.2	24.2	1.6	13.4
100 ～ 200 (13)	12.4	18.7	17.6	17.2	1.4	9.6
200頭以上 (14)	10.5	19.5	23.5	14.7	2.8	17.9
都　府　県　(15)	6.4	7.7	9.0	6.7	2.5	7.5
1 ～ 20頭未満 (16)	4.5	6.6	8.2	4.9	2.0	7.7
20 ～ 30 (17)	4.7	5.7	10.6	8.1	2.0	9.1
30 ～ 50 (18)	6.9	6.5	9.0	5.9	3.2	7.0
50 ～ 100 (19)	7.9	10.5	9.3	8.5	3.0	6.7
100 ～ 200 (20)	10.6	10.3	5.4	7.8	3.5	6.6
200頭以上 (21)	14.7	18.4	11.1	11.1	-	7.4
東　　　　　　北 (22)	6.6	8.5	10.7	9.0	3.5	11.1
北　　　　　　陸 (23)	2.4	3.8	3.8	4.9	-	5.2
関　東　・　東　山 (24)	7.1	8.5	9.9	7.0	1.1	7.1
東　　　　　　海 (25)	1.0	2.6	5.4	2.3	1.4	2.3
近　　　　　　畿 (26)	5.2	1.7	3.8	2.1	2.1	5.9
中　　　　　　国 (27)	8.7	10.6	8.8	4.2	1.3	8.8
四　　　　　　国 (28)	3.6	7.7	3.8	2.6	-	3.4
九　　　　　　州 (29)	8.3	8.4	9.9	8.7	6.1	6.9

注：1　通年換算頭数とは、調査期間1年間の毎月始め及び調査期間終了時（合計13時点）における搾乳牛の飼養頭数合計を
13で除した頭数である。
　　2　関係頭数とは、搾乳牛の飼養実頭数である。

（続き）その他の牧草収穫機	搬送・吹上機	トレーラー	運搬用機具	搾乳牛飼養頭数（通年換算頭数）	搾乳牛の成畜時評価額（関係頭数1頭当たり）	
(39) 台	(40) 台	(41) 台	(42) 台	(43) 頭	(44) 円	
10.7	0.8	2.8	5.2	62.4	694,314	(1)
8.3	0.4	0.9	3.2	13.2	628,884	(2)
11.5	1.6	2.9	8.6	25.4	635,463	(3)
10.3	0.5	2.2	4.1	40.3	656,646	(4)
11.8	1.0	4.0	4.5	71.5	693,948	(5)
10.3	1.0	4.1	4.9	135.4	707,465	(6)
15.6	0.4	2.3	15.7	279.9	735,815	(7)
11.7	0.9	4.5	3.4	83.9	734,505	(8)
2.9	-	-	-	12.4	714,603	(9)
10.3	3.1	3.4	6.6	25.0	696,719	(10)
11.1	1.1	3.3	1.6	41.4	716,267	(11)
12.8	0.7	5.6	3.0	72.8	729,398	(12)
10.6	1.2	6.1	4.2	137.2	737,410	(13)
20.2	0.6	3.7	11.2	271.2	749,672	(14)
10.0	0.8	1.5	6.5	47.4	644,649	(15)
9.4	0.4	1.1	3.8	13.3	613,060	(16)
11.7	1.3	2.8	9.0	25.4	623,594	(17)
9.8	0.3	1.6	5.4	39.7	622,884	(18)
10.2	1.5	1.5	6.9	69.3	636,516	(19)
9.9	0.6	-	6.4	131.8	643,412	(20)
7.4	-	-	23.7	295.4	712,210	(21)
14.4	0.6	2.0	3.4	30.5	654,533	(22)
-	-	3.8	6.3	32.6	643,746	(23)
10.8	0.4	1.5	7.9	57.8	694,635	(24)
3.5	1.1	-	7.4	68.7	690,811	(25)
1.4	0.7	-	10.5	44.0	426,633	(26)
14.0	4.7	1.7	13.5	40.5	474,793	(27)
3.4	-	-	3.3	32.2	478,051	(28)
9.4	0.2	2.0	4.0	51.4	628,345	(29)

1　牛乳生産費（続き）
(2)　生産物（搾乳牛1頭当たり）

区　　　　　分	生乳								
	実搾乳量					乳脂肪生産量	乳脂肪分	無脂乳固形分	乳脂肪分3.5%換算乳量
	計	出荷量	小売量	子牛給与量	家計消費量				
	(1) kg	(2) kg	(3) kg	(4) kg	(5) kg	(6) kg	(7) %	(8) %	(9) kg
全　　　　国 (1)	8,884	8,842	1	37	4	351	3.95	8.79	10,041
1　～　20頭未満 (2)	7,741	7,691	0	36	14	307	3.97	8.76	8,776
20　～　30 (3)	8,214	8,182	－	26	6	318	3.87	8.75	9,092
30　～　50 (4)	8,455	8,423	0	25	7	332	3.93	8.79	9,478
50　～　100 (5)	8,787	8,752	1	31	3	347	3.95	8.77	9,925
100　～　200 (6)	9,361	9,312	4	43	2	374	4.00	8.78	10,686
200頭以上 (7)	9,242	9,191	－	50	1	366	3.96	8.83	10,444
北　　海　　道 (8)	8,882	8,829	0	50	3	356	4.01	8.75	10,181
1　～　20頭未満 (9)	6,546	6,453	1	65	27	255	3.90	8.60	7,289
20　～　30 (10)	7,540	7,488	－	40	12	304	4.03	8.74	8,679
30　～　50 (11)	7,860	7,827	0	28	5	313	3.98	8.74	8,951
50　～　100 (12)	8,605	8,563	－	38	4	344	4.00	8.74	9,839
100　～　200 (13)	9,416	9,365	－	49	2	378	4.01	8.75	10,799
200頭以上 (14)	9,340	9,258	－	81	1	377	4.04	8.75	10,767
都　　府　　県 (15)	8,884	8,858	2	20	4	345	3.88	8.84	9,869
1　～　20頭未満 (16)	7,960	7,918	0	31	11	317	3.98	8.78	9,048
20　～　30 (17)	8,348	8,319	－	24	5	321	3.85	8.76	9,174
30　～　50 (18)	8,799	8,767	0	24	8	342	3.89	8.81	9,780
50　～　100 (19)	9,086	9,062	1	21	2	352	3.87	8.83	10,066
100　～　200 (20)	9,238	9,196	12	28	2	365	3.95	8.84	10,441
200頭以上 (21)	9,081	9,080	－	－	1	347	3.82	8.96	9,915
東　　　　北 (22)	8,578	8,552	－	20	6	336	3.92	8.84	9,610
北　　　　陸 (23)	8,272	8,235	1	33	3	316	3.82	8.66	9,033
関　東　・　東　山 (24)	8,814	8,785	6	20	3	341	3.87	8.86	9,757
東　　　　海 (25)	9,383	9,345	－	34	4	358	3.82	8.76	10,219
近　　　　畿 (26)	8,874	8,858	－	15	1	341	3.84	8.78	9,739
中　　　　国 (27)	9,488	9,441	－	25	22	367	3.87	8.91	10,491
四　　　　国 (28)	8,840	8,807	－	27	6	355	4.02	8.85	10,138
九　　　　州 (29)	8,877	8,868	－	8	1	351	3.95	8.84	10,019

価　　額	計	副　　産　　物							参　　考	
		子　　牛				きゅう肥			3.5%換算乳量100kg当たり乳価	乳飼比
		頭　数	雌	価　　額	搬出量	利用量	価　　額(利用分)			
(10) 円	(11) 円	(12) 頭	(13) 頭	(14) 円	(15) kg	(16) kg	(17) 円	(18) 円	(19) %	
927,652	160,215	0.96	0.54	140,448	19,053	13,239	19,767	9,239	41.3	(1)
864,905	166,675	0.87	0.49	134,932	19,246	11,384	31,743	9,855	45.0	(2)
913,370	155,205	0.83	0.45	130,183	18,848	12,887	25,022	10,046	45.1	(3)
908,603	157,611	0.91	0.51	140,597	18,741	11,132	17,014	9,586	41.8	(4)
905,080	158,626	0.96	0.53	137,978	18,839	13,591	20,648	9,119	39.4	(5)
957,254	154,882	0.98	0.57	139,011	19,087	13,428	15,871	8,958	39.5	(6)
961,462	170,678	1.02	0.57	149,644	19,611	14,585	21,034	9,206	44.0	(7)
855,088	155,224	1.01	0.57	132,162	18,821	16,968	23,062	8,399	34.6	(8)
600,743	221,076	0.96	0.61	134,508	19,576	19,576	86,568	8,242	35.0	(9)
727,082	163,400	0.91	0.50	120,678	17,104	16,049	42,722	8,377	29.1	(10)
744,776	151,801	0.95	0.53	126,908	18,239	16,155	24,893	8,321	35.1	(11)
826,659	156,968	0.98	0.53	131,142	18,560	17,115	25,826	8,402	34.2	(12)
910,367	149,940	1.00	0.59	131,303	19,049	16,408	18,637	8,430	35.1	(13)
903,816	156,590	1.07	0.61	137,899	19,295	17,729	18,691	8,394	34.8	(14)
1,016,856	166,348	0.92	0.51	150,631	19,340	8,656	15,717	10,304	48.2	(15)
913,224	156,725	0.85	0.46	135,010	19,186	9,886	21,715	10,093	46.2	(16)
950,334	153,580	0.83	0.45	132,069	19,194	12,260	21,511	10,359	47.5	(17)
1,002,956	160,957	0.90	0.51	148,482	19,031	8,240	12,475	10,255	44.7	(18)
1,033,478	161,341	0.93	0.52	149,170	19,296	7,822	12,171	10,267	46.3	(19)
1,058,253	165,529	0.94	0.52	155,616	19,170	7,010	9,913	10,136	47.8	(20)
1,055,955	193,773	0.94	0.50	168,897	20,128	9,431	24,876	10,650	56.8	(21)
928,868	164,307	0.92	0.52	146,343	19,065	9,728	17,964	9,666	43.2	(22)
999,741	142,443	0.85	0.45	132,270	18,519	10,282	10,173	11,068	53.2	(23)
1,018,853	180,305	0.92	0.49	160,424	19,665	9,731	19,881	10,442	50.6	(24)
1,100,548	168,811	0.95	0.57	157,325	19,534	7,085	11,486	10,770	51.3	(25)
1,081,608	141,681	0.85	0.49	131,458	19,500	4,950	10,223	11,106	53.2	(26)
1,123,321	139,804	0.88	0.51	130,000	19,311	4,600	9,804	10,707	49.7	(27)
1,028,500	134,194	0.78	0.43	121,099	19,279	10,049	13,095	10,145	40.5	(28)
983,745	157,455	0.89	0.49	146,016	18,800	8,241	11,439	9,819	42.7	(29)

1 牛乳生産費（続き）
（3） 作業別労働時間（搾乳牛1頭当たり）

区　　　　　　分	合　計	男	女	直　接　計	飼育　飼料の調理・給与・給水　小　計	飼育　飼料の調理・給与・給水　男	飼育　飼料の調理・給与・給水　女
	(1)	(2)	(3)	(4)	(5)	(6)	(7)
全　　　　　　国　(1)	96.84	68.07	28.77	90.64	20.75	14.83	5.92
1　〜　20頭未満　(2)	186.85	151.26	35.59	173.37	45.50	34.49	11.01
20　〜　30　(3)	151.49	114.23	37.26	140.53	35.93	23.96	11.97
30　〜　50　(4)	126.33	91.39	34.94	118.11	32.05	22.48	9.57
50　〜　100　(5)	96.03	67.74	28.29	89.32	19.47	14.54	4.93
100　〜　200　(6)	74.81	49.02	25.79	71.04	14.83	10.63	4.20
200頭以上　(7)	67.05	42.54	24.51	63.21	11.56	7.59	3.97
北　　海　　道　(8)	84.98	57.86	27.12	79.79	16.29	11.77	4.52
1　〜　20頭未満　(9)	245.49	213.00	32.49	227.78	57.02	43.74	13.28
20　〜　30　(10)	161.99	124.89	37.10	149.86	34.75	27.85	6.90
30　〜　50　(11)	124.60	86.60	38.00	116.40	28.39	20.22	8.17
50　〜　100　(12)	92.95	63.99	28.96	86.45	17.99	13.32	4.67
100　〜　200　(13)	66.58	42.43	24.15	62.98	12.69	9.07	3.62
200頭以上　(14)	63.39	41.46	21.93	60.81	9.13	6.02	3.11
都　　府　　県　(15)	111.41	80.58	30.83	103.95	26.22	18.58	7.64
1　〜　20頭未満　(16)	176.14	139.97	36.17	163.44	43.39	32.80	10.59
20　〜　30　(17)	149.38	112.10	37.28	138.67	36.16	23.19	12.97
30　〜　50　(18)	127.31	94.12	33.19	119.08	34.14	23.77	10.37
50　〜　100　(19)	101.05	73.86	27.19	93.98	21.87	16.53	5.34
100　〜　200　(20)	92.52	63.25	29.27	88.37	19.42	13.99	5.43
200頭以上　(21)	73.00	44.28	28.72	67.12	15.53	10.17	5.36
東　　　　　　北　(22)	129.55	97.82	31.73	118.52	35.33	24.94	10.39
北　　　　　　陸　(23)	137.32	108.58	28.74	131.79	31.76	22.26	9.50
関　東　・　東　山　(24)	100.75	74.53	26.22	93.61	23.03	16.88	6.15
東　　　　　　海　(25)	114.56	76.28	38.28	111.55	23.64	15.59	8.05
近　　　　　　畿　(26)	86.88	76.49	10.39	84.00	18.92	17.41	1.51
中　　　　　　国　(27)	116.41	84.67	31.74	110.56	23.59	17.65	5.94
四　　　　　　国　(28)	147.77	92.65	55.12	133.94	38.46	21.63	16.83
九　　　　　　州　(29)	114.58	76.67	37.91	105.57	27.69	18.57	9.12

単位：時間

敷料の搬入・きゅう肥の搬出			搾乳及び牛乳処理・運搬			その他			
小　計	男	女	小　計	男	女	小　計	男	女	
(8)	(9)	(10)	(11)	(12)	(13)	(14)	(15)	(16)	
11.21	8.56	2.65	45.74	29.99	15.75	12.94	8.99	3.95	(1)
24.48	20.29	4.19	81.27	66.93	14.34	22.12	17.67	4.45	(2)
18.16	13.82	4.34	66.93	51.90	15.03	19.51	14.42	5.09	(3)
13.76	10.29	3.47	56.48	39.42	17.06	15.82	11.67	4.15	(4)
10.73	7.92	2.81	45.62	30.06	15.56	13.50	9.13	4.37	(5)
7.82	6.10	1.72	38.53	21.79	16.74	9.86	7.05	2.81	(6)
9.21	7.16	2.05	32.83	18.40	14.43	9.61	5.61	4.00	(7)
9.90	7.32	2.58	43.19	26.65	16.54	10.41	7.23	3.18	(8)
42.05	35.93	6.12	100.04	92.39	7.65	28.67	23.69	4.98	(9)
18.66	14.92	3.74	78.56	58.22	20.34	17.89	12.52	5.37	(10)
12.46	8.89	3.57	60.51	39.28	21.23	15.04	10.41	4.63	(11)
10.97	7.42	3.55	45.92	29.27	16.65	11.57	7.92	3.65	(12)
7.71	5.52	2.19	33.76	18.25	15.51	8.82	6.26	2.56	(13)
7.48	6.66	0.82	37.29	21.59	15.70	6.91	4.63	2.28	(14)
12.81	10.08	2.73	48.88	34.08	14.80	16.04	11.14	4.90	(15)
21.27	17.43	3.84	77.84	62.27	15.57	20.94	16.58	4.36	(16)
18.07	13.61	4.46	64.63	50.64	13.99	19.81	14.79	5.02	(17)
14.50	11.09	3.41	54.18	39.51	14.67	16.26	12.38	3.88	(18)
10.33	8.74	1.59	45.12	31.34	13.78	16.66	11.11	5.55	(19)
8.07	7.37	0.70	48.79	29.40	19.39	12.09	8.76	3.33	(20)
12.02	7.97	4.05	25.53	13.18	12.35	14.04	7.20	6.84	(21)
14.87	11.71	3.16	54.38	41.40	12.98	13.94	10.26	3.68	(22)
25.17	20.71	4.46	49.69	40.86	8.83	25.17	19.25	5.92	(23)
13.39	10.30	3.09	40.22	29.37	10.85	16.97	11.23	5.74	(24)
10.00	8.54	1.46	63.67	39.84	23.83	14.24	9.64	4.60	(25)
7.33	7.12	0.21	39.40	33.97	5.43	18.35	15.11	3.24	(26)
16.18	13.17	3.01	52.52	34.46	18.06	18.27	14.33	3.94	(27)
16.19	12.62	3.57	67.78	40.26	27.52	11.51	7.29	4.22	(28)
9.74	7.17	2.57	53.16	33.05	20.11	14.98	10.01	4.97	(29)

1 牛乳生産費（続き）
(3) 作業別労働時間（搾乳牛1頭当たり）（続き）

単位：時間

区　　　分	間接労働時間 (17)	自給牧草に係る労働時間 (18)	家族・雇用別内訳 家族 計 (19)	男 (20)	女 (21)	雇用 計 (22)	男 (23)	女 (24)
全　　　　　　国	6.20	4.79	72.16	51.42	20.74	24.68	16.65	8.03
1 ～ 20頭未満	13.48	10.71	180.91	145.36	35.55	5.94	5.90	0.04
20 ～ 30	10.96	8.90	136.51	100.59	35.92	14.98	13.64	1.34
30 ～ 50	8.22	6.40	110.82	78.22	32.60	15.51	13.17	2.34
50 ～ 100	6.71	5.25	76.93	53.10	23.83	19.10	14.64	4.46
100 ～ 200	3.77	2.56	45.07	30.32	14.75	29.74	18.70	11.04
200頭以上	3.84	3.03	25.74	19.35	6.39	41.31	23.19	18.12
北　海　道	5.19	3.89	64.86	45.10	19.76	20.12	12.76	7.36
1 ～ 20頭未満	17.71	13.03	242.90	210.41	32.49	2.59	2.59	-
20 ～ 30	12.13	9.60	157.52	120.47	37.05	4.47	4.42	0.05
30 ～ 50	8.20	5.95	112.47	77.03	35.44	12.13	9.57	2.56
50 ～ 100	6.50	5.12	79.05	53.81	25.24	13.90	10.18	3.72
100 ～ 200	3.60	2.42	44.12	29.22	14.90	22.46	13.21	9.25
200頭以上	2.58	1.94	30.73	22.62	8.11	32.66	18.84	13.82
都　府　県	7.46	5.90	81.13	59.18	21.95	30.28	21.40	8.88
1 ～ 20頭未満	12.70	10.28	169.60	133.48	36.12	6.54	6.49	0.05
20 ～ 30	10.71	8.76	132.31	96.63	35.68	17.07	15.47	1.60
30 ～ 50	8.23	6.65	109.85	78.89	30.96	17.46	15.23	2.23
50 ～ 100	7.07	5.44	73.43	51.92	21.51	27.62	21.94	5.68
100 ～ 200	4.15	2.86	47.09	32.70	14.39	45.43	30.55	14.88
200頭以上	5.88	4.82	17.51	13.98	3.53	55.49	30.30	25.19
東　　　　　北	11.03	9.32	114.63	84.18	30.45	14.92	13.64	1.28
北　　　　　陸	5.53	4.26	90.12	73.48	16.64	47.20	35.10	12.10
関　東・東　山	7.14	6.07	61.04	46.13	14.91	39.71	28.40	11.31
東　　　　　海	3.01	1.03	72.52	51.14	21.38	42.04	25.14	16.90
近　　　　　畿	2.88	2.01	70.48	60.09	10.39	16.40	16.40	-
中　　　　　国	5.85	3.90	102.72	73.96	28.76	13.69	10.71	2.98
四　　　　　国	13.83	11.87	130.60	77.77	52.83	17.17	14.88	2.29
九　　　　　州	9.01	6.77	90.86	62.67	28.19	23.72	14.00	9.72

1 牛乳生産費（続き）
(4) 収益性
ア 搾乳牛1頭当たり

| 区　　　　　分 | 粗　　収　　益 | | | 生　　産　　費 | |
	計	生　乳	副産物	生産費総額	生産費総額から家族労働費、自己資本利子、自作地地代を控除した額
	(1)	(2)	(3)	(4)	(5)
全　　　　　　国 (1)	1,087,867	927,652	160,215	1,044,206	876,731
1　～　20頭未満 (2)	1,031,580	864,905	166,675	1,114,105	773,772
20　～　30 (3)	1,068,575	913,370	155,205	1,091,417	821,865
30　～　50 (4)	1,066,214	908,603	157,611	1,041,302	811,255
50　～　100 (5)	1,063,706	905,080	158,626	1,025,216	845,253
100　～　200 (6)	1,112,136	957,254	154,882	1,020,330	900,199
200頭以上 (7)	1,132,140	961,462	170,678	1,076,385	986,335
北　　海　　道 (8)	1,010,312	855,088	155,224	989,810	822,200
1　～　20頭未満 (9)	821,819	600,743	221,076	1,158,977	665,263
20　～　30 (10)	890,482	727,082	163,400	1,024,697	678,404
30　～　50 (11)	896,577	744,776	151,801	995,471	744,611
50　～　100 (12)	983,627	826,659	156,968	995,748	799,495
100　～　200 (13)	1,060,307	910,367	149,940	988,134	861,596
200頭以上 (14)	1,060,406	903,816	156,590	968,751	862,666
都　　府　　県 (15)	1,183,204	1,016,856	166,348	1,111,075	943,764
1　～　20頭未満 (16)	1,069,949	913,224	156,725	1,105,894	793,615
20　～　30 (17)	1,103,914	950,334	153,580	1,104,655	850,332
30　～　50 (18)	1,163,913	1,002,956	160,957	1,067,693	849,634
50　～　100 (19)	1,194,819	1,033,478	161,341	1,073,470	920,173
100　～　200 (20)	1,223,782	1,058,253	165,529	1,089,694	983,363
200頭以上 (21)	1,249,728	1,055,955	193,773	1,252,821	1,189,049
東　　　　　　北 (22)	1,093,175	928,868	164,307	1,059,278	846,563
北　　　　　　陸 (23)	1,142,184	999,741	142,443	1,054,055	879,720
関　東　・　東　山 (24)	1,199,158	1,018,853	180,305	1,152,643	1,009,382
東　　　　　　海 (25)	1,269,359	1,100,548	168,811	1,237,743	1,074,261
近　　　　　　畿 (26)	1,223,289	1,081,608	141,681	1,103,061	936,869
中　　　　　　国 (27)	1,263,125	1,123,321	139,804	1,142,520	955,206
四　　　　　　国 (28)	1,162,694	1,028,500	134,194	942,180	729,456
九　　　　　　州 (29)	1,141,200	983,745	157,455	1,002,183	830,616

イ　1日当たり　　　単位：円

用				
生産費総額から家族労働費を控除した額	所　得	家族労働報酬	所　得	家族労働報酬
(6)	(7)	(8)	(1)	(2)
915,533	211,136	172,334	23,408	19,106	(1)
808,202	257,808	223,378	11,400	9,878	(2)
856,438	246,710	212,137	14,458	12,432	(3)
844,081	254,959	222,133	18,405	16,036	(4)
886,642	218,453	177,064	22,717	18,413	(5)
938,496	211,937	173,640	37,619	30,821	(6)
1,028,273	145,805	103,867	45,316	32,282	(7)
868,925	188,112	141,387	23,202	17,439	(8)
715,311	156,556	106,508	5,156	3,508	(9)
737,804	212,078	152,678	10,771	7,754	(10)
786,205	151,966	110,372	10,809	7,851	(11)
848,169	184,132	135,458	18,634	13,709	(12)
905,578	198,711	154,729	36,031	28,056	(13)
911,009	197,740	149,397	51,478	38,893	(14)
972,829	239,440	210,375	23,611	20,744	(15)
825,190	276,334	244,759	13,035	11,545	(16)
879,977	253,582	223,937	15,333	13,540	(17)
877,410	314,279	286,503	22,888	20,865	(18)
949,637	274,646	245,182	29,922	26,712	(19)
1,009,414	240,419	214,368	40,844	36,418	(20)
1,220,493	60,679	29,235	27,723	13,357	(21)
878,859	246,612	214,316	17,211	14,957	(22)
902,478	262,464	239,706	23,299	21,279	(23)
1,042,148	189,776	157,010	24,872	20,578	(24)
1,096,812	195,098	172,547	21,522	19,034	(25)
957,008	286,420	266,281	32,511	30,225	(26)
980,099	307,919	283,026	23,981	22,043	(27)
747,696	433,238	414,998	26,538	25,421	(28)
858,465	310,584	282,735	27,346	24,894	(29)

単位：円

牛乳生産費

1 牛乳生産費（続き）
(5) 生産費
ア 搾乳牛1頭当たり

区　分	物							
	計	種　付　料			飼　料　費			
		小　計	購　入	自　給	小　計	流通飼料費		牧草・放牧・採草費
							自　給	
	(1)	(2)	(3)	(4)	(5)	(6)	(7)	(8)
全　　　　国 (1)	833,286	17,558	17,532	26	465,908	385,951	2,957	79,957
1 ～ 20頭未満 (2)	752,816	15,833	15,566	267	464,153	393,218	3,649	70,935
20 ～ 30 (3)	789,542	14,677	14,389	288	492,422	413,763	2,072	78,659
30 ～ 50 (4)	778,491	18,181	18,181	－	455,826	382,119	2,191	73,707
50 ～ 100 (5)	809,497	17,219	17,219	－	454,982	359,558	2,629	95,424
100 ～ 200 (6)	855,465	17,181	17,181	－	454,675	381,672	3,316	73,003
200頭以上 (7)	916,376	19,141	19,141	－	497,053	426,569	3,745	70,484
北　海　道 (8)	784,687	15,555	15,555	－	404,745	299,659	3,671	105,086
1 ～ 20頭未満 (9)	642,927	14,518	14,518	－	323,823	214,965	4,435	108,858
20 ～ 30 (10)	659,865	12,105	12,105	－	349,312	214,478	2,728	134,834
30 ～ 50 (11)	715,436	14,104	14,104	－	380,610	263,400	2,038	117,210
50 ～ 100 (12)	769,059	15,869	15,869	－	408,767	285,286	2,779	123,481
100 ～ 200 (13)	823,772	16,462	16,462	－	414,023	322,658	3,522	91,365
200頭以上 (14)	808,500	14,893	14,893	－	405,980	320,657	6,029	85,323
都　府　県 (15)	893,024	20,021	19,962	59	541,090	492,025	2,078	49,065
1 ～ 20頭未満 (16)	772,912	16,073	15,758	315	489,817	425,819	3,505	63,998
20 ～ 30 (17)	815,275	15,187	14,842	345	520,818	453,305	1,942	67,513
30 ～ 50 (18)	814,804	20,529	20,529	－	499,149	450,497	2,280	48,652
50 ～ 100 (19)	875,703	19,430	19,430	－	530,650	481,163	2,383	49,487
100 ～ 200 (20)	923,743	18,730	18,730	－	542,240	508,791	2,874	33,449
200頭以上 (21)	1,093,204	26,106	26,106	－	646,336	600,178	－	46,158
東　　　　北 (22)	817,822	20,018	20,018	－	479,148	402,853	1,805	76,295
北　　　　陸 (23)	809,448	15,985	15,985	－	543,954	534,875	3,000	9,079
関　東・東　山 (24)	944,902	21,990	21,928	62	569,587	518,204	2,285	51,383
東　　　　海 (25)	1,003,998	17,452	17,151	301	581,242	567,700	3,294	13,542
近　　　　畿 (26)	898,115	17,343	17,343	－	592,642	576,648	1,400	15,994
中　　　　国 (27)	924,891	16,561	16,561	－	603,686	560,959	2,628	42,727
四　　　　国 (28)	691,342	8,852	8,852	－	464,823	419,482	2,949	45,341
九　　　　州 (29)	794,871	20,968	20,968	－	479,663	421,056	847	58,607

単位：円

財			費							
敷 料 費			光熱水料及び動力費			その他の諸材料費			獣医師料及び医薬品費	賃借料及び料金
小 計	購 入	自 給	小 計	購 入	自 給	小 計	購 入	自 給		
(9)	(10)	(11)	(12)	(13)	(14)	(15)	(16)	(17)	(18)	(19)
13,165	11,799	1,366	29,676	29,676	−	2,125	2,125	0	31,737	17,178	(1)
7,860	5,968	1,892	30,204	30,204	−	1,704	1,704	−	27,458	10,924	(2)
6,931	5,619	1,312	29,018	29,018	−	3,262	3,259	3	27,299	15,277	(3)
8,167	7,245	922	29,654	29,654	−	2,550	2,550	−	30,048	17,460	(4)
12,856	11,120	1,736	29,698	29,698	−	1,867	1,867	−	30,186	16,970	(5)
12,677	12,003	674	30,259	30,259	−	1,709	1,709	−	33,388	18,179	(6)
20,797	18,988	1,809	29,063	29,063	−	2,463	2,463	−	35,673	17,959	(7)
11,371	9,708	1,663	27,178	27,178	−	2,167	2,167	−	28,750	16,265	(8)
10,220	6,475	3,745	28,280	28,280	−	2,411	2,411	−	26,006	8,929	(9)
13,758	8,662	5,096	30,383	30,383	−	3,226	3,226	−	26,727	13,561	(10)
7,467	5,064	2,403	28,689	28,689	−	1,926	1,926	−	30,207	14,574	(11)
10,586	8,124	2,462	27,413	27,413	−	1,700	1,700	−	27,770	17,425	(12)
9,910	8,923	987	28,214	28,214	−	1,900	1,900	−	29,565	17,918	(13)
16,086	15,528	558	24,560	24,560	−	3,256	3,256	−	28,901	13,736	(14)
15,372	14,371	1,001	32,747	32,747	−	2,073	2,073	0	35,408	18,300	(15)
7,429	5,876	1,553	30,556	30,556	−	1,574	1,574	−	27,724	11,289	(16)
5,576	5,015	561	28,747	28,747	−	3,268	3,265	3	27,413	15,618	(17)
8,570	8,501	69	30,209	30,209	−	2,910	2,910	−	29,956	19,122	(18)
16,573	16,025	548	33,441	33,441	−	2,140	2,140	−	34,140	16,226	(19)
18,637	18,637	−	34,665	34,665	−	1,296	1,296	−	41,623	18,741	(20)
28,516	24,658	3,858	36,444	36,444	−	1,164	1,164	−	46,773	24,883	(21)
9,610	8,589	1,021	27,678	27,678	−	2,444	2,444	−	32,624	16,961	(22)
6,437	6,296	141	38,215	38,215	−	4,505	4,505	−	28,072	10,601	(23)
16,277	14,423	1,854	33,116	33,116	−	1,637	1,636	1	34,813	17,533	(24)
17,271	16,927	344	36,620	36,620	−	3,596	3,596	−	58,075	28,374	(25)
24,353	24,341	12	35,415	35,415	−	1,696	1,696	−	27,402	17,312	(26)
18,012	17,225	787	37,694	37,694	−	3,863	3,863	−	40,736	20,675	(27)
8,372	8,180	192	32,554	32,554	−	1,258	1,258	−	16,722	15,788	(28)
15,898	15,898	0	30,851	30,851	−	1,072	1,072	−	28,498	15,598	(29)

1　牛乳生産費（続き）
（5）　生産費（続き）
ア　搾乳牛1頭当たり（続き）

区　　　　　分	物 物 件 税 及 び 公課諸負担	乳　牛 償 却 費	財 建　物　費 小　計	購　入	償　却	自　動　車 小　計	購　入
	(20)	(21)	(22)	(23)	(24)	(25)	(26)
全　　　　　　　国　(1)	11,729	172,243	24,442	7,484	16,958	4,778	2,229
1　～　20頭未満　(2)	14,265	135,619	10,025	4,103	5,922	7,587	4,181
20　～　30　(3)	12,878	129,845	14,171	7,338	6,833	5,603	3,817
30　～　50　(4)	10,847	149,787	14,781	5,886	8,895	6,209	2,939
50　～　100　(5)	12,043	166,579	20,960	6,905	14,055	4,288	2,157
100　～　200　(6)	12,531	183,843	29,344	7,230	22,114	4,139	1,864
200頭以上　(7)	10,190	204,140	37,562	10,664	26,898	4,362	1,384
北　　　海　　　道　(8)	12,948	190,236	25,739	7,669	18,070	3,844	1,687
1　～　20頭未満　(9)	13,699	172,399	5,282	2,904	2,378	2,572	2,039
20　～　30　(10)	12,625	138,335	15,582	6,148	9,434	4,428	2,347
30　～　50　(11)	12,421	163,806	15,352	8,670	6,682	5,241	1,951
50　～　100　(12)	12,834	178,412	22,435	8,019	14,416	3,163	1,650
100　～　200　(13)	14,345	195,257	31,931	7,522	24,409	3,897	1,574
200頭以上　(14)	11,621	219,194	29,787	7,195	22,592	4,236	1,699
都　　府　　県　(15)	10,231	150,125	22,844	7,257	15,587	5,928	2,896
1　～　20頭未満　(16)	14,368	128,891	10,892	4,322	6,570	8,503	4,572
20　～　30　(17)	12,929	128,160	13,891	7,574	6,317	5,837	4,109
30　～　50　(18)	9,940	141,712	14,452	4,282	10,170	6,766	3,508
50　～　100　(19)	10,748	147,205	18,542	5,081	13,461	6,130	2,988
100　～　200　(20)	8,620	159,257	23,778	6,600	17,178	4,662	2,491
200頭以上　(21)	7,844	179,464	50,308	16,349	33,959	4,567	867
東　　　　　　北　(22)	9,567	154,956	19,002	6,666	12,336	6,037	3,214
北　　　　　　陸　(23)	5,934	103,701	11,993	3,927	8,066	10,248	4,751
関　東　・　東　山　(24)	11,148	162,222	31,810	9,315	22,495	5,420	1,994
東　　　　　　海　(25)	8,262	190,346	16,777	8,116	8,661	7,360	4,472
近　　　　　　畿　(26)	8,198	110,115	15,530	9,367	6,163	4,654	2,797
中　　　　　　国　(27)	12,303	93,863	21,114	7,077	14,037	11,485	6,601
四　　　　　　国　(28)	14,326	103,593	5,257	1,151	4,106	1,676	1,083
九　　　　　　州　(29)	9,794	134,539	15,727	3,260	12,467	4,522	2,436

単位：円

	費 （ 続 き ）						労 働 費		
費	農 機 具 費			生 産 管 理 費					
償 却	小 計	購 入	償 却	小 計	購 入	償 却	計	家 族	雇 用
(27)	(28)	(29)	(30)	(31)	(32)	(33)	(34)	(35)	(36)
2,549	40,540	18,144	22,396	2,207	2,059	148	165,233	128,673	36,560	(1)
3,406	23,974	11,007	12,967	3,210	3,166	44	317,587	305,903	11,684	(2)
1,786	33,626	17,144	16,482	4,533	4,198	335	258,489	234,979	23,510	(3)
3,270	32,223	16,975	15,248	2,758	2,486	272	222,359	197,221	25,138	(4)
2,131	39,964	18,470	21,494	1,885	1,773	112	167,553	138,574	28,979	(5)
2,275	55,435	20,019	35,416	2,105	1,914	191	120,493	81,834	38,659	(6)
2,978	36,384	18,177	18,207	1,589	1,556	33	111,673	48,112	63,561	(7)
2,157	44,285	20,194	24,091	1,604	1,490	114	151,065	120,885	30,180	(8)
533	31,060	21,175	9,885	3,728	3,728	-	448,713	443,666	5,047	(9)
2,081	37,043	21,349	15,694	2,780	2,780	-	297,637	286,893	10,744	(10)
3,290	38,484	23,240	15,244	2,555	2,516	39	228,931	209,266	19,665	(11)
1,513	41,040	20,148	20,892	1,645	1,549	96	170,978	147,579	23,399	(12)
2,323	58,767	20,734	38,033	1,583	1,332	251	113,856	82,556	31,300	(13)
2,537	35,308	18,081	17,227	942	919	23	104,649	57,742	46,907	(14)
3,032	35,937	15,624	20,313	2,948	2,758	190	182,650	138,246	44,404	(15)
3,931	22,681	9,148	13,533	3,115	3,063	52	293,601	280,704	12,897	(16)
1,728	32,949	16,309	16,640	4,882	4,480	402	250,720	224,678	26,042	(17)
3,258	28,614	13,367	15,247	2,875	2,469	406	218,573	190,283	28,290	(18)
3,142	38,200	15,722	22,478	2,278	2,139	139	161,950	123,833	38,117	(19)
2,171	48,261	18,479	29,782	3,233	3,169	64	134,791	80,280	54,511	(20)
3,700	38,150	18,336	19,814	2,649	2,599	50	123,186	32,328	90,858	(21)
2,823	37,498	17,004	20,494	2,279	2,069	210	199,873	180,419	19,454	(22)
5,497	24,510	14,549	9,961	5,293	5,293	-	213,212	151,577	61,635	(23)
3,426	36,764	16,465	20,299	2,585	2,437	148	169,058	110,495	58,563	(24)
2,888	34,052	14,417	19,635	4,571	4,341	230	208,908	140,931	67,977	(25)
1,857	42,167	17,627	24,540	1,288	1,288	-	182,173	146,053	36,120	(26)
4,884	40,611	17,349	23,262	4,288	3,533	755	186,594	162,421	24,173	(27)
593	15,790	4,046	11,744	2,331	2,331	-	227,819	194,484	33,335	(28)
2,086	34,644	13,766	20,878	3,097	2,952	145	171,260	143,718	27,542	(29)

1　牛乳生産費（続き）
（5）　生産費（続き）
ア　搾乳牛1頭当たり（続き）

区　　分	労働費（続き） 直接労働費 小計	家族	雇用	間接労働費	自給牧草に係る労働費	費用合計 計	購入	自給	償却
	(37)	(38)	(39)	(40)	(41)	(42)	(43)	(44)	(45)
全　　　　国 (1)	154,399	119,231	35,168	10,834	8,329	998,519	571,246	212,979	214,294
1 ～ 20頭未満 (2)	295,171	283,630	11,541	22,416	17,709	1,070,403	529,799	382,646	157,958
20 ～ 30 (3)	240,090	217,876	22,214	18,399	14,969	1,048,031	575,437	317,313	155,281
30 ～ 50 (4)	208,333	183,742	24,591	14,026	10,842	1,000,850	549,337	274,041	177,472
50 ～ 100 (5)	155,727	127,726	28,001	11,826	9,187	977,050	534,316	238,363	204,371
100 ～ 200 (6)	113,642	76,320	37,322	6,851	4,732	975,958	573,292	158,827	243,839
200頭以上 (7)	104,770	44,258	60,512	6,903	5,404	1,028,049	651,643	124,150	252,256
北　海　道 (8)	141,403	112,019	29,384	9,662	7,276	935,752	469,779	231,305	234,668
1 ～ 20頭未満 (9)	416,530	411,483	5,047	32,183	23,696	1,091,640	345,741	560,704	185,195
20 ～ 30 (10)	274,814	264,635	10,179	22,823	18,090	957,502	362,407	429,551	165,544
30 ～ 50 (11)	213,821	194,648	19,173	15,110	11,042	944,367	424,389	330,917	189,061
50 ～ 100 (12)	158,795	136,021	22,774	12,183	9,579	940,037	448,407	276,301	215,329
100 ～ 200 (13)	107,210	77,291	29,919	6,646	4,530	937,628	498,925	178,430	260,273
200頭以上 (14)	99,787	53,417	46,370	4,862	3,725	913,149	501,924	149,652	261,573
都　府　県 (15)	170,374	128,096	42,278	12,276	9,627	1,075,674	695,978	190,449	189,247
1 ～ 20頭未満 (16)	272,972	260,244	12,728	20,629	16,613	1,066,513	563,461	350,075	152,977
20 ～ 30 (17)	233,200	208,598	24,602	17,520	14,348	1,065,995	617,706	295,042	153,247
30 ～ 50 (18)	205,171	177,460	27,711	13,402	10,725	1,033,377	621,300	241,284	170,793
50 ～ 100 (19)	150,707	114,146	36,561	11,243	8,546	1,037,653	674,977	176,251	186,425
100 ～ 200 (20)	127,498	74,229	53,269	7,293	5,165	1,058,534	733,479	116,603	208,452
200頭以上 (21)	112,938	29,246	83,692	10,248	8,157	1,216,390	897,059	82,344	236,987
東　　　　北 (22)	182,877	164,959	17,918	16,996	14,325	1,017,695	567,336	259,540	190,819
北　　　　陸 (23)	205,100	147,919	57,181	8,112	6,198	1,022,660	731,638	163,797	127,225
関　東・東　山 (24)	156,529	101,899	54,630	12,529	10,597	1,113,960	739,290	166,080	208,590
東　　　　海 (25)	203,010	135,096	67,914	5,898	1,982	1,212,906	832,734	158,412	221,760
近　　　　畿 (26)	176,176	140,226	35,950	5,997	4,148	1,080,288	774,154	163,459	142,675
中　　　　国 (27)	177,324	153,325	23,999	9,270	6,057	1,111,485	766,121	208,563	136,801
四　　　　国 (28)	206,972	176,913	30,059	20,847	17,947	919,161	556,159	242,966	120,036
九　　　　州 (29)	157,575	130,611	26,964	13,685	10,148	966,131	592,844	203,172	170,115

単位：円

副産物価額			生産費（副産物価額差引）	支払利子	支払地代	支払利子・地代算入生産費	自己資本利子	自作地地代	資本利子・地代全額算入生産費（全算入生産費）	
計	子牛	きゅう肥								
(46)	(47)	(48)	(49)	(50)	(51)	(52)	(53)	(54)	(55)	
160,215	140,448	19,767	838,304	2,441	4,444	845,189	26,327	12,475	883,991	(1)
166,675	134,932	31,743	903,728	1,334	7,938	913,000	21,058	13,372	947,430	(2)
155,205	130,183	25,022	892,826	1,868	6,945	901,639	21,980	12,593	936,212	(3)
157,611	140,597	17,014	843,239	1,627	5,999	850,865	22,434	10,392	883,691	(4)
158,626	137,978	20,648	818,424	2,753	4,024	825,201	26,110	15,279	866,590	(5)
154,882	139,011	15,871	821,076	2,721	3,354	827,151	26,037	12,260	865,448	(6)
170,678	149,644	21,034	857,371	2,646	3,752	863,769	32,236	9,702	905,707	(7)
155,224	132,162	23,062	780,528	3,283	4,050	787,861	27,863	18,862	834,586	(8)
221,076	134,508	86,568	870,564	5,497	11,792	887,853	14,366	35,682	937,901	(9)
163,400	120,678	42,722	794,102	4,310	3,485	801,897	19,767	39,633	861,297	(10)
151,801	126,908	24,893	792,566	3,537	5,973	802,076	21,958	19,636	843,670	(11)
156,968	131,142	25,826	783,069	3,264	3,773	790,106	26,767	21,907	838,780	(12)
149,940	131,303	18,637	787,688	3,024	3,500	794,212	27,608	16,374	838,194	(13)
156,590	137,899	18,691	756,559	3,332	3,927	763,818	33,857	14,486	812,161	(14)
166,348	150,631	15,717	909,326	1,406	4,930	915,662	24,438	4,627	944,727	(15)
156,725	135,010	21,715	909,788	572	7,234	917,594	22,282	9,293	949,169	(16)
153,580	132,069	21,511	912,415	1,383	7,632	921,430	22,419	7,226	951,075	(17)
160,957	148,482	12,475	872,420	527	6,013	878,960	22,708	5,068	906,736	(18)
161,341	149,170	12,171	876,312	1,917	4,436	882,665	25,036	4,428	912,129	(19)
165,529	155,616	9,913	893,005	2,068	3,041	898,114	22,652	3,399	924,165	(20)
193,773	168,897	24,876	1,022,617	1,522	3,465	1,027,604	29,580	1,864	1,059,048	(21)
164,307	146,343	17,964	853,388	1,424	7,863	862,675	24,296	8,000	894,971	(22)
142,443	132,270	10,173	880,217	5,796	2,841	888,854	15,733	7,025	911,612	(23)
180,305	160,424	19,881	933,655	1,189	4,728	939,572	28,695	4,071	972,338	(24)
168,811	157,325	11,486	1,044,095	1,433	853	1,046,381	20,092	2,459	1,068,932	(25)
141,681	131,458	10,223	938,607	537	2,097	941,241	18,188	1,951	961,380	(26)
139,804	130,000	9,804	971,681	1,726	4,416	977,823	21,310	3,583	1,002,716	(27)
134,194	121,099	13,095	784,967	73	4,706	789,746	15,798	2,442	807,986	(28)
157,455	146,016	11,439	808,676	1,610	6,593	816,879	22,505	5,344	844,728	(29)

牛乳生産費

1　牛乳生産費（続き）
(5)　生産費（続き）
　イ　乳脂肪分3.5％換算乳量100kg当たり

区　　　　　分	計	種　付　料			飼　　料　　費			
		小　計	購　入	自　給	小　計	流通飼料費		牧草・放牧・採草費
							自　給	
	(1)	(2)	(3)	(4)	(5)	(6)	(7)	(8)
全　　　　　　　国　(1)	8,299	175	175	0	4,639	3,843	30	796
1　～　20頭未満　(2)	8,580	180	177	3	5,291	4,483	42	808
20　～　30　(3)	8,686	161	158	3	5,417	4,552	23	865
30　～　50　(4)	8,211	192	192	－	4,810	4,032	23	778
50　～　100　(5)	8,154	173	173	－	4,584	3,623	27	961
100　～　200　(6)	8,002	161	161	－	4,256	3,573	31	683
200頭以上　(7)	8,776	183	183	－	4,761	4,086	36	675
北　　海　　道　(8)	7,704	153	153	－	3,975	2,943	36	1,032
1　～　20頭未満　(9)	8,821	199	199	－	4,442	2,949	61	1,493
20　～　30　(10)	7,601	139	139	－	4,023	2,469	31	1,554
30　～　50　(11)	7,992	158	158	－	4,251	2,942	23	1,309
50　～　100　(12)	7,819	161	161	－	4,155	2,900	28	1,255
100　～　200　(13)	7,630	152	152	－	3,835	2,989	33	846
200頭以上　(14)	7,506	138	138	－	3,769	2,977	56	792
都　　府　　県　(15)	9,050	203	202	1	5,483	4,986	21	497
1　～　20頭未満　(16)	8,543	177	174	3	5,415	4,708	39	707
20　～　30　(17)	8,890	166	162	4	5,678	4,942	22	736
30　～　50　(18)	8,335	210	210	－	5,105	4,608	23	497
50　～　100　(19)	8,698	193	193	－	5,271	4,779	24	492
100　～　200　(20)	8,843	179	179	－	5,194	4,874	28	320
200頭以上　(21)	11,028	263	263	－	6,520	6,054	－	466
東　　　　　　　北　(22)	8,510	208	208	－	4,987	4,193	19	794
北　　　　　　　陸　(23)	8,962	177	177	－	6,022	5,921	33	101
関　東　・　東　山　(24)	9,688	226	225	1	5,839	5,312	24	527
東　　　　　　　海　(25)	9,825	171	168	3	5,688	5,555	32	133
近　　　　　　　畿　(26)	9,222	178	178	－	6,085	5,921	14	164
中　　　　　　　国　(27)	8,817	158	158	－	5,756	5,349	25	407
四　　　　　　　国　(28)	6,822	87	87	－	4,585	4,138	29	447
九　　　　　　　州　(29)	7,933	209	209	－	4,788	4,203	8	585

単位：円

	財						費				
敷 料 費			光熱水料及び動力費			その他の諸材料費			獣医師料及び医薬品費	賃借料及び料金	
小 計	購 入	自 給	小 計	購 入	自 給	小 計	購 入	自 給			
(9)	(10)	(11)	(12)	(13)	(14)	(15)	(16)	(17)	(18)	(19)	
132	118	14	296	296	-	21	21	0	316	171	(1)
90	68	22	344	344	-	19	19	-	313	124	(2)
76	62	14	319	319	-	36	36	0	300	168	(3)
86	76	10	313	313	-	27	27	-	317	184	(4)
129	112	17	299	299	-	19	19	-	304	171	(5)
118	112	6	283	283	-	16	16	-	312	170	(6)
199	182	17	278	278	-	24	24	-	342	172	(7)
111	95	16	267	267	-	21	21	-	282	160	(8)
140	89	51	388	388	-	33	33	-	357	123	(9)
159	100	59	350	350	-	37	37	-	308	156	(10)
84	57	27	320	320	-	22	22	-	337	163	(11)
108	83	25	279	279	-	17	17	-	282	177	(12)
92	83	9	261	261	-	18	18	-	274	166	(13)
149	144	5	228	228	-	30	30	-	268	128	(14)
156	146	10	332	332	-	21	21	0	359	185	(15)
82	65	17	338	338	-	17	17	-	306	125	(16)
61	55	6	313	313	-	36	36	0	299	170	(17)
88	87	1	309	309	-	30	30	-	306	196	(18)
164	159	5	332	332	-	21	21	-	339	161	(19)
178	178	-	332	332	-	12	12	-	399	179	(20)
288	249	39	368	368	-	12	12	-	472	251	(21)
100	89	11	288	288	-	25	25	-	339	176	(22)
72	70	2	423	423	-	50	50	-	311	117	(23)
167	148	19	339	339	-	17	17	0	357	180	(24)
169	166	3	358	358	-	35	35	-	568	278	(25)
250	250	0	364	364	-	17	17	-	281	178	(26)
172	164	8	359	359	-	37	37	-	388	197	(27)
83	81	2	321	321	-	12	12	-	165	156	(28)
159	159	0	308	308	-	11	11	-	284	156	(29)

1 牛乳生産費（続き）
(5) 生産費（続き）
イ 乳脂肪分3.5%換算乳量100kg当たり（続き）

区　　　　分	物件税及び公課諸負担	乳牛償却費	建　物　費			自　動　車	
			小　計	購　入	償　却	小　計	購　入
	(20)	(21)	(22)	(23)	(24)	(25)	(26)
全　　　　国 (1)	117	1,715	244	75	169	47	22
1 ～ 20頭未満 (2)	163	1,545	115	47	68	87	48
20 ～ 30 (3)	142	1,428	156	81	75	62	42
30 ～ 50 (4)	114	1,580	155	62	93	66	31
50 ～ 100 (5)	121	1,678	212	70	142	43	22
100 ～ 200 (6)	117	1,720	274	68	206	38	17
200頭以上 (7)	97	1,955	360	102	258	41	13
北　海　道 (8)	127	1,869	252	75	177	38	17
1 ～ 20頭未満 (9)	188	2,365	73	40	33	35	28
20 ～ 30 (10)	145	1,594	180	71	109	51	27
30 ～ 50 (11)	138	1,830	172	97	75	59	22
50 ～ 100 (12)	131	1,813	229	82	147	33	17
100 ～ 200 (13)	133	1,808	296	70	226	36	15
200頭以上 (14)	107	2,036	278	67	211	39	16
都　府　県 (15)	104	1,521	232	74	158	60	29
1 ～ 20頭未満 (16)	159	1,425	120	48	72	94	51
20 ～ 30 (17)	141	1,397	151	83	68	64	45
30 ～ 50 (18)	102	1,449	148	44	104	70	36
50 ～ 100 (19)	107	1,462	184	50	134	61	30
100 ～ 200 (20)	83	1,525	227	63	164	44	24
200頭以上 (21)	79	1,810	508	165	343	46	9
東　　　北 (22)	100	1,612	197	69	128	63	33
北　　　陸 (23)	65	1,148	132	43	89	114	53
関　東・東　山 (24)	114	1,663	326	95	231	56	20
東　　　海 (25)	81	1,863	163	79	84	73	44
近　　　畿 (26)	84	1,131	160	96	64	48	29
中　　　国 (27)	118	895	200	67	133	109	63
四　　　国 (28)	142	1,022	52	11	41	17	11
九　　　州 (29)	97	1,343	158	33	125	45	24

単位：円

	費　　（続き）						労　　働　　費		
費	農　機　具　費			生　産　管　理　費					
償　却	小　計	購　入	償　却	小　計	購　入	償　却	計	家　族	雇　用
(27)	(28)	(29)	(30)	(31)	(32)	(33)	(34)	(35)	(36)
25	404	181	223	22	21	1	1,645	1,281	364	(1)
39	272	125	147	37	36	1	3,618	3,485	133	(2)
20	371	189	182	50	46	4	2,843	2,584	259	(3)
35	338	179	159	29	26	3	2,347	2,081	266	(4)
21	402	186	216	19	18	1	1,689	1,397	292	(5)
21	517	187	330	20	18	2	1,127	765	362	(6)
28	349	174	175	15	15	0	1,070	461	609	(7)
21	433	198	235	16	15	1	1,484	1,188	296	(8)
7	427	291	136	51	51	–	6,155	6,086	69	(9)
24	427	246	181	32	32	–	3,430	3,305	125	(10)
37	430	260	170	28	28	0	2,559	2,339	220	(11)
16	417	205	212	17	16	1	1,737	1,500	237	(12)
21	545	192	353	14	12	2	1,055	764	291	(13)
23	327	168	159	9	9	0	972	536	436	(14)
31	364	158	206	30	28	2	1,851	1,401	450	(15)
43	250	101	149	35	34	1	3,244	3,102	142	(16)
19	361	178	183	53	49	4	2,734	2,450	284	(17)
34	293	137	156	29	25	4	2,235	1,945	290	(18)
31	381	156	225	22	21	1	1,610	1,230	380	(19)
20	460	177	283	31	30	1	1,290	768	522	(20)
37	384	185	199	27	26	1	1,243	327	916	(21)
30	391	177	214	24	22	2	2,079	1,877	202	(22)
61	272	161	111	59	59	–	2,360	1,678	682	(23)
36	377	169	208	27	25	2	1,733	1,133	600	(24)
29	334	141	193	44	42	2	2,045	1,379	666	(25)
19	433	181	252	13	13	–	1,871	1,500	371	(26)
46	387	165	222	41	34	7	1,779	1,548	231	(27)
6	157	40	117	23	23	–	2,246	1,918	328	(28)
21	345	137	208	30	29	1	1,708	1,434	274	(29)

1 牛乳生産費（続き）
(5) 生産費（続き）
イ 乳脂肪分3.5％換算乳量100kg当たり（続き）

区　　分	労　働　費　（　続　き　）					費　用　合　計			
	直　接　労　働　費			間　接　労　働　費					
	小　計	家　族	雇　用		自給牧草に係る労働費	計	購　入	自　給	償　却
	(37)	(38)	(39)	(40)	(41)	(42)	(43)	(44)	(45)
全　　　　　　　国 (1)	1,538	1,187	351	107	83	9,944	5,690	2,121	2,133
1　～　20頭未満 (2)	3,363	3,232	131	255	202	12,198	6,038	4,360	1,800
20　～　30 (3)	2,641	2,396	245	202	164	11,529	6,331	3,489	1,709
30　～　50 (4)	2,199	1,939	260	148	114	10,558	5,796	2,892	1,870
50　～　100 (5)	1,569	1,287	282	120	92	9,843	5,383	2,402	2,058
100　～　200 (6)	1,063	714	349	64	45	9,129	5,365	1,485	2,279
200頭以上 (7)	1,004	424	580	66	52	9,846	6,241	1,189	2,416
北　　海　　道 (8)	1,389	1,101	288	95	71	9,188	4,613	2,272	2,303
1　～　20頭未満 (9)	5,714	5,645	69	441	325	14,976	4,744	7,691	2,541
20　～　30 (10)	3,167	3,049	118	263	209	11,031	4,174	4,949	1,908
30　～　50 (11)	2,389	2,175	214	170	123	10,551	4,741	3,698	2,112
50　～　100 (12)	1,614	1,383	231	123	97	9,556	4,559	2,808	2,189
100　～　200 (13)	993	715	278	62	41	8,685	4,623	1,652	2,410
200頭以上 (14)	927	496	431	45	34	8,478	4,660	1,389	2,429
都　　府　　県 (15)	1,726	1,298	428	125	97	10,901	7,053	1,930	1,918
1　～　20頭未満 (16)	3,016	2,876	140	228	184	11,787	6,229	3,868	1,690
20　～　30 (17)	2,542	2,274	268	192	156	11,624	6,735	3,218	1,671
30　～　50 (18)	2,098	1,814	284	137	110	10,570	6,357	2,466	1,747
50　～　100 (19)	1,498	1,134	364	112	84	10,308	6,704	1,751	1,853
100　～　200 (20)	1,220	710	510	70	50	10,133	7,024	1,116	1,993
200頭以上 (21)	1,139	295	844	104	82	12,271	9,049	832	2,390
東　　　　　北 (22)	1,902	1,716	186	177	149	10,589	5,902	2,701	1,986
北　　　　　陸 (23)	2,271	1,638	633	89	68	11,322	8,099	1,814	1,409
関　東　・　東　山 (24)	1,605	1,045	560	128	108	11,421	7,577	1,704	2,140
東　　　　　海 (25)	1,987	1,322	665	58	19	11,870	8,149	1,550	2,171
近　　　　　畿 (26)	1,809	1,440	369	62	43	11,093	7,949	1,678	1,466
中　　　　　国 (27)	1,690	1,461	229	89	58	10,596	7,305	1,988	1,303
四　　　　　国 (28)	2,041	1,745	296	205	177	9,068	5,486	2,396	1,186
九　　　　　州 (29)	1,572	1,303	269	136	102	9,641	5,916	2,027	1,698

単位：円

副産物価額			生産費 （副産物 価額差引）	支払利子	支払地代	支払利子・ 地代 算入生産費	自己 資本利子	自作地 地代	資本利子・ 地代全額 算入生産費 （全算入 生産費）	
計	子牛	きゅう肥								
(46)	(47)	(48)	(49)	(50)	(51)	(52)	(53)	(54)	(55)	
1,595	1,398	197	8,349	24	44	8,417	262	124	8,803	(1)
1,899	1,537	362	10,299	15	90	10,404	240	153	10,797	(2)
1,707	1,432	275	9,822	21	76	9,919	242	139	10,300	(3)
1,663	1,484	179	8,895	17	64	8,976	237	110	9,323	(4)
1,598	1,390	208	8,245	28	40	8,313	263	155	8,731	(5)
1,448	1,300	148	7,681	25	31	7,737	244	114	8,095	(6)
1,634	1,432	202	8,212	25	35	8,272	309	93	8,674	(7)
1,525	1,298	227	7,663	32	40	7,735	274	185	8,194	(8)
3,033	1,846	1,187	11,943	75	162	12,180	197	490	12,867	(9)
1,882	1,390	492	9,149	50	40	9,239	228	457	9,924	(10)
1,696	1,418	278	8,855	40	67	8,962	245	219	9,426	(11)
1,595	1,333	262	7,961	33	38	8,032	272	223	8,527	(12)
1,388	1,216	172	7,297	28	32	7,357	256	151	7,764	(13)
1,455	1,281	174	7,023	31	37	7,091	314	135	7,540	(14)
1,686	1,527	159	9,215	14	50	9,279	248	47	9,574	(15)
1,732	1,492	240	10,055	6	79	10,140	246	102	10,488	(16)
1,674	1,440	234	9,950	15	83	10,048	244	79	10,371	(17)
1,646	1,519	127	8,924	5	61	8,990	232	51	9,273	(18)
1,603	1,482	121	8,705	19	44	8,768	249	44	9,061	(19)
1,585	1,490	95	8,548	20	29	8,597	217	33	8,847	(20)
1,954	1,703	251	10,317	15	35	10,367	298	19	10,684	(21)
1,710	1,523	187	8,879	15	81	8,975	253	83	9,311	(22)
1,577	1,464	113	9,745	64	31	9,840	174	78	10,092	(23)
1,849	1,645	204	9,572	12	48	9,632	294	42	9,968	(24)
1,651	1,539	112	10,219	14	8	10,241	197	24	10,462	(25)
1,454	1,350	104	9,639	6	22	9,667	187	20	9,874	(26)
1,332	1,239	93	9,264	16	42	9,322	203	35	9,560	(27)
1,324	1,195	129	7,744	1	46	7,791	156	24	7,971	(28)
1,572	1,458	114	8,069	16	66	8,151	225	54	8,430	(29)

1 牛乳生産費（続き）
(5) 生産費（続き）

ウ　実搾乳量100kg当たり

区　　　分	計	種　付　料			飼　　料　　費			
		小　計	購　入	自　給	小　計	流通飼料費	自　給	牧草・放牧・採草費
	(1)	(2)	(3)	(4)	(5)	(6)	(7)	(8)
全　　　　　　国 (1)	9,375	197	197	0	5,243	4,343	33	900
1 ～ 20頭未満 (2)	9,727	204	201	3	5,998	5,082	48	916
20 ～ 30 (3)	9,613	179	175	4	5,995	5,037	26	958
30 ～ 50 (4)	9,205	215	215	－	5,390	4,518	26	872
50 ～ 100 (5)	9,210	196	196	－	5,176	4,090	30	1,086
100 ～ 200 (6)	9,137	184	184	－	4,858	4,078	35	780
200頭以上 (7)	9,918	207	207	－	5,381	4,618	41	763
北　海　道 (8)	8,832	175	175	－	4,556	3,373	41	1,183
1 ～ 20頭未満 (9)	9,822	222	222	－	4,949	3,286	68	1,663
20 ～ 30 (10)	8,753	161	161	－	4,632	2,844	36	1,788
30 ～ 50 (11)	9,103	179	179	－	4,842	3,351	26	1,491
50 ～ 100 (12)	8,935	184	184	－	4,751	3,316	32	1,435
100 ～ 200 (13)	8,746	175	175	－	4,397	3,427	37	970
200頭以上 (14)	8,657	159	159	－	4,347	3,433	65	914
都　府　県 (15)	10,056	226	225	1	6,090	5,538	23	552
1 ～ 20頭未満 (16)	9,710	202	198	4	6,154	5,350	44	804
20 ～ 30 (17)	9,766	182	178	4	6,239	5,430	24	809
30 ～ 50 (18)	9,259	233	233	－	5,671	5,118	25	553
50 ～ 100 (19)	9,640	214	214	－	5,840	5,295	26	545
100 ～ 200 (20)	9,998	203	203	－	5,870	5,508	31	362
200頭以上 (21)	12,041	288	288	－	7,119	6,611	－	508
東　　　　　　北 (22)	9,535	233	233	－	5,587	4,698	21	889
北　　　　　　陸 (23)	9,784	193	193	－	6,576	6,466	36	110
関　東　・　東　山 (24)	10,725	250	249	1	6,465	5,882	26	583
東　　　　　　海 (25)	10,699	186	183	3	6,194	6,050	35	144
近　　　　　　畿 (26)	10,121	195	195	－	6,678	6,498	16	180
中　　　　　　国 (27)	9,749	175	175	－	6,363	5,913	28	450
四　　　　　　国 (28)	7,821	100	100	－	5,258	4,745	33	513
九　　　　　　州 (29)	8,957	236	236	－	5,405	4,745	9	660

単位：円

財 費										
敷料費			光熱水料及び動力費			その他の諸材料費			獣医師料及び医薬品費	賃借料及び料金
小計	購入	自給	小計	購入	自給	小計	購入	自給		
(9)	(10)	(11)	(12)	(13)	(14)	(15)	(16)	(17)	(18)	(19)
148	133	15	334	334	–	24	24	0	357	193	(1)
101	77	24	390	390	–	22	22	–	355	141	(2)
84	68	16	353	353	–	40	40	0	332	186	(3)
97	86	11	351	351	–	30	30	–	355	206	(4)
147	127	20	338	338	–	21	21	–	344	193	(5)
135	128	7	323	323	–	18	18	–	357	194	(6)
225	205	20	314	314	–	27	27	–	386	194	(7)
128	109	19	306	306	–	24	24	–	324	183	(8)
156	99	57	432	432	–	37	37	–	397	136	(9)
183	115	68	403	403	–	43	43	–	354	180	(10)
95	64	31	365	365	–	25	25	–	384	185	(11)
123	94	29	319	319	–	20	20	–	323	202	(12)
105	95	10	300	300	–	20	20	–	314	190	(13)
172	166	6	263	263	–	35	35	–	309	147	(14)
173	162	11	369	369	–	23	23	0	399	206	(15)
94	74	20	384	384	–	20	20	–	348	142	(16)
67	60	7	344	344	–	39	39	0	328	187	(17)
98	97	1	343	343	–	33	33	–	340	217	(18)
182	176	6	368	368	–	24	24	–	376	179	(19)
202	202	–	375	375	–	14	14	–	451	203	(20)
314	272	42	401	401	–	13	13	–	515	274	(21)
112	100	12	323	323	–	28	28	–	380	198	(22)
78	76	2	462	462	–	54	54	–	339	128	(23)
185	164	21	376	376	–	19	19	0	395	199	(24)
184	180	4	390	390	–	38	38	–	619	302	(25)
274	274	0	399	399	–	19	19	–	309	195	(26)
190	182	8	397	397	–	41	41	–	429	218	(27)
95	93	2	368	368	–	14	14	–	189	179	(28)
179	179	0	348	348	–	12	12	–	321	176	(29)

1　牛乳生産費（続き）
（5）　生産費（続き）

ウ　実搾乳量100kg当たり（続き）

区　　　分	物 財		建　物　費			自　動　車	
	物件税及び公課諸負担	乳牛償却費	小　計	購　入	償　却	小　計	購　入
	(20)	(21)	(22)	(23)	(24)	(25)	(26)
全　　　　　国　(1)	132	1,939	273	84	189	53	25
1　～　20頭未満　(2)	184	1,752	130	53	77	98	54
20　～　30　(3)	157	1,581	173	89	84	68	46
30　～　50　(4)	128	1,771	174	70	104	74	35
50　～　100　(5)	137	1,896	238	79	159	49	25
100　～　200　(6)	134	1,964	313	77	236	44	20
200頭以上　(7)	111	2,209	405	115	290	47	15
北　　海　　道　(8)	146	2,142	291	86	205	44	19
1　～　20頭未満　(9)	209	2,634	80	44	36	39	31
20　～　30　(10)	168	1,835	207	82	125	59	31
30　～　50　(11)	158	2,084	196	110	86	67	25
50　～　100　(12)	149	2,073	261	93	168	36	19
100　～　200　(13)	152	2,074	338	80	258	41	17
200頭以上　(14)	124	2,347	319	77	242	46	18
都　府　　県　(15)	115	1,690	259	82	177	67	33
1　～　20頭未満　(16)	180	1,619	136	54	82	106	57
20　～　30　(17)	155	1,535	167	91	76	70	49
30　～　50　(18)	113	1,611	165	49	116	77	40
50　～　100　(19)	118	1,620	204	56	148	67	33
100　～　200　(20)	94	1,724	257	71	186	50	27
200頭以上　(21)	86	1,976	554	180	374	50	10
東　　　　　北　(22)	111	1,807	223	78	145	70	37
北　　　　　陸　(23)	72	1,254	144	47	97	123	57
関　東　・　東　山　(24)	126	1,841	361	106	255	62	23
東　　　　　海　(25)	88	2,028	179	86	93	79	48
近　　　　　畿　(26)	93	1,241	175	106	69	53	32
中　　　　　国　(27)	130	989	222	75	147	121	70
四　　　　　国　(28)	162	1,172	59	13	46	19	12
九　　　　　州　(29)	111	1,515	178	37	141	50	27

単位：円

費 （ 続 き ）							労 働 費		
費	農 機 具 費			生 産 管 理 費					
償 却	小 計	購 入	償 却	小 計	購 入	償 却	計	家 族	雇 用
(27)	(28)	(29)	(30)	(31)	(32)	(33)	(34)	(35)	(36)
28	457	204	253	25	23	2	1,859	1,448	411	(1)
44	310	142	168	42	41	1	4,102	3,951	151	(2)
22	410	209	201	55	51	4	3,147	2,860	287	(3)
39	382	201	181	32	29	3	2,629	2,333	296	(4)
24	454	210	244	21	20	1	1,907	1,577	330	(5)
24	591	214	377	22	20	2	1,288	874	414	(6)
32	395	197	198	17	17	0	1,208	520	688	(7)
25	495	227	268	18	17	1	1,701	1,361	340	(8)
8	474	324	150	57	57	-	6,856	6,779	77	(9)
28	491	283	208	37	37	-	3,947	3,805	142	(10)
42	491	296	195	32	32	0	2,912	2,662	250	(11)
17	475	234	241	19	18	1	1,987	1,715	272	(12)
24	623	220	403	17	14	3	1,209	876	333	(13)
28	379	194	185	10	10	0	1,120	617	503	(14)
34	406	176	230	33	31	2	2,056	1,556	500	(15)
49	286	115	171	39	38	1	3,689	3,527	162	(16)
21	394	195	199	59	54	5	3,003	2,691	312	(17)
37	325	152	173	33	28	5	2,485	2,163	322	(18)
34	422	173	249	26	24	2	1,782	1,363	419	(19)
23	520	200	320	35	34	1	1,460	870	590	(20)
40	421	202	219	30	29	1	1,357	356	1,001	(21)
33	437	198	239	26	24	2	2,330	2,103	227	(22)
66	297	176	121	64	64	-	2,578	1,833	745	(23)
39	416	187	229	30	28	2	1,918	1,254	664	(24)
31	364	154	210	48	46	2	2,226	1,501	725	(25)
21	475	199	276	15	15	-	2,053	1,646	407	(26)
51	429	183	246	45	37	8	1,967	1,712	255	(27)
7	180	46	134	26	26	-	2,577	2,200	377	(28)
23	391	155	236	35	33	2	1,928	1,618	310	(29)

1 牛乳生産費（続き）
(5) 生産費（続き）

ウ 実搾乳量100kg当たり（続き）

区　　　分	労働費（続き）					費　用　合　計			
	直接労働費			間接労働費					
	小　計	家　族	雇　用		自給牧草に係る労働費	計	購　入	自　給	償　却
	(37)	(38)	(39)	(40)	(41)	(42)	(43)	(44)	(45)
全　　　　　　国 (1)	1,738	1,342	396	121	93	11,234	6,427	2,396	2,411
1 ～ 20頭未満 (2)	3,813	3,664	149	289	229	13,829	6,845	4,942	2,042
20 ～ 30 (3)	2,923	2,652	271	224	182	12,760	7,004	3,864	1,892
30 ～ 50 (4)	2,463	2,173	290	166	128	11,834	6,494	3,242	2,098
50 ～ 100 (5)	1,773	1,454	319	134	105	11,117	6,080	2,713	2,324
100 ～ 200 (6)	1,214	815	399	74	51	10,425	6,126	1,696	2,603
200頭以上 (7)	1,134	479	655	74	58	11,126	7,053	1,344	2,729
北　　海　　道 (8)	1,592	1,261	331	109	81	10,533	5,288	2,604	2,641
1 ～ 20頭未満 (9)	6,364	6,287	77	492	362	16,678	5,283	8,567	2,828
20 ～ 30 (10)	3,645	3,510	135	302	240	12,700	4,807	5,697	2,196
30 ～ 50 (11)	2,720	2,476	244	192	141	12,015	5,398	4,210	2,407
50 ～ 100 (12)	1,846	1,581	265	141	111	10,922	5,211	3,211	2,500
100 ～ 200 (13)	1,138	820	318	71	48	9,955	5,300	1,893	2,762
200頭以上 (14)	1,068	571	497	52	40	9,777	5,373	1,602	2,802
都　　府　　県 (15)	1,918	1,442	476	138	109	12,112	7,836	2,143	2,133
1 ～ 20頭未満 (16)	3,430	3,270	160	259	209	13,399	7,078	4,399	1,922
20 ～ 30 (17)	2,793	2,498	295	210	172	12,769	7,398	3,535	1,836
30 ～ 50 (18)	2,332	2,017	315	153	122	11,744	7,060	2,742	1,942
50 ～ 100 (19)	1,658	1,256	402	124	95	11,422	7,429	1,940	2,053
100 ～ 200 (20)	1,381	804	577	79	56	11,458	7,941	1,263	2,254
200頭以上 (21)	1,244	322	922	113	90	13,398	9,882	906	2,610
東　　　　　　北 (22)	2,132	1,923	209	198	167	11,865	6,614	3,025	2,226
北　　　　　　陸 (23)	2,479	1,788	691	99	75	12,362	8,843	1,981	1,538
関　東　・　東　山 (24)	1,776	1,156	620	142	120	12,643	8,392	1,885	2,366
東　　　　　　海 (25)	2,163	1,439	724	63	21	12,925	8,874	1,687	2,364
近　　　　　　畿 (26)	1,985	1,580	405	68	47	12,174	8,725	1,842	1,607
中　　　　　　国 (27)	1,869	1,616	253	98	64	11,716	8,077	2,198	1,441
四　　　　　　国 (28)	2,341	2,001	340	236	203	10,398	6,291	2,748	1,359
九　　　　　　州 (29)	1,775	1,471	304	153	114	10,885	6,681	2,287	1,917

単位：円

副産物価額			生産費 （副産物 価額差引）	支払利子	支払地代	支払利子・ 地　　　代 算入生産費	自　己 資本利子	自作地 地　代	資本利子・ 地代全額 算入生産費 （全算入 生産費）	
計	子　牛	きゅう肥								
(46)	(47)	(48)	(49)	(50)	(51)	(52)	(53)	(54)	(55)	
1,803	1,581	222	9,431	27	49	9,507	296	140	9,943	(1)
2,153	1,743	410	11,676	17	102	11,795	272	173	12,240	(2)
1,889	1,585	304	10,871	23	85	10,979	268	153	11,400	(3)
1,863	1,662	201	9,971	19	72	10,062	265	122	10,449	(4)
1,806	1,571	235	9,311	31	45	9,387	297	174	9,858	(5)
1,654	1,485	169	8,771	29	36	8,836	278	132	9,246	(6)
1,847	1,620	227	9,279	29	41	9,349	349	105	9,803	(7)
1,748	1,488	260	8,785	37	45	8,867	314	212	9,393	(8)
3,378	2,055	1,323	13,300	84	180	13,564	219	545	14,328	(9)
2,167	1,601	566	10,533	57	46	10,636	262	525	11,423	(10)
1,931	1,615	316	10,084	45	76	10,205	279	249	10,733	(11)
1,824	1,524	300	9,098	38	44	9,180	311	254	9,745	(12)
1,592	1,394	198	8,363	32	37	8,432	293	174	8,899	(13)
1,676	1,476	200	8,101	36	43	8,180	362	155	8,697	(14)
1,873	1,696	177	10,239	16	55	10,310	275	52	10,637	(15)
1,968	1,696	272	11,431	7	91	11,529	280	117	11,926	(16)
1,840	1,582	258	10,929	17	91	11,037	269	87	11,393	(17)
1,830	1,688	142	9,914	6	68	9,988	258	59	10,305	(18)
1,776	1,642	134	9,646	21	49	9,716	276	49	10,041	(19)
1,792	1,685	107	9,666	22	33	9,721	245	37	10,003	(20)
2,134	1,860	274	11,264	17	38	11,319	326	20	11,665	(21)
1,915	1,706	209	9,950	17	92	10,059	283	94	10,436	(22)
1,722	1,599	123	10,640	70	34	10,744	190	85	11,019	(23)
2,046	1,820	226	10,597	13	54	10,664	326	45	11,035	(24)
1,800	1,677	123	11,125	15	9	11,149	214	27	11,390	(25)
1,597	1,482	115	10,577	6	24	10,607	205	22	10,834	(26)
1,473	1,370	103	10,243	18	46	10,307	225	37	10,569	(27)
1,519	1,370	149	8,879	1	53	8,933	179	28	9,140	(28)
1,773	1,644	129	9,112	18	74	9,204	254	60	9,518	(29)

1 牛乳生産費（続き）

（6） 流通飼料の使用数量と価額（搾乳牛1頭当たり）

ア 全国

区分		平均		1 〜 20 頭未満		20 〜 30	
		数量	価額	数量	価額	数量	価額
		(1)	(2)	(3)	(4)	(5)	(6)
		kg	円	kg	円	kg	円
流通飼料費合計	(1)	…	385,951	…	393,218	…	413,763
購入飼料費計	(2)	…	382,994	…	389,569	…	411,691
穀類　小計	(3)	…	11,727	…	10,702	…	6,860
大麦	(4)	20.7	1,146	44.9	2,751	39.1	2,325
裸麦	(5)	0.0	3	-	-	-	-
とうもろこし	(6)	163.7	9,059	43.6	2,617	71.4	4,144
大豆	(7)	9.4	833	5.6	535	3.6	391
飼料用米	(8)	3.0	203	70.9	4,799	-	-
その他	(9)	…	483	…	-	…	-
ぬか・ふすま類　小計	(10)	…	751	…	1,588	…	424
ふすま	(11)	15.8	726	32.2	1,588	9.3	381
米・麦ぬか	(12)	0.4	21	-	-	0.6	43
その他	(13)	…	4	…	-	…	-
植物性かす類　小計	(14)	…	27,823	…	27,001	…	23,146
大豆油かす	(15)	61.2	5,456	21.0	2,084	26.7	3,312
ビートパルプ	(16)	334.8	17,157	362.4	23,577	304.2	17,617
その他	(17)	…	5,210	…	1,340	…	2,217
配合飼料	(18)	2,457.1	172,969	2,788.3	195,139	2,896.4	216,388
TMR	(19)	1,736.6	57,210	266.1	16,050	164.1	5,881
牛乳・脱脂乳	(20)	39.9	9,667	19.0	8,874	19.0	7,586
いも類及び野菜類	(21)	27.9	27	-	-	-	-
わら類　小計	(22)	…	399	…	2,069	…	792
稲わら	(23)	17.5	258	15.8	261	76.3	792
その他	(24)	…	141	…	1,808	…	-
生牧草	(25)	-	-	-	-	-	-
乾牧草　小計	(26)	…	66,800	…	101,131	…	105,142
ヘイキューブ	(27)	79.8	5,514	195.1	14,446	313.7	21,808
その他	(28)	…	61,286	…	86,685	…	83,334
サイレージ　小計	(29)	…	8,023	…	3,843	…	12,121
いね科	(30)	252.4	4,028	306.7	3,843	502.0	10,497
うち稲発酵粗飼料	(31)	91.2	1,439	281.1	3,166	92.4	901
その他	(32)	…	3,995	…	-	…	1,624
その他	(33)	…	27,598	…	23,172	…	33,351
自給飼料費計	(34)	…	2,957	…	3,649	…	2,072
牛乳・脱脂乳	(35)	28.5	2,871	29.0	3,138	18.8	2,023
稲わら	(36)	3.0	86	25.9	511	3.9	49
その他	(37)	…	-	…	-	…	-

30 ～ 50		50 ～ 100		100 ～ 200		200 頭 以 上		
数 量	価 額	数 量	価 額	数 量	価 額	数 量	価 額	
(7)	(8)	(9)	(10)	(11)	(12)	(13)	(14)	
kg	円	kg	円	kg	円	kg	円	
...	382,119	...	359,558	...	381,672	...	426,569	(1)
...	379,928	...	356,929	...	378,356	...	422,824	(2)
...	8,313	...	9,072	...	16,478	...	14,680	(3)
26.2	1,496	16.3	874	32.9	1,733	-	-	(4)
-	-	0.1	11	-	-	-	-	(5)
110.7	5,820	124.9	7,245	188.7	11,158	286.8	14,680	(6)
9.4	886	12.0	898	16.0	1,602	-	-	(7)
-	-	-	-	-	-	-	-	(8)
...	111	...	44	...	1,985	...	-	(9)
...	465	...	268	...	2,001	...	237	(10)
11.0	465	5.6	256	41.2	1,917	5.1	237	(11)
-	-	-	-	1.7	84	-	-	(12)
...	-	...	12	...	-	...	-	(13)
...	18,761	...	19,760	...	24,598	...	52,555	(14)
23.3	2,298	30.3	2,923	66.7	6,490	150.4	11,990	(15)
263.4	14,938	296.6	13,607	174.9	9,036	632.3	32,141	(16)
...	1,525	...	3,230	...	9,072	...	8,424	(17)
2,758.6	199,334	2,631.4	189,200	2,143.3	145,783	2,119.0	141,688	(18)
1,017.1	43,686	1,522.3	47,400	3,507.6	102,470	1,353.8	54,118	(19)
24.8	9,697	16.7	8,115	18.8	8,287	121.5	14,343	(20)
177.8	172	-	-	-	-	-	-	(21)
...	1,120	...	80	...	239	...	70	(22)
66.0	1,120	6.5	80	1.7	19	-	-	(23)
...	-	...	-	...	220	...	70	(24)
-		-		-		-		(25)
...	68,285	...	51,676	...	41,029	...	101,353	(26)
88.3	5,872	37.8	2,681	33.4	2,262	106.7	7,269	(27)
...	62,413	...	48,995	...	38,767	...	94,084	(28)
...	7,950	...	4,909	...	10,976	...	9,472	(29)
383.8	6,926	196.3	3,110	267.9	4,162	145.7	1,440	(30)
248.6	4,650	66.3	880	63.3	1,092	-	-	(31)
...	1,024	...	1,799	...	6,814	...	8,032	(32)
...	22,145	...	26,449	...	26,495	...	34,308	(33)
...	2,191	...	2,629	...	3,316	...	3,745	(34)
20.7	2,165	24.2	2,449	32.8	3,316	38.9	3,745	(35)
1.3	26	4.7	180	-	-	-	-	(36)
...		...		...		...	-	(37)

1 牛乳生産費（続き）
（6） 流通飼料の使用数量と価額（搾乳牛1頭当たり）（続き）

イ 北海道

区分	平 均		1 ～ 20 頭 未 満		20 ～ 30	
	数 量	価 額	数 量	価 額	数 量	価 額
	(1) kg	(2) 円	(3) kg	(4) 円	(5) kg	(6) 円
流 通 飼 料 費 合 計 (1)	…	299,659	…	214,965	…	214,478
購 入 飼 料 費 計 (2)	…	295,988	…	210,530	…	211,750
穀 類 小 計 (3)	…	10,821	…	2,086	…	5,436
大 麦 (4)	4.6	237	－	－	－	－
そ の 他 の 麦 (5)	0.0	2	－	－	－	－
と う も ろ こ し (6)	172.7	10,081	26.7	2,086	58.7	3,073
大 豆 (7)	6.4	476	－	－	21.5	2,363
飼 料 用 米 (8)	－	－	－	－	－	－
そ の 他 (9)	…	25	…	－	…	－
ぬ か ・ ふ す ま 類 小 計 (10)	…	1,050	…	－	…	257
ふ す ま (11)	21.6	1,011	－	－	－	－
米 ・ 麦 ぬ か (12)	0.7	39	－	－	3.9	257
そ の 他 (13)	…	－	…	－	…	－
植 物 性 か す 類 小 計 (14)	…	25,954	…	15,895	…	25,360
大 豆 油 か す (15)	61.5	5,877	31.4	3,664	24.4	3,057
ビ ー ト パ ル プ (16)	302.9	14,227	248.6	12,231	434.7	20,592
そ の 他 (17)	…	5,850	…	－	…	1,711
配 合 飼 料 (18)	2,176.2	151,865	2,142.2	152,710	1,765.3	120,635
T M R (19)	2,416.8	68,381	－	－	911.9	25,972
牛 乳 ・ 脱 脂 乳 (20)	11.5	6,111	5.8	3,320	12.4	5,836
い も 類 及 び 野 菜 類 (21)		－		－		－
わ ら 類 小 計 (22)	…	－	…	－	…	－
稲 わ ら (23)	－	－	－	－	－	－
そ の 他 (24)	…	－	…	－	…	－
生 牧 草 (25)						
乾 牧 草 小 計 (26)	…	5,136	…	20,370	…	8,089
ヘ イ キ ュ ー ブ (27)	18.0	1,153	125.8	10,442	－	－
そ の 他 (28)	…	3,983	…	9,928	…	8,089
サ イ レ ー ジ 小 計 (29)	…	3,937	…	4,380	…	4,424
い ね 科 (30)	206.2	2,827	165.3	4,380	137.1	3,357
う ち 稲 発 酵 粗 飼 料 (31)	1.0	16	－	－	－	－
そ の 他 (32)	…	1,110	…	－	…	1,067
そ の 他 (33)	…	22,733	…	11,769	…	15,741
自 給 飼 料 費 計 (34)	…	3,671	…	4,435	…	2,728
牛 乳 ・ 脱 脂 乳 (35)	38.1	3,671	47.6	4,435	28.2	2,728
稲 わ ら (36)						
そ の 他 (37)	…	－			…	－

	30 ～ 50		50 ～ 100		100 ～ 200		200 頭 以 上	
	数　量	価　額	数　量	価　額	数　量	価　額	数　量	価　額	
	(7)	(8)	(9)	(10)	(11)	(12)	(13)	(14)	
	kg	円	kg	円	kg	円	kg	円	
(1)	…	263,400	…	285,286	…	322,658	…	320,657
(2)	…	261,362	…	282,507	…	319,136	…	314,628
(3)	…	4,942	…	8,412	…	15,798	…	11,962
(4)	1.5	80	11.3	580	1.3	73	-	-
(5)	-	-	0.0	6	-	-	-	-
(6)	72.9	4,398	120.5	7,190	255.4	15,061	213.7	11,962
(7)	7.6	464	6.5	566	10.6	664	-	-
(8)	-	-	-	-	-	-	-	-
(9)	…	-	…	70	…	-	…	-
(10)	…	383	…	260	…	2,930	…	382
(11)	8.1	383	5.4	260	60.4	2,807	8.1	382
(12)	-	-	-	-	2.4	123	-	-
(13)	…	-	…	-	…	-	…	-
(14)	…	23,328	…	19,602	…	27,861	…	35,356
(15)	36.2	3,773	34.6	3,095	66.0	6,563	113.9	10,677
(16)	376.0	18,857	323.0	14,384	209.5	10,365	347.2	16,308
(17)	…	698	…	2,123	…	10,933	…	8,371
(18)	2,340.0	164,373	2,455.2	172,571	1,978.8	137,254	1,936.5	133,756
(19)	1,277.1	37,369	1,769.3	45,061	4,038.4	99,570	2,179.7	87,132
(20)	10.3	5,206	10.7	5,737	12.3	6,840	12.7	6,376
(21)	-		-		-		-	-
(22)	…	-	…	-	…	-	…	-
(23)	-	-	-	-	-	-	-	-
(24)	-	-	…	-	…	-	…	-
(25)	-		-		-		-	-
(26)	…	3,482	…	4,306	…	4,994	…	6,379
(27)	10.2	778	20.1	1,091	2.6	170	33.0	2,237
(28)	…	2,704	…	3,215	…	4,824	…	4,142
(29)	…	6,252	…	3,253	…	4,584	…	3,103
(30)	306.9	3,930	105.7	1,762	279.6	4,092	234.6	2,319
(31)	-	-	-	-	3.5	58	-	-
(32)	…	2,322	…	1,491	…	492	…	784
(33)	…	16,027	…	23,305	…	19,305	…	30,182
(34)	…	2,038	…	2,779	…	3,522	…	6,029
(35)	21.5	2,038	28.9	2,779	36.5	3,522	62.6	6,029
(36)	-		-		-		-	-
(37)	…	-	…	-	…	-	…	-

1 牛乳生産費（続き）
（6） 流通飼料の使用数量と価額（搾乳牛1頭当たり）（続き）

ウ 都府県

区分		平 均		1 ～ 20 頭 未 満		20 ～ 30	
		数 量	価 額	数 量	価 額	数 量	価 額
		(1)	(2)	(3)	(4)	(5)	(6)
		kg	円	kg	円	kg	円
流 通 飼 料 費 合 計	(1)	…	492,025	…	425,819	…	453,305
購 入 飼 料 費 計	(2)	…	489,947	…	422,314	…	451,363
穀 類 小 計	(3)	…	12,839	…	12,278	…	7,142
大 麦	(4)	40.6	2,262	53.1	3,254	46.9	2,786
小 麦	(5)	0.1	5	-	-	-	-
と う も ろ こ し	(6)	152.7	7,802	46.6	2,714	73.9	4,356
大 豆	(7)	12.9	1,272	6.6	633	-	-
飼 料 用 米	(8)	6.7	452	83.9	5,677	-	-
そ の 他	(9)	…	1,046	…	-	…	-
ぬ か ・ ふ す ま 類 小 計	(10)	…	384	…	1,878	…	457
ふ す ま	(11)	8.5	375	38.1	1,878	11.1	457
米 ・ 麦 ぬ か	(12)	-	-	-	-	-	-
そ の 他	(13)	…	9	…	-	…	-
植 物 性 か す 類 小 計	(14)	…	30,121	…	29,032	…	22,708
大 豆 油 か す	(15)	60.9	4,939	19.1	1,795	27.1	3,363
ビ ー ト パ ル プ	(16)	374.0	20,759	383.2	25,652	278.2	17,027
そ の 他	(17)	…	4,423	…	1,585	…	2,318
配 合 飼 料	(18)	2,802.5	198,911	2,906.5	202,900	3,120.8	235,387
T M R	(19)	900.3	43,479	314.7	18,985	15.8	1,894
牛 乳 ・ 脱 脂 乳	(20)	74.8	14,038	21.5	9,890	20.3	7,934
い も 類 及 び 野 菜 類	(21)	62.2	60	-	-	-	-
わ ら 類 小 計	(22)	…	888	…	2,446	…	949
稲 わ ら	(23)	39.0	575	18.6	308	91.4	949
そ の 他	(24)	…	313	…	2,138	…	-
生 牧 草	(25)	-	-	-	-	-	-
乾 牧 草 小 計	(26)	…	142,604	…	115,903	…	124,399
ヘ イ キ ュ ー ブ	(27)	155.8	10,874	207.8	15,178	376.0	26,135
そ の 他	(28)	…	131,730	…	100,725	…	98,264
サ イ レ ー ジ 小 計	(29)	…	13,045	…	3,745	…	13,647
い ね 科	(30)	309.2	5,504	332.6	3,745	574.4	11,913
う ち 稲 発 酵 粗 飼 料	(31)	202.1	3,188	332.6	3,745	110.7	1,080
そ の 他	(32)	…	7,541	…	-	…	1,734
そ の 他	(33)		33,578		25,257		36,846
自 給 飼 料 費 計	(34)	…	2,078	…	3,505	…	1,942
牛 乳 ・ 脱 脂 乳	(35)	16.7	1,887	25.6	2,901	17.0	1,883
稲 わ ら	(36)	6.7	191	30.6	604	4.7	59
そ の 他	(37)	…	-	…	-	…	-

30 ～ 50		50 ～ 100		100 ～ 200		200 頭 以 上		
数 量	価 額	数 量	価 額	数 量	価 額	数 量	価 額	
(7)	(8)	(9)	(10)	(11)	(12)	(13)	(14)	
kg	円	kg	円	kg	円	kg	円	
…	450,497	…	481,163	…	508,791	…	600,178	(1)
…	448,217	…	478,780	…	505,917	…	600,178	(2)
…	10,255	…	10,151	…	17,939	…	19,136	(3)
40.4	2,311	24.6	1,357	100.9	5,307	-	-	(4)
-	-	0.3	18					(5)
132.5	6,639	132.2	7,335	45.1	2,749	406.5	19,136	(6)
10.5	1,130	21.0	1,441	27.6	3,621	-	-	(7)
				-	-	-	-	(8)
…	175	…	-	…	6,262	…	-	(9)
…	511	…	282	…	-	…	-	(10)
12.6	511	5.9	249	-	-	-	-	(11)
		-	-	-	-	-	-	(12)
…	-	…	33	…	-	…	-	(13)
…	16,132	…	20,018	…	17,568	…	80,746	(14)
15.8	1,449	23.3	2,641	68.2	6,334	210.4	14,141	(15)
198.6	12,681	253.3	12,335	100.5	6,171	1,099.7	58,093	(16)
…	2,002	…	5,042	…	5,063	…	8,512	(17)
2,999.7	219,470	2,919.9	216,427	2,497.8	164,156	2,418.2	154,690	(18)
867.3	47,325	1,117.9	51,229	2,364.1	108,718	-	-	(19)
33.1	12,283	26.7	12,008	32.8	11,406	299.8	27,403	(20)
280.2	272	-	-	-	-	-	-	(21)
…	1,766	…	212	…	753	…	184	(22)
104.1	1,766	17.2	212	5.5	60	-	-	(23)
…	-	…	-	…	693	…	184	(24)
								(25)
…	105,606	…	129,237	…	118,652	…	257,035	(26)
133.3	8,805	66.9	5,286	99.8	6,768	227.7	15,519	(27)
…	96,801	…	123,951	…	111,884	…	241,516	(28)
…	8,928	…	7,620	…	24,741	…	19,915	(29)
428.0	8,652	344.6	5,317	242.7	4,308	-	-	(30)
391.8	7,328	174.9	2,322	191.9	3,317	-	-	(31)
…	276	…	2,303	…	20,433	…	19,915	(32)
…	25,669	…	31,596	…	41,984	…	41,069	(33)
…	2,280	…	2,383	…	2,874	…	-	(34)
20.2	2,239	16.6	1,908	24.9	2,874	-	-	(35)
2.1	41	12.3	475	-	-	-	-	(36)
…	-	…	-	…	-	…	-	(37)

1 牛乳生産費（続き）
（6） 流通飼料の使用数量と価額（搾乳牛1頭当たり）（続き）
エ 全国農業地域別

区分		東 北 数量	東 北 価額	北 陸 数量	北 陸 価額	関東・東山 数量	関東・東山 価額
		(1) kg	(2) 円	(3) kg	(4) 円	(5) kg	(6) 円
流 通 飼 料 費 合 計	(1)	…	402,853	…	534,875	…	518,204
購 入 飼 料 費 計	(2)	…	401,048	…	531,875	…	515,919
穀　小　　　　　類計	(3)	…	8,704	…	7,156	…	14,434
大　　　　　麦	(4)	80.3	4,721	24.9	1,566	10.9	580
そ　の　他　の　麦	(5)	-	-				-
と う も ろ こ し	(6)	64.5	3,820	79.2	5,590	257.2	12,504
大　飼　料　用　豆	(7)	1.3	163	-		10.0	525
米	(8)	-		-		-	
そ　　　の　　　他	(9)						825
ぬか・ふすま類　小　計	(10)	…	876	…	573	…	305
ふ　　　す　　　ま	(11)	20.1	876	13.1	573	5.8	283
米　・　麦　ぬ　か	(12)	-		-		-	
そ　　　の　　　他	(13)	…				…	22
植物性かす類　小　計	(14)	…	20,970	…	45,014	…	43,565
大　豆　油　か　す	(15)	9.8	996	-		101.8	7,542
ビ ー ト パ ル プ	(16)	267.8	17,258	658.5	44,686	600.2	32,076
そ　　　の　　　他	(17)	…	2,716		328	…	3,947
配　　合　　飼　　料	(18)	2,979.1	227,041	1,812.7	177,697	2,465.1	169,653
T　　　M　　　R	(19)	935.6	35,176	30.3	12,762	587.2	35,367
牛　乳　・　脱　脂　乳	(20)	18.0	8,224	1.3	648	144.9	19,191
い も 類 及 び 野 菜 類	(21)	-		-		153.9	149
わ　　　ら　　類　小計	(22)	…	397	…	7,722	…	770
稲　　　　　　　わ　ら	(23)	28.8	397	-		44.3	755
そ　　　の　　　他	(24)	…		…	7,722	…	15
生　　　牧　　　草	(25)	-		-		-	-
乾　　牧　　草　小計	(26)	…	56,253	…	228,408	…	176,659
ヘ イ キ ュ ー ブ	(27)	71.8	5,405	976.1	62,415	173.6	12,597
そ　　　の　　　他	(28)	…	50,848		165,993	…	164,062
サ イ レ ー ジ　小計	(29)	…	11,585	…	15,254	…	20,840
い　　　　ね　科料	(30)	474.2	9,955	1,005.5	15,254	250.8	3,838
うち稲発酵粗飼料	(31)	185.0	2,118	1,005.5	15,254	140.3	2,204
そ　　　の　　　他	(32)	…	1,630	…	-	…	17,002
そ　　　の　　　他	(33)	…	31,822	…	36,641	…	34,986
自　給　飼　料　費　計	(34)	…	1,805	…	3,000	…	2,285
牛　乳　・　脱　脂　乳	(35)	15.1	1,623	25.6	2,989	17.1	1,932
稲　　　　　　　わ　ら	(36)	12.2	182	11.1	11	8.8	353
そ　　　の　　　他	(37)	…	-	…		…	-

東海		近畿		中国		四国		九州		
数量	価額	数量	価額	数量	価額	数量	価額	数量	価額	
(7)	(8)	(9)	(10)	(11)	(12)	(13)	(14)	(15)	(16)	
kg	円	kg	円	kg	円	kg	円	kg	円	
...	567,700	...	576,648	...	560,959	...	419,482	...	421,056	(1)
...	564,406	...	575,248	...	558,331	...	416,533	...	420,209	(2)
...	8,528	...	9,004	...	40,626	...	7,589	...	8,389	(3)
22.0	1,328	13.5	796	276.1	14,566	74.7	4,575	9.3	492	(4)
–	–	–	–	1.4	82	–	–	–	–	(5)
45.6	2,711	107.0	7,370	119.6	6,858	54.8	3,014	104.1	5,112	(6)
4.6	441	–	–	60.5	8,043	–	–	25.4	2,785	(7)
59.8	4,048	–	–	–	–	–	–	–	–	(8)
...	–	...	838	...	11,077	...		...		(9)
...	323	...	–	...	–	...	–	...	428	(10)
8.1	323	–	–	–	–	–	–	10.6	428	(11)
–	–	–	–	–	–	–	–	–	–	(12)
–	–	–	–	–	–	–	–	–	–	(13)
...	16,363	...	18,722	...	31,175	...	12,857	...	19,175	(14)
12.9	1,566	–	–	142.8	12,999	85.5	7,801	34.8	3,359	(15)
43.8	2,545	416.5	16,859	246.4	14,943	35.8	2,298	201.0	11,949	(16)
...	12,252	...	1,863	...	3,233	...	2,758	...	3,867	(17)
3,736.8	243,685	3,229.6	240,532	2,775.8	184,819	3,570.8	252,966	2,750.7	202,461	(18)
2,201.8	93,336	1,454.8	81,984	825.3	57,997	–	–	867.1	32,168	(19)
31.2	12,088	15.7	7,909	13.2	7,453	30.7	4,664	43.5	15,328	(20)
–		–		–		–		–		(21)
...	362	...	–	...	4,252	...	–	...	262	(22)
1.1	80	–	–	236.6	2,519	–	–	11.9	262	(23)
...	282	...	–	...	1,733	...	–	...	–	(24)
–		–		–		–		–		(25)
...	160,226	...	197,516	...	145,423	...	112,712	...	107,342	(26)
246.6	16,819	265.3	16,498	35.0	2,633	144.3	8,847	44.0	3,214	(27)
...	143,407	...	181,018	...	142,790	...	103,865	...	104,128	(28)
...	2,192	...	2,700	...	20,409	...	2,156	...	4,721	(29)
88.4	1,539	179.3	2,700	816.5	17,929	323.4	2,156	209.1	3,593	(30)
88.4	1,539	179.3	2,700	686.4	17,136	323.4	2,156	154.0	1,377	(31)
...	653	...	–	...	2,480	...	–	...	1,128	(32)
...	27,303	...	16,881	...	66,177	...	23,589	...	29,935	(33)
...	3,294	...	1,400	...	2,628	...	2,949	...	847	(34)
29.0	3,294	11.7	1,400	21.9	2,628	24.7	2,949	6.6	735	(35)
–	–	–	–	–	–	–	–	5.6	112	(36)
...	–	...	–	...	–	...	–	...	–	(37)

1 牛乳生産費（続き）
(7) 牧草の使用数量（搾乳牛1頭当たり）
ア 全国

区　分		単位	平　均	1～20頭未満	20～30
			(1)	(2)	(3)
牧　草　の　使　用　数　量					
い　ね　科　牧　草					
デ　ン　ト　コ　ー　ン					
生　　　　牧　　　　草	(1)	kg	1.2	27.5	-
乾　　　　牧　　　　草	(2)	〃	-	-	-
サ　　イ　　レ　　ー　　ジ	(3)	〃	2,013.4	1,177.2	1,492.6
イ　タ　リ　ア　ン　ラ　イ　グ　ラ　ス					
生　　　　牧　　　　草	(4)	〃	2.1	8.2	-
乾　　　　牧　　　　草	(5)	〃	17.3	39.6	6.7
サ　　イ　　レ　　ー　　ジ	(6)	〃	187.7	494.1	187.1
ソ　　ル　　ゴ　　ー					
生　　　　牧　　　　草	(7)	〃	0.5	12.4	-
乾　　　　牧　　　　草	(8)	〃	6.6	-	-
サ　　イ　　レ　　ー　　ジ	(9)	〃	39.1	75.3	79.0
稲　発　酵　粗　飼　料	(10)	〃	24.2	173.1	88.2
そ　　　　の　　　　他					
生　　　　牧　　　　草	(11)	〃	2.6	61.7	-
乾　　　　牧　　　　草	(12)	〃	32.6	192.8	4.6
サ　　イ　　レ　　ー　　ジ	(13)	〃	277.5	292.3	576.3
ま　　ぜ　　ま　　き					
い　ね　科　を　主　と　す　る　も　の					
生　　　　牧　　　　草	(14)	〃	3.0	71.4	-
乾　　　　牧　　　　草	(15)	〃	200.5	245.4	192.3
サ　　イ　　レ　　ー　　ジ	(16)	〃	3,780.6	903.8	1,306.3
そ　　　　の　　　　他					
生　　　　牧　　　　草	(17)	〃	-	-	-
乾　　　　牧　　　　草	(18)	〃	10.8	60.5	30.2
サ　　イ　　レ　　ー　　ジ	(19)	〃	0.6		
そ　　　　の　　　　他					
生　　　　牧　　　　草	(20)	〃	-	-	-
乾　　　　牧　　　　草	(21)	〃	-	-	-
サ　　イ　　レ　　ー　　ジ	(22)	〃	-	-	-
穀　　　　　　　　類	(23)	〃	-	-	-
い　も　類　及　び　野　菜　類	(24)	〃	-	-	-
野　　　生　　　草	(25)	〃	-	-	-
野　　　乾　　　草	(26)	〃	0.9	-	-
放　　牧　　時　　間	(27)	時間	262.1	120.0	167.2

30〜50	50〜100	100〜200	200頭以上	
(4)	(5)	(6)	(7)	
−	−	−	−	(1)
−	−	−	−	(2)
1,757.8	1,811.3	2,321.6	2,492.7	(3)
11.1	−	−	−	(4)
40.8	7.6	28.3	−	(5)
338.5	138.4	72.2	214.3	(6)
−	−	−	−	(7)
2.2	19.7	−	−	(8)
28.6	80.6	7.2	−	(9)
43.8	13.6	4.7	−	(10)
0.2	−	−	−	(11)
41.9	34.9	28.6	−	(12)
171.9	355.1	416.6	−	(13)
−	−	−	−	(14)
318.4	300.7	100.8	56.4	(15)
2,245.2	4,470.4	4,835.5	3,938.8	(16)
−	−	−	−	(17)
42.8	−	−	−	(18)
4.0	−	−	−	(19)
−	−	−	−	(20)
−	−	−	−	(21)
−	−	−	−	(22)
−	−	−	−	(23)
−	−	−	−	(24)
−	−	−	−	(25)
5.9	−	−	−	(26)
349.9	368.8	100.7	261.9	(27)

1 牛乳生産費（続き）
(7) 牧草の使用数量（搾乳牛1頭当たり）（続き）
イ 北海道

区　　　　　　　　分		単位	平　　均	1〜20頭未満	20〜30
			(1)	(2)	(3)
牧　草　の　使　用　数　量					
い　ね　科　牧　草					
デ　ン　ト　コ　ー　ン					
生　　　　　牧　　　　　草	(1)	kg	-	-	-
乾　　　　　牧　　　　　草	(2)	〃	-	-	-
サ　　イ　　レ　　ー　ジ	(3)	〃	2,408.7	1,760.5	2,330.7
イ　タ　リ　ア　ン　ラ　イ　グ　ラ　ス					
生　　　　　牧　　　　　草	(4)	〃	-	-	-
乾　　　　　牧　　　　　草	(5)	〃	-	-	-
サ　　イ　　レ　　ー　ジ	(6)	〃	-	-	-
ソ　　ル　　ゴ　　ー					
生　　　　　牧　　　　　草	(7)	〃	-	-	-
乾　　　　　牧　　　　　草	(8)	〃	-	-	-
サ　　イ　　レ　　ー　ジ	(9)	〃	4.8	-	-
稲　発　酵　粗　飼　料	(10)	〃	-	-	-
そ　　　　の　　　　他					
生　　　　　牧　　　　　草	(11)	〃	-	-	-
乾　　　　　牧　　　　　草	(12)	〃	24.6	-	-
サ　　イ　　レ　　ー　ジ	(13)	〃	280.8	-	739.0
ま　　ぜ　　ま　　き					
い　ね　科　を　主　と　す　る　も　の					
生　　　　　牧　　　　　草	(14)	〃	-	-	-
乾　　　　　牧　　　　　草	(15)	〃	302.2	1,219.1	464.6
サ　　イ　　レ　　ー　ジ	(16)	〃	6,632.1	3,793.5	4,923.2
そ　　　　の　　　　他					
生　　　　　牧　　　　　草	(17)	〃	-	-	-
乾　　　　　牧　　　　　草	(18)	〃	-	-	-
サ　　イ　　レ　　ー　ジ	(19)	〃	-	-	-
そ　　　　の　　　　他					
生　　　　　牧　　　　　草	(20)	〃	-	-	-
乾　　　　　牧　　　　　草	(21)	〃	-	-	-
サ　　イ　　レ　　ー　ジ	(22)	〃	-	-	-
穀　　　　　　　　　類	(23)	〃	-	-	-
い　も　類　及　び　野　菜　類	(24)	〃	-	-	-
野　　　　　生　　　　　草	(25)	〃	-	-	-
野　　　　　乾　　　　　草	(26)	〃	-	-	-
放　　牧　　時　　間	(27)	時間	475.3	776.3	1,009.7

30〜50	50〜100	100〜200	200頭以上	
(4)	(5)	(6)	(7)	
−	−	−	−	(1)
−	−	−	−	(2)
1,921.5	1,824.3	2,391.7	3,610.7	(3)
−	−	−	−	(4)
−	−	−	−	(5)
−	−	−	−	(6)
−	−	−	−	(7)
−	−	−	−	(8)
−	13.4	−	−	(9)
−	−	−	−	(10)
−	−	−	−	(11)
76.3	36.2	13.2	−	(12)
40.6	405.9	423.5	−	(13)
−	−	−	−	(14)
658.8	438.6	120.5	90.8	(15)
5,468.4	7,028.9	7,005.5	6,341.6	(16)
−	−	−	−	(17)
−	−	−	−	(18)
−	−	−	−	(19)
−	−	−	−	(20)
−	−	−	−	(21)
−	−	−	−	(22)
−	−	−	−	(23)
−	−	−	−	(24)
−	−	−	−	(25)
−	−	−	−	(26)
957.5	594.0	147.4	421.6	(27)

1 牛乳生産費（続き）

(7) 牧草の使用数量（搾乳牛1頭当たり）（続き）

ウ 都府県

区　　　　　　　　分		単位	平　均	1〜20頭未満	20〜30
			(1)	(2)	(3)
牧 草 の 使 用 数 量					
い　ね　科　牧　草					
デ ン ト コ ー ン					
生　　　牧　　　草	(1)	kg	2.6	32.6	-
乾　　　牧　　　草	(2)	〃	-	-	-
サ　イ　レ　ー　ジ	(3)	〃	1,527.6	1,070.5	1,326.3
イ タ リ ア ン ラ イ グ ラ ス					
生　　　牧　　　草	(4)	〃	4.6	9.7	-
乾　　　牧　　　草	(5)	〃	38.5	46.9	8.0
サ　イ　レ　ー　ジ	(6)	〃	418.4	584.5	224.2
ソ ル ゴ ー					
生　　　牧　　　草	(7)	〃	1.2	14.7	-
乾　　　牧　　　草	(8)	〃	14.8	-	-
サ　イ　レ　ー　ジ	(9)	〃	81.3	89.1	94.7
稲 発 酵 粗 飼 料	(10)	〃	54.0	204.7	105.7
そ　　　の　　　他					
生　　　牧　　　草	(11)	〃	5.9	73.0	-
乾　　　牧　　　草	(12)	〃	42.3	228.0	5.6
サ　イ　レ　ー　ジ	(13)	〃	273.4	345.8	544.0
ま　ぜ　ま　き					
い ね 科 を 主 と す る も の					
生　　　牧　　　草	(14)	〃	6.7	84.5	-
乾　　　牧　　　草	(15)	〃	75.5	67.3	138.3
サ　イ　レ　ー　ジ	(16)	〃	275.2	375.2	588.7
そ　　　の　　　他					
生　　　牧　　　草	(17)	〃	-	-	-
乾　　　牧　　　草	(18)	〃	24.2	71.5	36.2
サ　イ　レ　ー　ジ	(19)	〃	1.4	-	-
そ　　　の　　　他					
生　　　牧　　　草	(20)	〃	-	-	-
乾　　　牧　　　草	(21)	〃	-	-	-
サ　イ　レ　ー　ジ	(22)	〃	-	-	-
穀　　　　　　　類	(23)	〃	-	-	-
い も 類 及 び 野 菜 類	(24)	〃	-	-	-
野　　　生　　　草	(25)	〃	-	-	-
野　　　乾　　　草	(26)	〃	2.1		
放　　牧　　時　　間	(27)	時間	-	-	-

30〜50	50〜100	100〜200	200頭以上	
(4)	(5)	(6)	(7)	
−	−	−	−	(1)
−	−	−	−	(2)
1,663.5	1,790.0	2,170.7	660.2	(3)
17.4	−	−	−	(4)
64.3	20.1	89.1	−	(5)
533.5	365.1	227.8	565.7	(6)
−	−	−	−	(7)
3.5	52.0	−	−	(8)
45.1	190.6	22.9	−	(9)
69.0	36.0	14.7	−	(10)
0.3	−	−	−	(11)
22.2	32.8	61.6	−	(12)
247.5	272.0	401.9	−	(13)
−	−	−	−	(14)
122.3	74.8	58.4	−	(15)
388.8	281.4	161.3	−	(16)
−	−	−	−	(17)
67.4	−	−	−	(18)
6.3	−	−	−	(19)
−	−	−	−	(20)
−	−	−	−	(21)
−	−	−	−	(22)
−	−	−	−	(23)
−	−	−	−	(24)
−	−	−	−	(25)
9.3	−	−	−	(26)
−	−	−	−	(27)

1 牛乳生産費（続き）
（7） 牧草の使用数量（搾乳牛1頭当たり）（続き）
エ 全国農業地域別

区　　　分		単位	東　　北	北　　陸	関東・東山
			(1)	(2)	(3)
牧　草　の　使　用　数　量					
い　ね　科　牧　草					
デ　ン　ト　コ　ー　ン					
生　　　　牧　　　　草	(1)	kg	-	-	0.6
乾　　　　牧　　　　草	(2)	〃	-	-	-
サ　　イ　　レ　　ー　　ジ	(3)	〃	1,670.0	-	1,772.8
イ　タ　リ　ア　ン　ラ　イ　グ　ラ　ス					
生　　　　牧　　　　草	(4)	〃	-	-	1.9
乾　　　　牧　　　　草	(5)	〃	18.2	-	20.0
サ　　イ　　レ　　ー　　ジ	(6)	〃	80.5	-	499.6
ソ　　ル　　ゴ　　ー					
生　　　　牧　　　　草	(7)	〃	-	-	2.9
乾　　　　牧　　　　草	(8)	〃	-	-	-
サ　　イ　　レ　　ー　　ジ	(9)	〃	29.0	-	13.6
稲　発　酵　粗　飼　料	(10)	〃	109.4	-	10.9
そ　　　の　　　他					
生　　　　牧　　　　草	(11)	〃	-	-	14.4
乾　　　　牧　　　　草	(12)	〃	231.1	-	2.9
サ　　イ　　レ　　ー　　ジ	(13)	〃	215.9	702.1	359.1
ま　　ぜ　　ま　　き					
い　ね　科　を　主　と　す　る　も　の					
生　　　　牧　　　　草	(14)	〃	-	-	-
乾　　　　牧　　　　草	(15)	〃	404.2	-	32.0
サ　　イ　　レ　　ー　　ジ	(16)	〃	862.8	-	126.2
そ　　　の　　　他					
生　　　　牧　　　　草	(17)	〃	-	-	-
乾　　　　牧　　　　草	(18)	〃	156.1	-	-
サ　　イ　　レ　　ー　　ジ	(19)	〃	-	-	3.4
そ　　　の　　　他					
生　　　　牧　　　　草	(20)	〃	-	-	-
乾　　　　牧　　　　草	(21)	〃	-	-	-
サ　　イ　　レ　　ー　　ジ	(22)	〃	-	-	-
穀　　　　　　　類	(23)	〃	-	-	-
い　も　類　及　び　野　菜　類	(24)	〃	-	-	-
野　　生　　草	(25)	〃	-	-	-
野　　乾　　草	(26)	〃	-	-	-
放　牧　時　間	(27)	時間	-	-	-

東　　海	近　　畿	中　　国	四　　国	九　　州	
(4)	(5)	(6)	(7)	(8)	
–	–	38.9	–	–	(1)
–	–	–	–	–	(2)
19.8	–	690.3	1,573.7	2,660.8	(3)
–	–	–	44.9	16.0	(4)
7.0	150.3	12.0	–	107.7	(5)
82.2	86.5	207.1	625.9	923.2	(6)
–	–	–	–	–	(7)
–	302.8	–	–	4.4	(8)
–	–	599.2	419.3	142.7	(9)
–	11.2	168.5	438.6	67.1	(10)
–	–	–	3.3	–	(11)
–	11.7	23.3	–	19.3	(12)
–	2.9	446.4	97.7	280.9	(13)
60.3	–	–	–	–	(14)
–	–	–	–	–	(15)
363.9	–	26.7	–	272.0	(16)
–	–	–	–	–	(17)
–	–	–	–	–	(18)
–	–	–	–	–	(19)
–	–	–	–	–	(20)
–	–	–	–	–	(21)
–	–	–	–	–	(22)
–	–	–	–	–	(23)
–	–	–	–	–	(24)
–	–	–	–	–	(25)
–	–	–	–	11.6	(26)
–	–	–	–	–	(27)

2 子 牛 生 産 費

2 子牛生産費
(1) 経営の概況（1経営体当たり）

区　　　　分	集　計経営体数	世　帯　員			農　業　就　業　者		
		計	男	女	計	男	女
	(1)	(2)	(3)	(4)	(5)	(6)	(7)
	経営体	人	人	人	人	人	人
全　　　　　　国 (1)	183	3.1	1.5	1.6	1.9	1.2	0.7
繁　殖　雌　牛飼　養　頭　数　規　模　別							
2 ～ 5頭未満 (2)	27	2.8	1.2	1.6	1.6	1.0	0.6
5 ～ 10 (3)	43	2.8	1.4	1.4	1.5	0.9	0.6
10 ～ 20 (4)	34	2.8	1.4	1.4	2.2	1.3	0.9
20 ～ 50 (5)	52	3.9	1.9	2.0	2.4	1.5	0.9
50 ～ 100 (6)	20	4.0	1.9	2.1	2.0	1.3	0.7
100頭以上 (7)	7	4.4	2.1	2.3	3.7	1.8	1.9
全　国　農　業　地　域　別							
北　　海　　道 (8)	14	3.9	1.9	2.0	2.3	1.4	0.9
東　　　　北 (9)	43	3.8	1.9	1.9	1.8	1.1	0.7
関　東　・　東　山 (10)	8	4.8	2.3	2.5	2.6	1.5	1.1
東　　　　海 (11)	3	5.3	2.3	3.0	2.7	1.0	1.7
近　　　　畿 (12)	5	4.0	1.8	2.2	2.6	1.8	0.8
中　　　　国 (13)	9	3.8	1.9	1.9	1.4	1.0	0.4
四　　　　国 (14)	1	x	x	x	x	x	x
九　　　　州 (15)	91	3.0	1.5	1.5	2.2	1.3	0.9
沖　　　　縄 (16)	9	2.5	1.3	1.2	1.4	1.1	0.3

区　　　　分	畜舎の面積及び自動車・農機具の使用台数（10経営体当たり）				繁　殖　雌　牛飼　養　月平　均　頭　数	繁　殖　雌　牛　の　概　要（　1　頭　当　た　り　）	
	畜舎面積（1経営体当たり）	カッター	貨　物自動車	トラクター（耕うん機を含む。）		月　　齢	評価額
	(17)	(18)	(19)	(20)	(21)	(22)	(23)
	㎡	台	台	台	頭	月	円
全　　　　　　国 (1)	381.6	5.2	20.3	19.8	17.6	77.9	654,088
繁　殖　雌　牛飼　養　頭　数　規　模　別							
2 ～ 5頭未満 (2)	132.3	5.1	13.6	13.8	3.4	81.7	668,327
5 ～ 10 (3)	252.2	5.6	16.5	19.2	7.5	84.4	666,646
10 ～ 20 (4)	280.8	4.4	20.9	15.7	13.9	73.8	648,663
20 ～ 50 (5)	646.9	4.8	29.0	29.0	33.0	82.8	648,366
50 ～ 100 (6)	870.2	6.7	33.6	36.4	69.3	78.0	621,599
100頭以上 (7)	3,147.2	7.8	48.6	37.6	123.7	65.4	701,640
全　国　農　業　地　域　別							
北　　海　　道 (8)	608.1	0.7	28.6	51.4	40.8	86.3	608,919
東　　　　北 (9)	328.8	2.8	17.9	20.7	15.4	74.3	656,164
関　東　・　東　山 (10)	525.3	1.3	20.0	26.3	24.2	77.9	637,058
東　　　　海 (11)	355.0	－	23.3	6.7	30.7	68.6	538,120
近　　　　畿 (12)	327.0	2.0	26.0	10.0	23.1	85.2	610,267
中　　　　国 (13)	298.7	8.9	21.1	12.2	12.1	87.3	527,953
四　　　　国 (14)	x	x	x	x	x	x	x
九　　　　州 (15)	644.2	7.8	27.5	28.2	30.6	74.4	678,752
沖　　　　縄 (16)	391.0	2.2	21.1	10.0	16.7	78.3	573,860

経		営			土		地		
計		耕	地		畜	産	用	地	
		田	普通畑	牧草地	小　計	畜舎等	放牧地	採草地	
(8)	(9)	(10)	(11)	(12)	(13)	(14)	(15)	(16)	
a	a	a	a	a	a	a	a	a	
568	508	277	62	168	60	19	37	4	(1)
245	236	181	36	16	9	5	0	4	(2)
416	397	263	31	103	19	10	9	0	(3)
463	425	220	126	79	38	19	19	0	(4)
978	907	429	24	454	71	41	28	2	(5)
2,006	1,403	625	235	535	603	57	501	45	(6)
1,018	964	239	67	658	54	48	6	-	(7)
3,984	3,283	782	490	2,011	701	94	607	-	(8)
673	642	453	31	158	31	23	8	-	(9)
889	869	723	131	-	20	20	-	-	(10)
195	135	42	18	75	60	39	-	21	(11)
392	378	371	3	4	14	14	-	-	(12)
778	399	300	28	71	379	13	362	4	(13)
x	x	x	x	x	x	x	x	x	(14)
650	560	242	146	171	90	21	61	8	(15)
356	319	-	9	310	37	32	2	3	(16)

計算期間	生		産		物		
	主　産　物　（子牛）				副産物（きゅう肥）（繁殖雌牛1頭当たり）		
	販売頭数〔1経営体当たり〕	子　牛　1　頭　当　た　り			数　量	利用量	価　額（利用分）
		生体重	価　格	ほ育・育成期間			
(24)	(25)	(26)	(27)	(28)	(29)	(30)	(31)
年	頭	kg	円	月	kg	kg	円
1.3	13.5	288.7	718,350	9.3	18,028	11,424	26,523	(1)
1.2	2.5	308.6	736,063	9.3	17,678	13,097	55,020	(2)
1.2	5.7	303.6	751,858	9.4	17,936	8,831	33,130	(3)
1.2	11.3	286.1	703,199	9.2	17,927	13,193	35,007	(4)
1.3	25.1	286.5	706,017	9.2	18,465	13,747	28,571	(5)
1.3	51.8	288.7	717,443	9.4	17,734	10,460	16,275	(6)
1.2	97.5	278.1	734,901	9.2	17,749	6,511	9,414	(7)
1.5	28.4	306.3	680,848	10.1	20,324	19,945	44,258	(8)
1.3	11.2	298.2	683,102	9.7	19,353	11,177	34,326	(9)
1.6	12.8	306.1	710,926	9.8	23,580	15,488	26,251	(10)
1.0	26.0	259.1	796,115	8.8	14,450	10,800	8,141	(11)
1.4	18.2	248.4	798,550	8.9	19,610	4,680	13,100	(12)
1.3	9.5	292.0	690,378	9.0	18,791	11,847	41,566	(13)
x	x	x	x	x	x	x	x	(14)
1.2	23.9	288.2	736,077	9.1	17,861	10,096	22,625	(15)
1.3	10.1	274.1	668,000	9.2	19,614	11,818	36,407	(16)

2 子牛生産費（続き）
(2) 作業別労働時間（子牛1頭当たり）

区　　　　　分	計	男	女	家　族　・　雇　用　別			雇
				家　　　　　　族			小　　計
				小　計	男	女	
	(1)	(2)	(3)	(4)	(5)	(6)	(7)
全　　　　　国 (1)	121.07	91.09	29.98	114.36	85.88	28.48	6.71
繁　殖　雌　牛 飼養頭数規模別							
2 ～ 5頭未満 (2)	223.80	193.15	30.65	223.16	192.51	30.65	0.64
5 ～ 10 (3)	188.67	148.29	40.38	184.93	144.57	40.36	3.74
10 ～ 20 (4)	145.79	107.08	38.71	144.95	106.58	38.37	0.84
20 ～ 50 (5)	112.93	80.97	31.96	109.16	78.39	30.77	3.77
50 ～ 100 (6)	79.28	64.31	14.97	62.57	49.93	12.64	16.71
100頭以上 (7)	77.39	50.04	27.35	65.80	42.57	23.23	11.59
全国農業地域別							
北　海　道 (8)	94.66	74.27	20.39	87.69	70.97	16.72	6.97
東　　　北 (9)	120.03	97.60	22.43	110.55	89.75	20.80	9.48
関　東・東　山 (10)	106.88	76.60	30.28	105.86	75.58	30.28	1.02
東　　　海 (11)	132.69	88.42	44.27	132.69	88.42	44.27	-
近　　　畿 (12)	116.16	100.01	16.15	115.07	98.92	16.15	1.09
中　　　国 (13)	176.16	144.09	32.07	175.95	143.88	32.07	0.21
四　　　国 (14)	x	x	x	x	x	x	x
九　　　州 (15)	119.70	81.02	38.68	107.92	72.67	35.25	11.78
沖　　　縄 (16)	180.88	135.00	45.88	180.70	134.82	45.88	0.18

(3) 収益性
ア 繁殖雌牛1頭当たり

区　　　　　分	粗　　収　　益			生　　産　　費　　用			所得
	計	主産物	副産物	生産費総額	生産費総額から家族労働費、自己資本利子、自作地地代を控除した額	生産費総額から家族労働費を控除した額	
	(1)	(2)	(3)	(4)	(5)	(6)	(7)
全　　　　　国 (1)	747,538	721,015	26,523	741,183	486,984	568,755	260,554
繁　殖　雌　牛 飼養頭数規模別							
2 ～ 5頭未満 (2)	791,083	736,063	55,020	915,327	537,623	608,904	253,460
5 ～ 10 (3)	785,641	752,511	33,130	829,270	504,603	573,281	281,038
10 ～ 20 (4)	741,138	706,131	35,007	769,763	476,796	550,738	264,342
20 ～ 50 (5)	736,457	707,886	28,571	747,306	485,306	575,505	251,151
50 ～ 100 (6)	740,039	723,764	16,275	666,386	482,748	564,762	257,291
100頭以上 (7)	746,027	736,613	9,414	660,991	476,082	561,140	269,945
全国農業地域別							
北　海　道 (8)	732,018	687,760	44,258	859,837	569,760	697,837	162,258
東　　　北 (9)	720,286	685,960	34,326	861,267	578,558	691,824	141,728
関　東・東　山 (10)	737,177	710,926	26,251	982,942	578,011	797,118	159,166
東　　　海 (11)	804,256	796,115	8,141	752,688	475,319	518,835	328,937
近　　　畿 (12)	811,650	798,550	13,100	780,044	483,232	566,506	328,418
中　　　国 (13)	740,163	698,597	41,566	812,491	498,512	547,375	241,651
四　　　国 (14)	x	x	x	x	x	x	x
九　　　州 (15)	762,447	739,822	22,625	766,418	522,825	604,850	239,622
沖　　　縄 (16)	704,407	668,000	36,407	822,384	501,900	594,394	202,507

単位：時間

内　　訳		直　接　労　働　時　間				間　接　労　働　時　間		
用			飼　育　労　働　時　間					
男	女	小　計	飼料の調理・給与・給水	敷料の搬入・きゅう肥の搬出	その他		自給牧草に係る労働時間	
(8)	(9)	(10)	(11)	(12)	(13)	(14)	(15)	
5.21	1.50	100.00	61.82	19.92	18.26	21.07	17.90	(1)
0.64	-	194.54	106.04	50.34	38.16	29.26	21.41	(2)
3.72	0.02	155.60	92.63	35.16	27.81	33.07	27.39	(3)
0.50	0.34	121.17	73.17	27.58	20.42	24.62	20.91	(4)
2.58	1.19	91.32	55.20	18.33	17.79	21.61	18.76	(5)
14.38	2.33	63.43	40.71	10.74	11.98	15.85	14.03	(6)
7.47	4.12	66.52	52.23	3.79	10.50	10.87	9.46	(7)
3.30	3.67	84.10	46.21	17.33	20.56	10.56	8.95	(8)
7.85	1.63	103.10	57.14	30.56	15.40	16.93	13.42	(9)
1.02	-	91.93	56.91	16.19	18.83	14.95	12.65	(10)
-	-	125.87	100.28	9.94	15.65	6.82	2.59	(11)
1.09	-	109.88	61.02	22.50	26.36	6.28	3.96	(12)
0.21	-	155.96	81.57	45.57	28.82	20.20	13.76	(13)
x	x	x	x	x	x	x	x	(14)
8.35	3.43	97.14	62.21	16.38	18.55	22.56	19.54	(15)
0.18	-	150.85	95.45	35.14	20.26	30.03	26.74	(16)

イ　1日当たり

単位：円　　単位：円

家族労働報酬	所得	家族労働報酬	
(8)	(1)	(2)	
178,783	18,160	12,461	(1)
182,179	9,086	6,531	(2)
212,360	12,146	9,178	(3)
190,400	14,529	10,465	(4)
160,952	18,357	11,764	(5)
175,277	32,605	22,212	(6)
184,887	32,750	22,431	(7)
34,181	14,652	3,087	(8)
28,462	10,213	2,051	(9)
△ 59,941	12,028	nc	(10)
285,421	19,832	17,208	(11)
245,144	22,833	17,043	(12)
192,788	10,859	8,663	(13)
x	x	x	(14)
157,597	17,671	11,622	(15)
110,013	8,965	4,871	(16)

2　子牛生産費（続き）
(4)　生産費（子牛１頭当たり）

区　分	計 (1)	種付料 (2)	飼料費 小計 (3)	流通飼料費 (4)	流通飼料費 購入 (5)	牧草・放牧・採草費 (6)	敷料費 (7)	敷料費 購入 (8)	光熱水料及び動力費 (9)	光熱水料及び動力費 購入 (10)
全　国 (1)	466,069	22,252	272,302	189,970	187,841	82,332	9,635	8,814	12,827	12,827
繁殖雌牛飼養頭数規模別										
2 ～ 5頭未満 (2)	527,332	32,193	309,618	184,535	174,436	125,083	9,104	3,777	12,902	12,902
5 ～ 10 (3)	492,166	31,900	295,483	196,153	190,321	99,330	10,438	8,277	11,254	11,254
10 ～ 20 (4)	464,738	24,229	275,393	185,622	182,811	89,771	7,469	6,771	12,255	12,255
20 ～ 50 (5)	465,609	20,033	280,934	185,943	185,299	94,991	9,686	9,210	13,524	13,524
50 ～ 100 (6)	446,286	19,748	239,527	174,732	173,765	64,795	11,446	11,379	12,063	12,063
100頭以上 (7)	452,567	17,526	261,461	222,146	221,666	39,315	9,342	9,312	14,020	14,020
全国農業地域別										
北　海　道 (8)	539,068	21,985	293,166	163,151	162,970	130,015	17,218	15,871	15,581	15,581
東　北 (9)	553,767	25,376	303,300	212,682	209,025	90,618	7,235	4,755	10,487	10,487
関　東・東　山 (10)	558,427	18,721	289,009	219,811	216,031	69,198	5,292	2,905	12,285	12,285
東　海 (11)	471,190	3,795	291,105	280,836	280,836	10,269	14,755	14,755	13,179	13,179
近　畿 (12)	477,179	18,727	273,476	230,767	228,959	42,709	10,036	8,786	15,612	15,612
中　国 (13)	486,810	24,157	292,348	252,463	246,768	39,885	7,419	5,978	14,803	14,803
四　国 (14)	x	x	x	x	x	x	x	x	x	x
九　州 (15)	493,277	22,549	286,939	197,477	195,743	89,462	10,006	9,903	14,377	14,377
沖　縄 (16)	486,286	16,917	279,174	185,564	185,564	93,610	1,178	1,178	19,869	19,869

区　分	物財費（続き） 農機具費（続き） 購入 (23)	農機具費（続き） 償却 (24)	生産管理費 (25)	生産管理費 償却 (26)	労働費 計 (27)	労働費 家族 (28)	直接労働費 (29)	間接労働費 (30)	間接労働費 自給牧草に係る労働費 (31)	費 計 (32)
全　国 (1)	7,248	8,675	2,278	417	180,653	171,790	149,691	30,962	26,232	646,722
繁殖雌牛飼養頭数規模別										
2 ～ 5頭未満 (2)	12,381	10,485	2,009	-	307,084	306,423	266,799	40,285	29,222	834,416
5 ～ 10 (3)	10,550	11,819	1,917	-	261,914	255,767	217,540	44,374	36,500	754,080
10 ～ 20 (4)	5,551	6,148	2,609	292	219,154	218,116	181,996	37,158	31,412	683,892
20 ～ 50 (5)	7,619	7,581	2,513	677	176,383	171,347	143,785	32,598	28,153	641,992
50 ～ 100 (6)	4,678	10,073	2,506	716	121,878	100,738	98,440	23,438	20,732	568,164
100頭以上 (7)	7,485	9,392	1,409	40	115,348	99,620	98,609	16,739	14,600	567,915
全国農業地域別										
北　海　道 (8)	14,231	21,701	2,594	9	168,947	160,372	149,600	19,347	16,449	708,015
東　北 (9)	11,121	13,576	1,772	65	179,737	168,737	154,007	25,730	20,427	733,504
関　東・東　山 (10)	7,224	5,291	3,830	-	187,494	185,824	160,810	26,684	22,430	745,921
東　海 (11)	8,502	8,781	1,416	-	233,853	233,853	221,252	12,601	4,826	705,043
近　畿 (12)	4,514	15,286	1,520	-	215,832	213,538	204,204	11,628	7,474	693,011
中　国 (13)	5,317	10,286	489	-	262,202	261,996	232,728	29,474	20,057	749,012
四　国 (14)	x	x	x	x	x	x	x	x	x	x
九　州 (15)	6,645	9,532	2,512	457	176,567	160,750	143,416	33,151	28,674	669,844
沖　縄 (16)	5,271	6,972	3,429	-	228,352	227,990	190,887	37,465	33,259	714,638

単位：円

その他の諸材料費	獣医師料及び医薬品費	賃借料及び料金	物件税及び公課諸負担	繁殖雌牛償却費	建物費			自動車費			農機具費	
					小計	購入	償却	小計	購入	償却	小計	
(11)	(12)	(13)	(14)	(15)	(16)	(17)	(18)	(19)	(20)	(21)	(22)	
1,219	26,192	13,669	9,347	52,084	20,133	6,315	13,818	8,208	3,611	4,597	15,923	(1)
1,284	36,705	14,630	15,402	30,059	25,946	12,040	13,906	14,614	7,160	7,454	22,866	(2)
1,099	28,438	14,229	13,808	32,587	19,558	8,082	11,476	9,086	5,438	3,648	22,369	(3)
1,889	27,820	16,038	10,061	56,224	10,901	3,411	7,490	8,151	3,328	4,823	11,699	(4)
1,380	24,386	14,012	8,900	43,693	22,495	5,935	16,560	8,853	3,166	5,687	15,200	(5)
1,031	26,497	10,337	8,168	65,658	28,269	9,197	19,072	6,285	3,374	2,911	14,751	(6)
368	22,228	13,702	5,555	70,704	13,149	3,328	9,821	6,226	2,586	3,640	16,877	(7)
294	30,785	12,871	13,263	58,006	26,629	10,873	15,756	10,744	5,022	5,722	35,932	(8)
1,312	34,060	17,082	13,033	79,900	29,989	8,297	21,692	5,524	3,380	2,144	24,697	(9)
1,791	13,043	27,714	11,178	85,898	72,003	21,003	51,000	5,148	3,659	1,489	12,515	(10)
3,801	21,911	21,025	6,872	21,721	37,560	5,188	32,372	16,767	6,583	10,184	17,283	(11)
362	21,094	9,687	8,724	73,457	12,506	2,054	10,452	12,178	2,214	9,964	19,800	(12)
1,564	22,072	37,203	10,767	4,209	21,162	10,062	11,100	35,014	9,555	25,459	15,603	(13)
x	x	x	x	x	x	x	x	x	x	x	x	(14)
1,059	27,194	12,251	7,837	64,616	19,672	6,163	13,509	8,088	3,467	4,621	16,177	(15)
2,816	37,729	11,244	11,399	55,068	20,518	1,289	19,229	14,702	5,336	9,366	12,243	(16)

用合計			副産物価額	生産費（副産物価額差引）	支払利子	支払地代	支払利子・地代算入生産費	自己資本利子	自作地地代	資本利子・地代全額算入生産費（全算入生産費）	
購入	自給	償却									
(33)	(34)	(35)	(36)	(37)	(38)	(39)	(40)	(41)	(42)	(43)	
310,053	257,078	79,591	26,426	620,296	879	9,567	630,742	72,264	9,204	712,210	(1)
325,580	446,932	61,904	55,020	779,396	1,212	8,418	789,026	57,103	14,178	860,307	(2)
331,460	363,090	59,530	33,102	720,978	601	5,278	726,857	51,540	17,079	795,476	(3)
297,519	311,396	74,977	34,861	649,031	649	8,627	658,307	61,864	11,771	731,942	(4)
300,319	267,475	74,198	28,495	613,497	1,321	12,172	626,990	82,001	7,961	716,952	(5)
303,167	166,567	98,430	16,133	552,031	845	10,835	563,711	73,652	7,645	645,008	(6)
334,873	139,445	93,597	9,393	558,522	262	6,587	565,371	81,332	3,528	650,231	(7)
314,804	292,017	101,194	43,813	664,202	1,439	15,533	681,174	96,633	30,156	807,963	(8)
350,635	265,492	117,377	34,182	699,322	1,238	10,475	711,035	105,574	7,221	823,830	(9)
341,054	261,189	143,678	26,251	719,670	483	17,431	737,584	201,265	17,842	956,691	(10)
387,863	244,122	73,058	8,141	696,902	1,247	2,882	701,031	41,189	2,327	744,547	(11)
324,547	259,305	109,159	13,100	679,911	310	3,449	683,670	81,147	2,127	766,944	(12)
388,941	309,017	51,054	41,077	707,935	2,221	3,465	713,621	44,874	3,413	761,908	(13)
x	x	x	x	x	x	x	x	x	x	x	(14)
325,060	252,049	92,735	22,511	647,333	1,306	10,108	658,747	75,317	6,293	740,357	(15)
302,403	321,600	90,635	36,407	678,231	2,293	12,959	693,483	76,695	15,799	785,977	(16)

2 子牛生産費（続き）
(5) 流通飼料の使用数量と価額（子牛1頭当たり）

区分	平　　均 数量	価額	2～5頭未満 数量	価額	5～10 数量	価額
	(1)	(2)	(3)	(4)	(5)	(6)
	kg	円	kg	円	kg	円
流 通 飼 料 費 合 計 (1)	…	189,970	…	184,535	…	196,153
購 入 飼 料 費 計 (2)	…	187,841	…	174,436	…	190,321
穀　類 小　計 (3)	…	1,611	…	855	…	2,488
大　　麦 (4)	6.0	365	5.1	352	4.0	229
そ の 他 の 麦 (5)	0.0	1	-	-	0.0	2
と う も ろ こ し (6)	11.4	709	5.5	382	29.8	1,869
大　　豆 (7)	4.3	506	-	-	3.6	388
飼 料 用 米 (8)	0.4	21	-	-	-	-
そ の 他 (9)	…	9	…	121	…	-
ぬ か ・ ふ す ま 類 小計 (10)	…	3,979	…	9,498	…	4,304
ふ す ま (11)	85.7	3,654	164.7	7,503	98.1	4,210
米 ・ 麦 ぬ か (12)	7.0	325	40.5	1,995	2.2	94
そ の 他 (13)	-	-	-	-	-	-
植 物 性 か す 類 小計 (14)	…	1,875	…	7,176	…	2,954
大 豆 油 か す (15)	12.1	1,076	69.4	6,025	8.5	764
ビ ー ト パ ル プ (16)	6.7	394	12.2	1,151	26.2	1,499
そ の 他 (17)	…	405	-	-	…	691
配 合 飼 料 (18)	1,434.8	114,083	1,241.7	106,742	1,549.1	128,368
T M R (19)	52.6	3,717	48.6	4,637	8.0	547
牛 乳 ・ 脱 脂 乳 (20)	34.3	9,778	2.0	809	7.8	4,536
い も 類 及 び 野 菜 類 (21)	0.1	10	-	-	-	-
わ ら 類 小計 (22)	…	6,611	…	4,438	…	4,539
稲 わ ら (23)	410.8	5,980	233.9	4,438	317.1	4,539
そ の 他 (24)	…	631	-	-	…	-
生 牧 草 (25)	19.0	129	197.7	239	-	-
乾 牧 草 小計 (26)	…	30,670	…	32,289	…	30,527
ヘ イ キ ュ ー ブ (27)	18.0	1,329	19.6	1,662	4.3	426
そ の 他 (28)	…	29,341	…	30,627	…	30,101
サ イ レ ー ジ 小計 (29)	…	7,433	…	5,055	…	3,604
い ね 科 (30)	363.5	6,947	306.5	5,055	163.6	3,242
う ち 稲 発 酵 粗 飼 料 (31)	259.5	5,023	306.5	5,055	163.6	3,242
そ の 他 (32)	…	486	…	-	…	362
そ の 他 (33)	…	7,945	…	2,698	…	8,454
自 給 飼 料 費 計 (34)	…	2,129	…	10,099	…	5,832
稲 わ ら (35)	122.4	1,930	535.5	9,659	343.8	4,480
そ の 他 (36)	…	199	…	440	…	1,352

	10 ～ 20		20 ～ 50		50 ～ 100		100 頭 以 上	
	数 量	価 額	数 量	価 額	数 量	価 額	数 量	価 額
	(7)	(8)	(9)	(10)	(11)	(12)	(13)	(14)
	kg	円	kg	円	kg	円	kg	円
(1)	…	185,622	…	185,943	…	174,732	…	222,146
(2)	…	182,811	…	185,299	…	173,765	…	221,666
(3)	…	1,320	…	2,932	…	354	…	303
(4)	7.9	452	11.9	737	-	-	-	-
(5)	-	-	-	-	0.1	6	-	-
(6)	13.2	701	15.1	979	3.6	241	0.6	38
(7)	2.3	167	9.9	1,211	-	-	2.0	265
(8)	-	-	-	-	2.1	107	-	-
(9)	…	-	…	5	…		…	
(10)	…	5,315	…	4,088	…	2,536	…	1,655
(11)	125.3	5,222	93.5	4,056	37.7	1,629	44.8	1,655
(12)	2.4	93	0.3	32	20.6	907	-	-
(13)	…		…		…		…	
(14)	…	1,391	…	1,785	…	1,691	…	63
(15)	11.9	1,155	7.6	742	13.6	1,053	0.5	47
(16)	2.6	189	3.2	170	9.4	448	-	-
(17)	…	47	…	873	…	190	…	16
(18)	1,335.4	106,394	1,536.0	120,162	1,300.7	101,316	1,496.7	119,183
(19)	7.9	866	34.1	2,903	164.5	9,312	32.6	3,426
(20)	19.5	7,537	55.9	10,600	36.0	14,596	32.2	11,429
(21)	-	-	0.1	30	0.2	3	-	-
(22)	…	6,904	…	4,580	…	12,265	…	5,692
(23)	146.3	3,375	239.2	4,520	1,073.4	12,265	373.6	5,692
(24)	…	3,529	…	60	…	-	…	-
(25)	-	-	23.3	350	-	-	-	-
(26)	…	34,795	…	20,442	…	17,687	…	65,486
(27)	39.2	2,989	18.8	1,297	17.1	1,194	1.2	111
(28)	…	31,806	…	19,145	…	16,493	…	65,375
(29)	…	11,355	…	5,995	…	8,230	…	8,592
(30)	713.3	11,355	262.4	4,828	364.4	7,891	337.6	8,592
(31)	582.9	8,943	236.0	4,289	139.4	3,661	135.7	5,058
(32)	…	-	…	1,167	…	339	…	-
(33)	…	6,934	…	11,432	…	5,775	…	5,837
(34)	…	2,811	…	644	…	967	…	480
(35)	180.8	2,622	38.1	635	50.4	967	20.3	480
(36)	…	189	…	9	…	-	…	-

2 子牛生産費（続き）
(6) 牧草の使用数量（子牛1頭当たり）

区　　　　　　　　分	単位	平均	2～5頭未満	5～10	10～20
		(1)	(2)	(3)	(4)
牧 草 の 使 用 数 量					
い ね 科 牧 草					
デ ン ト コ ー ン					
生 　　　牧 　　　草 (1)	kg	14.2	97.3	53.5	18.0
乾 　　　牧 　　　草 (2)	〃	0.2	-	1.7	-
サ イ レ ー ジ (3)	〃	163.0	40.5	120.1	130.6
イ タ リ ア ン ラ イ グ ラ ス					
生 　　　牧 　　　草 (4)	〃	125.5	628.6	257.3	120.1
乾 　　　牧 　　　草 (5)	〃	97.7	312.7	256.9	88.7
サ イ レ ー ジ (6)	〃	995.3	356.5	1,265.6	1,494.7
ソ ル ゴ ー					
生 　　　牧 　　　草 (7)	〃	143.9	772.7	80.3	458.5
乾 　　　牧 　　　草 (8)	〃	8.5	5.5	79.4	-
サ イ レ ー ジ (9)	〃	70.6	9.1	-	95.3
稲 発 酵 粗 飼 料 (10)	〃	235.8	595.7	210.9	318.8
そ の 他 草					
生 　　　牧 　　　草 (11)	〃	446.4	151.8	461.5	357.8
乾 　　　牧 　　　草 (12)	〃	228.3	270.3	494.2	282.2
サ イ レ ー ジ (13)	〃	786.2	44.0	287.5	1,008.9
ま ぜ ま き					
い ね 科 を 主 と す る も の					
生 　　　牧 　　　草 (14)	〃	34.0	-	308.2	13.8
乾 　　　牧 　　　草 (15)	〃	101.2	31.9	132.9	28.4
サ イ レ ー ジ (16)	〃	457.4	626.4	113.9	177.3
そ の 他 草					
生 　　　牧 　　　草 (17)	〃	-	-	-	-
乾 　　　牧 　　　草 (18)	〃	8.2	-	80.0	-
サ イ レ ー ジ (19)	〃	7.6	-	19.7	32.3
そ の 他 草					
生 　　　牧 　　　草 (20)	〃	2.2	-	21.0	-
乾 　　　牧 　　　草 (21)	〃	4.8	84.0	-	-
サ イ レ ー ジ (22)	単位	95.0	-	-	307.4
穀 　　　　　　　　類 (23)	〃	1.0	-	7.2	-
い も 類 及 び 野 菜 類 (24)	〃	-	-	-	-
野 　　　生 　　　草 (25)	〃	20.8	173.1	25.5	34.7
野 　　　乾 　　　草 (26)	〃	26.2	10.9	20.0	0.1
放 　 牧 　 時 　 間 (27)	時間	71.3	9.9	77.1	39.9

20～50	50～100	100頭以上	
(5)	(6)	(7)	
－	－	－	(1)
－	－	－	(2)
108. 6	258. 9	276. 3	(3)
8. 7	205. 3	－	(4)
68. 8	10. 3	92. 9	(5)
669. 5	1, 676. 1	298. 7	(6)
25. 8	12. 1	8. 7	(7)
－	－	－	(8)
145. 3	30. 0	－	(9)
105. 2	304. 0	218. 7	(10)
854. 1	246. 2	－	(11)
237. 1	163. 1	27. 0	(12)
602. 8	1, 102. 4	1, 160. 0	(13)
－	－	－	(14)
126. 2	204. 2	－	(15)
705. 3	63. 2	926. 7	(16)
－	－	－	(17)
－	－	－	(18)
－	－	－	(19)
－	－	－	(20)
－	－	－	(21)
126. 8	－	－	(22)
－	1. 1	－	(23)
－	－	－	(24)
6. 9	－	－	(25)
0. 6	121. 3	－	(26)
37. 5	216. 5	13. 6	(27)

3 乳用雄育成牛生産費

3 乳用雄育成牛生産費
(1) 経営の概況（1経営体当たり）

区　　　　　　　分	集　計経営体数	世　　帯　　員			農　業　就　業　者		
		計	男	女	計	男	女
	(1)	(2)	(3)	(4)	(5)	(6)	(7)
	経営体	人	人	人	人	人	人
全　　　　　　　国 (1)	23	4.5	2.4	2.1	3.0	2.0	1.0
飼 養 頭 数 規 模 別							
5 ～ 20頭未満 (2)	1	x	x	x	x	x	x
20 ～ 50 (3)	3	5.0	3.0	2.0	4.3	3.0	1.3
50 ～ 100 (4)	5	3.2	1.6	1.6	2.4	1.6	0.8
100 ～ 200 (5)	9	5.2	2.9	2.3	3.5	2.1	1.4
200頭以上 (6)	5	4.8	2.4	2.4	2.8	2.0	0.8
全 国 農 業 地 域 別							
北　　海　　道 (7)	11	5.1	2.5	2.6	3.1	2.0	1.1
東　　　　北 (8)	2	x	x	x	x	x	x
関　東 ・ 東　山 (9)	3	5.4	3.7	1.7	3.6	2.3	1.3
東　　　　海 (10)	1	x	x	x	x	x	x
中　　　　国 (11)	1	x	x	x	x	x	x
四　　　　国 (12)	2	x	x	x	x	x	x
九　　　　州 (13)	3	4.7	3.0	1.7	4.3	3.0	1.3

区　　　　　　　分	畜舎の面積及び自動車・農機具の使用台数（10経営体当たり）				飼 養 月平 均頭 数	もと牛の概要（もと牛1頭当たり）	
	畜舎面積〔1経営体当たり〕	カッター	貨　物自動車	トラクター〔耕うん機を含む。〕		月　齢	評価額
	(17)	(18)	(19)	(20)	(21)	(22)	(23)
	㎡	台	台	台	頭	月	円
全　　　　　　　国 (1)	2,540.8	4.5	29.9	22.8	223.5	0.6	116,855
飼 養 頭 数 規 模 別							
5 ～ 20頭未満 (2)	x	x	x	x	x	x	x
20 ～ 50 (3)	2,410.0	6.7	43.3	30.0	42.8	1.4	133,194
50 ～ 100 (4)	1,545.6	6.0	40.0	12.0	70.1	1.2	100,704
100 ～ 200 (5)	2,768.8	1.1	37.8	22.2	141.5	1.0	112,651
200頭以上 (6)	3,209.6	6.0	22.0	24.0	370.1	0.4	117,960
全 国 農 業 地 域 別							
北　　海　　道 (7)	2,173.7	3.6	31.8	29.1	235.5	0.5	117,362
東　　　　北 (8)	x	x	x	x	x	x	x
関　東 ・ 東　山 (9)	2,824.3	6.7	43.3	16.7	89.5	1.5	110,573
東　　　　海 (10)	x	x	x	x	x	x	x
中　　　　国 (11)	x	x	x	x	x	x	x
四　　　　国 (12)	x	x	x	x	x	x	x
九　　　　州 (13)	5,562.7	3.3	26.7	13.3	102.9	2.0	133,908

経		営		土		地			
計		耕	地			畜 産 用 地			
		田	普通畑	牧草地	小 計	畜舎等	放牧地	採草地	
(8)	(9)	(10)	(11)	(12)	(13)	(14)	(15)	(16)	
a	a	a	a	a	a	a	a	a	
1,677	1,515	315	298	902	162	122	-	40	(1)
x	x	x	x	x	x	x	x	x	(2)
2,703	2,296	379	1,550	367	407	40	-	367	(3)
462	431	251	180	-	31	31	-	-	(4)
1,279	1,170	169	99	902	109	109	-	-	(5)
2,164	1,978	410	186	1,382	186	186	-	-	(6)
2,348	2,197	322	561	1,314	151	151	-	-	(7)
x	x	x	x	x	x	x	x	x	(8)
136	60	12	48	-	76	76	-	-	(9)
x	x	x	x	x	x	x	x	x	(10)
x	x	x	x	x	x	x	x	x	(11)
x	x	x	x	x	x	x	x	x	(12)
1,380	968	367	43	558	412	45	-	367	(13)

生 産 物 （1 頭 当 たり）									
主 産 物					副 産 物				
販売頭数 1経営体当たり	月 齢	生体重	価 格	育成期間	きゅう肥			その他	
					数 量	利用量	価 額（利用分）		
(24)	(25)	(26)	(27)	(28)	(29)	(30)	(31)	(32)	
頭	月	kg	円	月	kg	kg	円	円	
391.4	7.2	307.3	259,016	6.6	2,050	1,928	3,097	31	(1)
x	x	x	x	x	x	x	x	x	(2)
82.0	7.0	290.3	267,998	5.6	1,733	1,406	4,514	-	(3)
144.4	6.8	283.0	254,284	5.6	1,749	616	1,558	-	(4)
252.2	7.4	311.6	266,586	6.4	1,987	1,507	3,326	-	(5)
640.8	7.1	308.0	258,101	6.7	2,081	2,068	3,071	38	(6)
413.9	7.1	309.9	257,757	6.6	2,054	2,045	3,335	27	(7)
x	x	x	x	x	x	x	x	x	(8)
162.3	7.6	298.7	241,836	6.1	1,911	971	2,094	-	(9)
x	x	x	x	x	x	x	x	x	(10)
x	x	x	x	x	x	x	x	x	(11)
x	x	x	x	x	x	x	x	x	(12)
213.3	7.2	274.8	290,785	5.2	1,596	182	513	-	(13)

3 乳用雄育成牛生産費（続き）
(2) 作業別労働時間（乳用雄育成牛1頭当たり）

区　　　　　　分	計	男	女	家　族　・　雇　用　別			
				家	族		雇
				小　計	男	女	小　計
	(1)	(2)	(3)	(4)	(5)	(6)	(7)
全　　　　　国 (1)	6.26	5.11	1.15	5.15	4.22	0.93	1.11
飼 養 頭 数 規 模 別							
5 ～ 20頭未満 (2)	x	x	x	x	x	x	x
20 ～ 50 (3)	5.83	3.06	2.77	4.56	2.65	1.91	1.27
50 ～ 100 (4)	9.28	6.84	2.44	7.22	4.92	2.30	2.06
100 ～ 200 (5)	7.68	5.45	2.23	7.27	5.33	1.94	0.41
200頭以上 (6)	5.82	4.97	0.85	4.63	3.99	0.64	1.19
全 国 農 業 地 域 別							
北　　海　　道 (7)	5.96	4.91	1.05	5.13	4.22	0.91	0.83
東　　　　北 (8)	x	x	x	x	x	x	x
関　東・東　山 (9)	10.12	6.04	4.08	8.05	5.63	2.42	2.07
東　　　　海 (10)	x	x	x	x	x	x	x
中　　　　国 (11)	x	x	x	x	x	x	x
四　　　　国 (12)	x	x	x	x	x	x	x
九　　　　州 (13)	6.33	3.48	2.85	5.97	3.19	2.78	0.36

(3) 収益性
ア 乳用雄育成牛1頭当たり

区　　　　　　分	粗　　収　　益			生　産　費　用			所　　得
	計	主 産 物	副 産 物	生産費総額	生産費総額から家族労働費、自己資本利子、自作地地代を控除した額	生産費総額から家族労働費を控除した額	
	(1)	(2)	(3)	(4)	(5)	(6)	(7)
全　　　　　国 (1)	262,144	259,016	3,128	250,865	239,698	241,510	22,446
飼 養 頭 数 規 模 別							
5 ～ 20頭未満 (2)	x	x	x	x	x	x	x
20 ～ 50 (3)	272,512	267,998	4,514	253,905	241,698	246,150	30,814
50 ～ 100 (4)	255,842	254,284	1,558	212,790	199,191	200,842	56,651
100 ～ 200 (5)	269,912	266,586	3,326	253,041	236,574	240,011	33,338
200頭以上 (6)	261,210	258,101	3,109	252,260	242,153	243,654	19,057
全 国 農 業 地 域 別							
北　　海　　道 (7)	261,119	257,757	3,362	254,994	243,278	245,597	17,841
東　　　　北 (8)	x	x	x	x	x	x	x
関　東・東　山 (9)	243,930	241,836	2,094	240,879	223,269	225,423	20,661
東　　　　海 (10)	x	x	x	x	x	x	x
中　　　　国 (11)	x	x	x	x	x	x	x
四　　　　国 (12)	x	x	x	x	x	x	x
九　　　　州 (13)	291,298	290,785	513	236,120	224,736	227,030	66,562

単位：時間

内 訳		直 接 労 働 時 間				間 接 労 働 時 間		
用			飼 育 労 働 時 間				自給牧草	
男	女	小 計	飼料の調理・給与・給水	敷料の搬入・きゅう肥の搬出	その他		に 係 る 労働時間	
(8)	(9)	(10)	(11)	(12)	(13)	(14)	(15)	
0.89	0.22	5.92	3.44	1.25	1.23	0.34	0.13	(1)
x	x	x	x	x	x	x	x	(2)
0.41	0.86	5.40	3.54	0.73	1.13	0.43	0.05	(3)
1.92	0.14	8.80	5.64	1.58	1.58	0.48	0.19	(4)
0.12	0.29	7.28	4.48	1.22	1.58	0.40	0.21	(5)
0.98	0.21	5.50	3.11	1.23	1.16	0.32	0.13	(6)
0.69	0.14	5.56	3.27	1.19	1.10	0.40	0.19	(7)
x	x	x	x	x	x	x	x	(8)
0.41	1.66	9.98	5.21	2.12	2.65	0.14	－	(9)
x	x	x	x	x	x	x	x	(10)
x	x	x	x	x	x	x	x	(11)
x	x	x	x	x	x	x	x	(12)
0.29	0.07	6.19	3.64	0.77	1.78	0.14	0.01	(13)

イ　1日当たり

単位：円　　　　　　　　単位：円

家 族 労 働 報 酬	所 得	家 族 労 働 報 酬	
(8)	(1)	(2)	
20,634	34,868	32,053	(1)
x	x	x	(2)
26,362	54,060	46,249	(3)
55,000	62,771	60,942	(4)
29,901	36,686	32,903	(5)
17,556	32,928	30,334	(6)
15,522	27,822	24,206	(7)
x	x	x	(8)
18,507	20,533	18,392	(9)
x	x	x	(10)
x	x	x	(11)
x	x	x	(12)
64,268	89,195	86,121	(13)

3　乳用雄育成牛生産費（続き）
(4)　生産費（乳用雄育成牛1頭当たり）

区　　　分	物									
	計	もと畜費	飼　料　費				敷　料　費		光熱水料及び動力費	
			小　計	流通飼料費		牧草・放牧・採草費		購　入		購　入
					購　入					
	(1)	(2)	(3)	(4)	(5)	(6)	(7)	(8)	(9)	(10)
全　　　　　国　(1)	237,422	123,023	82,670	79,323	79,312	3,347	10,318	10,291	3,220	3,220
飼　養　頭　数　規　模　別										
5　～　20頭未満　(2)	x	x	x	x	x	x	x	x	x	x
20　～　50　(3)	239,213	134,277	86,735	79,106	79,106	7,629	4,111	2,990	3,670	3,670
50　～　100　(4)	195,850	106,143	68,337	66,169	65,855	2,168	3,379	3,345	2,248	2,248
100　～　200　(5)	235,017	116,770	92,260	88,651	88,651	3,609	6,371	6,371	4,159	4,159
200頭以上　(6)	239,817	124,661	81,751	78,515	78,515	3,236	11,410	11,410	3,096	3,096
全　国　農　業　地　域　別										
北　　海　　道　(7)	241,298	123,549	87,159	82,718	82,718	4,441	9,902	9,841	3,368	3,368
東　　　北　(8)	x	x	x	x	x	x	x	x	x	x
関　東　・　東　山　(9)	221,020	113,751	87,662	87,662	87,662	－	1,886	1,886	5,239	5,239
東　　　海　(10)	x	x	x	x	x	x	x	x	x	x
中　　　国　(11)	x	x	x	x	x	x	x	x	x	x
四　　　国　(12)	x	x	x	x	x	x	x	x	x	x
九　　　州　(13)	222,100	134,745	68,656	68,316	68,316	340	2,374	2,374	3,412	3,412

区　　　分	物　財　費　（　続　き　）				労　　働　　費					費
	農機具費（続き）		生産管理費		計	家族	直接労働費	間接労働費		計
	購　入	償　却		償　却					自給牧草に係る労働費	
	(22)	(23)	(24)	(25)	(26)	(27)	(28)	(29)	(30)	(31)
全　　　　　国　(1)	2,258	1,373	231	10	10,789	9,355	10,180	609	234	248,211
飼　養　頭　数　規　模　別										
5　～　20頭未満　(2)	x	x	x	x	x	x	x	x	x	x
20　～　50　(3)	825	1,102	198	－	8,883	7,755	8,206	677	89	248,096
50　～　100　(4)	1,117	1,428	389	65	14,561	11,948	13,786	775	302	210,411
100　～　200　(5)	1,196	1,279	198	－	13,536	13,030	12,802	734	379	248,553
200頭以上　(6)	2,501	1,400	230	9	10,151	8,606	9,575	576	209	249,968
全　国　農　業　地　域　別										
北　　海　　道　(7)	2,199	1,093	198	6	10,485	9,397	9,750	735	338	251,783
東　　　北　(8)	x	x	x	x	x	x	x	x	x	x
関　東　・　東　山　(9)	944	838	167	－	17,575	15,456	17,353	222	－	238,595
東　　　海　(10)	x	x	x	x	x	x	x	x	x	x
中　　　国　(11)	x	x	x	x	x	x	x	x	x	x
四　　　国　(12)	x	x	x	x	x	x	x	x	x	x
九　　　州　(13)	785	2,887	318	－	9,706	9,090	9,490	216	20	231,806

単位：円

	その他の諸材料費 (11)	獣医師料及び医薬品費 (12)	賃借料及び料金 (13)	物件税及び公課諸負担 (14)	建物費 小計 (15)	購入 (16)	償却 (17)	自動車費 小計 (18)	購入 (19)	償却 (20)	農機具費 小計 (21)	
	19	10,188	680	827	1,804	696	1,108	811	505	306	3,631	(1)
	x	x	x	x	x	x	x	x	x	x	x	(2)
	-	2,806	155	1,037	3,158	1,638	1,520	1,139	949	190	1,927	(3)
	190	5,413	1,887	917	2,691	1,678	1,013	1,711	970	741	2,545	(4)
	39	5,895	829	891	2,422	738	1,684	2,708	879	1,829	2,475	(5)
	8	11,290	620	784	1,644	626	1,018	422	366	56	3,901	(6)
	14	9,789	702	869	1,544	671	873	912	394	518	3,292	(7)
	x	x	x	x	x	x	x	x	x	x	x	(8)
	76	3,380	1,093	746	3,065	1,088	1,977	2,173	1,072	1,101	1,782	(9)
	x	x	x	x	x	x	x	x	x	x	x	(10)
	x	x	x	x	x	x	x	x	x	x	x	(11)
	x	x	x	x	x	x	x	x	x	x	x	(12)
	18	2,529	265	379	5,135	1,621	3,514	597	202	395	3,672	(13)

用 合 計 購入 (32)	自給 (33)	償却 (34)	副産物価額 (35)	生産費(副産物価額差引) (36)	支払利子 (37)	支払地代 (38)	支払利子・地代算入生産費 (39)	自己資本利子 (40)	自作地地代 (41)	資本利子・地代全額算入生産費(全算入生産費) (42)	
232,674	12,740	2,797	3,128	245,083	664	178	245,925	1,401	411	247,737	(1)
x	x	x	x	x	x	x	x	x	x	x	(2)
228,779	16,505	2,812	4,514	243,582	1,321	36	244,939	3,720	732	249,391	(3)
192,700	14,464	3,247	1,558	208,853	659	69	209,581	1,346	305	211,232	(4)
227,122	16,639	4,792	3,326	245,227	778	273	246,278	2,138	1,299	249,715	(5)
235,643	11,842	2,483	3,109	246,859	621	170	247,650	1,230	271	249,151	(6)
235,394	13,899	2,490	3,362	248,421	642	250	249,313	1,518	801	251,632	(7)
x	x	x	x	x	x	x	x	x	x	x	(8)
219,223	15,456	3,916	2,094	236,501	130	-	236,631	1,876	278	238,785	(9)
x	x	x	x	x	x	x	x	x	x	x	(10)
x	x	x	x	x	x	x	x	x	x	x	(11)
x	x	x	x	x	x	x	x	x	x	x	(12)
215,580	9,430	6,796	513	231,293	2,006	14	233,313	2,088	206	235,607	(13)

3 乳用雄育成牛生産費（続き）
(5) 流通飼料の使用数量と価額（乳用雄育成牛1頭当たり）

区分	平均 数量	平均 価額	5～20頭未満 数量	5～20頭未満 価額	20～50 数量	20～50 価額
	(1)	(2)	(3)	(4)	(5)	(6)
	kg	円	kg	円	kg	円
流通飼料費合計 (1)	…	79,323	…	x	…	79,106
購入飼料費計 (2)	…	79,312	…	x	…	79,106
穀類 小計 (3)	…	–	…	x	…	–
大麦 (4)	–	–	x	x	–	–
その他の麦 (5)	–	–	x	x	–	–
とうもろこし (6)	–	–	x	x	–	–
大豆 (7)	–	–	x	x	–	–
飼料用米 (8)	–	–	x	x	–	–
その他 (9)	…	–	…	x		
ぬか・ふすま類 小計 (10)	…	86	…	x	…	–
ふすま (11)	0.6	23	x	x	–	–
米・麦ぬか (12)	0.8	63	x	x	–	–
その他 (13)	…	–	…	x		
植物性かす類 小計 (14)	…	158	…	x	…	–
大豆油かす (15)	0.8	33	x	x	–	–
ビートパルプ (16)	–	–	x	x	–	–
その他 (17)	…	125	…	x		
配合飼料 (18)	975.2	62,080	x	x	1,011.4	66,616
TMR (19)	0.1	43	x	x		
牛乳・脱脂乳 (20)	20.6	9,209	x	x	60.4	9,506
いも類及び野菜類 (21)	–	–	x	x	–	–
わら類 小計 (22)	…	40	…	x	…	–
稲わら (23)	2.5	40	x	x	–	–
その他 (24)	…	–	…	x		
生牧草 (25)	0.0	0	x	x	–	–
乾牧草 小計 (26)	…	1,953	…	x	…	2,676
ヘイキューブ (27)	0.1	9	x	x	…	–
その他 (28)	…	1,944	…	x	…	2,676
サイレージ 小計 (29)	…	449	…	x	…	–
いね科 (30)	23.2	371	x	x	–	–
うち稲発酵粗飼料 (31)	0.4	23	x	x	–	–
その他 (32)	…	78	…	x		
その他 (33)	…	5,294	…	x	…	308
自給飼料費計 (34)	…	11	…	x	…	–
稲わら (35)	1.1	11	x	x	–	–
その他 (36)	…	–	…	x		

50 〜 100		100 〜 200		200 頭 以 上		
数 量	価 額	数 量	価 額	数 量	価 額	
(7)	(8)	(9)	(10)	(11)	(12)	
kg	円	kg	円	kg	円	
…	66,169	…	88,651	…	78,515	(1)
…	65,855	…	88,651	…	78,515	(2)
…	−	…	−	…	−	(3)
−	−	−	−	−	−	(4)
−	−	−	−	−	−	(5)
−	−	−	−	−	−	(6)
−	−	−	−	−	−	(7)
−	−	−	−	−	−	(8)
…	−	…	−	…	−	(9)
…	−	…	215	…	72	(10)
−	−	4.9	180	−	−	(11)
−	−	1.8	35	0.7	72	(12)
…	−	…	−	…	−	(13)
…	−	…	259	…	153	(14)
−	−	6.5	259	−	−	(15)
−	−	−	−	−	−	(16)
…	−	…	−	…	153	(17)
794.2	56,711	1,095.3	73,829	964.5	60,407	(18)
−		−		−	−	(19)
9.7	4,432	16.7	7,406	20.6	9,732	(20)
−	−	−	−	−	−	(21)
…	1,106	…	−	…	−	(22)
66.7	1,106	−	−	−	−	(23)
…		…	−	…	−	(24)
−	−	−	−	−	−	(25)
…	3,142	…	4,764	…	1,451	(26)
−	−	0.4	28	−	−	(27)
…	3,142	…	4,736	…	1,451	(28)
…	−	…	781	…	432	(29)
−	−	12.2	781	26.6	336	(30)
−	−	3.1	186	−	−	(31)
…	−	…	−	…	96	(32)
…	464	…	1,397	…	6,268	(33)
…	314	…	−	…	−	(34)
31.4	314	−	−	−	−	(35)
…	−	…	−	…	−	(36)

4 交雑種育成牛生産費

4　交雑種育成牛生産費
(1)　経営の概況（1経営体当たり）

区　　　　　分	集　計 経営体数	世　帯　員			農　業　就　業　者		
		計	男	女	計	男	女
	(1)	(2)	(3)	(4)	(5)	(6)	(7)
	経営体	人	人	人	人	人	人
全　　　　　　　国 (1)	48	4.4	2.2	2.2	2.4	1.5	0.9
飼 養 頭 数 規 模 別							
5 ～ 20頭未満 (2)	8	4.1	2.0	2.1	2.8	1.4	1.4
20 ～ 50 (3)	16	4.0	2.1	1.9	1.9	1.4	0.5
50 ～ 100 (4)	12	3.8	2.0	1.8	2.2	1.6	0.6
100 ～ 200 (5)	4	3.8	2.0	1.8	1.7	1.3	0.4
200頭以上 (6)	8	5.0	2.4	2.6	2.9	1.8	1.1
全 国 農 業 地 域 別							
北　　海　　道 (7)	7	4.4	2.1	2.3	2.3	1.7	0.6
東　　　　北 (8)	7	3.9	2.0	1.9	2.2	1.3	0.9
関　東　・　東　山 (9)	12	4.3	2.0	2.3	2.8	1.6	1.2
東　　　　海 (10)	4	4.3	2.3	2.0	1.8	1.3	0.5
四　　　　国 (11)	2	x	x	x	x	x	x
九　　　　州 (12)	16	4.1	2.2	1.9	2.0	1.4	0.6

区　　　　　分	畜舎の面積及び自動車・農機具の使用台数（10経営体当たり）				飼養月 平　均 頭　数	もと牛の概要（もと牛1頭当たり）	
	畜舎面積 〔1経営体 当たり〕	カッター	貨　物 自動車	トラクター 〔耕うん機 を含む。〕		月　齢	評価額
	(17)	(18)	(19)	(20)	(21)	(22)	(23)
	㎡	台	台	台	頭	月	円
全　　　　　　　国 (1)	2,172.5	2.2	37.4	21.2	155.8	1.3	180,709
飼 養 頭 数 規 模 別							
5 ～ 20頭未満 (2)	632.5	3.8	27.5	23.8	13.2	1.9	204,983
20 ～ 50 (3)	1,604.9	2.5	25.6	6.3	35.1	1.7	221,793
50 ～ 100 (4)	1,720.1	5.8	33.3	15.0	75.6	1.3	206,912
100 ～ 200 (5)	2,229.5	－	16.9	19.2	142.7	1.3	192,523
200頭以上 (6)	3,140.1	1.3	56.3	27.5	287.3	1.2	173,078
全 国 農 業 地 域 別							
北　　海　　道 (7)	2,793.4	4.3	35.7	42.9	184.5	0.7	153,089
東　　　　北 (8)	1,181.9	－	34.3	12.9	85.6	1.2	127,871
関　東　・　東　山 (9)	1,668.7	3.3	32.5	14.2	82.7	2.1	219,826
東　　　　海 (10)	1,030.8	－	20.0	－	43.1	1.4	193,567
四　　　　国 (11)	x	x	x	x	x	x	x
九　　　　州 (12)	1,927.6	5.0	31.3	12.5	71.7	1.7	236,902

		経　　営　　土　　地							
計		耕　　　　地			畜　産　用　地				
		田	普通畑	牧草地	小　計	畜舎等	放牧地	採草地	
(8)	(9)	(10)	(11)	(12)	(13)	(14)	(15)	(16)	
a	a	a	a	a	a	a	a	a	
1,469	1,341	111	653	577	128	80	-	48	(1)
1,295	1,129	111	296	722	166	26	-	140	(2)
372	314	195	55	64	58	58	-	-	(3)
288	239	58	136	45	49	49	-	-	(4)
767	653	-	84	569	114	114	-	-	(5)
2,597	2,431	157	1,430	844	166	105	-	61	(6)
4,284	3,913	195	1,861	1,857	371	141	-	230	(7)
507	427	185	69	173	80	80	-	-	(8)
280	226	70	82	74	54	54	-	-	(9)
147	109	12	43	54	38	38	-	-	(10)
x	x	x	x	x	x	x	x	x	(11)
259	221	62	121	38	38	38	-	-	(12)

			生　　　　産　　　　物　（1　頭　当　た　り）					
主　　産　　物					副　　産　　物			
販売頭数（1経営体当たり）	月　齢	生体重	価　格	育成期間	きゅう肥 数量	利用量	価額（利用分）	その他
(24)	(25)	(26)	(27)	(28)	(29)	(30)	(31)	(32)
頭	月	kg	円	月	kg	kg	円	円
265.4	8.1	310.5	345,523	6.9	2,154	1,232	4,552	162	(1)
26.8	8.1	307.8	336,833	6.2	1,924	1,286	5,350	-	(2)
67.7	7.9	296.8	367,440	6.2	2,216	964	1,531	-	(3)
125.3	8.1	301.6	358,945	6.7	2,236	1,248	2,553	-	(4)
247.1	8.2	314.7	351,145	6.9	2,200	1,413	6,462	660	(5)
484.1	8.1	310.8	342,306	6.9	2,138	1,196	4,364	65	(6)
282.8	8.3	316.9	337,322	7.5	2,356	2,290	10,515	324	(7)
145.9	8.2	296.7	294,956	7.0	2,181	476	929	-	(8)
170.4	7.9	300.7	357,608	5.9	1,805	686	1,027	-	(9)
60.8	8.3	310.6	363,787	6.9	4,327	2,969	3,735	-	(10)
x	x	x	x	x	x	x	x	x	(11)
129.2	8.1	310.3	378,142	6.3	1,970	638	1,520	69	(12)

4 交雑種育成牛生産費（続き）
(2) 作業別労働時間（交雑種育成牛1頭当たり）

区　　　　　分	計	男	女	家　族　・　雇　用　別			雇
				家	族		
				小　計	男	女	小　計
	(1)	(2)	(3)	(4)	(5)	(6)	(7)
全　　　　　　　国 (1)	8.91	6.87	2.04	7.51	5.62	1.89	1.40
飼 養 頭 数 規 模 別							
5 ～ 20頭未満 (2)	18.38	10.70	7.68	18.26	10.61	7.65	0.12
20 ～ 50 (3)	14.70	12.57	2.13	13.98	11.85	2.13	0.72
50 ～ 100 (4)	12.45	9.01	3.44	10.83	8.34	2.49	1.62
100 ～ 200 (5)	13.96	13.28	0.68	10.60	10.03	0.57	3.36
200頭以上 (6)	6.89	4.78	2.11	5.93	3.93	2.00	0.96
全 国 農 業 地 域 別							
北　　海　　道 (7)	7.66	6.46	1.20	6.07	4.96	1.11	1.59
東　　　　　北 (8)	14.13	9.17	4.96	13.64	8.68	4.96	0.49
関　東　・　東　山 (9)	8.34	6.30	2.04	8.13	6.09	2.04	0.21
東　　　　　海 (10)	15.07	12.34	2.73	13.70	10.97	2.73	1.37
四　　　　　国 (11)	x	x	x	x	x	x	x
九　　　　　州 (12)	11.57	9.12	2.45	10.55	8.76	1.79	1.02

(3) 収益性
ア 交雑種育成牛1頭当たり

区　　　　　分	粗　収　益			生　産　費　用			所　得
	計	主 産 物	副 産 物	生産費総額	生産費総額から家族労働費、自己資本利子、自作地地代を控除した額	生産費総額から家族労働費を控除した額	
	(1)	(2)	(3)	(4)	(5)	(6)	(7)
全　　　　国 (1)	350,237	345,523	4,714	323,746	307,809	310,906	42,428
飼 養 頭 数 規 模 別							
5 ～ 20頭未満 (2)	342,183	336,833	5,350	373,686	338,686	342,471	3,497
20 ～ 50 (3)	368,971	367,440	1,531	362,071	336,777	340,234	32,194
50 ～ 100 (4)	361,498	358,945	2,553	345,817	326,035	327,778	35,463
100 ～ 200 (5)	358,267	351,145	7,122	371,061	349,021	352,614	9,246
200頭以上 (6)	346,735	342,306	4,429	307,536	294,265	297,326	52,470
全 国 農 業 地 域 別							
北　　海　　道 (7)	348,161	337,322	10,839	323,368	307,247	312,050	40,914
東　　　　北 (8)	295,885	294,956	929	278,140	253,318	258,126	42,567
関　東　・　東　山 (9)	358,635	357,608	1,027	326,642	309,581	311,280	49,054
東　　　　海 (10)	367,522	363,787	3,735	346,101	317,750	320,292	49,772
四　　　　国 (11)	x	x	x	x	x	x	x
九　　　　州 (12)	379,731	378,142	1,589	375,236	357,052	358,520	22,679

単位：時間

内　　訳		直　接　労　働　時　間				間　接　労　働　時　間		
用		小　　計	飼　育　労　働　時　間		その他		自給牧草に係る労働時間	
男	女		飼料の調理・給与・給水	敷料の搬入・きゅう肥の搬出				
(8)	(9)	(10)	(11)	(12)	(13)	(14)	(15)	
1.25	0.15	8.48	5.39	1.64	1.45	0.43	0.13	(1)
0.09	0.03	16.61	12.80	1.99	1.82	1.77	0.37	(2)
0.72	-	14.07	10.09	1.84	2.14	0.63	0.19	(3)
0.67	0.95	11.87	8.13	1.51	2.23	0.58	0.13	(4)
3.25	0.11	13.10	6.82	3.27	3.01	0.86	0.20	(5)
0.85	0.11	6.64	4.44	1.24	0.96	0.25	0.09	(6)
1.50	0.09	7.04	4.24	1.75	1.05	0.62	0.30	(7)
0.49	-	13.63	9.44	2.27	1.92	0.50	0.25	(8)
0.21	0.00	8.08	4.85	1.38	1.85	0.26	-	(9)
1.37	-	14.88	11.39	1.86	1.63	0.19	-	(10)
x	x	x	x	x	x	x	x	(11)
0.36	0.66	11.02	7.69	1.55	1.78	0.55	0.08	(12)

イ　1日当たり

単位：円　　　　単位：円

家族労働報酬	所　得	家族労働報酬	
(8)	(1)	(2)	
39,331	45,196	41,897	(1)
△　288	1,532	nc	(2)
28,737	18,423	16,445	(3)
33,720	26,196	24,909	(4)
5,653	6,978	4,266	(5)
49,409	70,786	66,656	(6)
36,111	53,923	47,593	(7)
37,759	24,966	22,146	(8)
47,355	48,270	46,598	(9)
47,230	29,064	27,580	(10)
x	x	x	(11)
21,211	17,197	16,084	(12)

4　交雑種育成牛生産費（続き）
(4)　生産費（交雑種育成牛1頭当たり）

区　　　分	物 計 (1)	もと畜費 (2)	飼　料　費 小　計 (3)	流通飼料費 (4)	購　入 (5)	牧草・放牧・採草費 (6)	敷　料　費 (7)	購　入 (8)	光熱水料及び動力費 (9)	購　入 (10)
全　　　　　　　国 (1)	304,735	187,311	91,611	87,623	87,598	3,988	5,001	4,733	4,040	4,040
飼養頭数規模別										
5　～　20頭未満 (2)	337,736	210,730	98,287	92,236	92,151	6,051	3,434	2,741	4,649	4,649
20　～　50 (3)	334,395	227,727	87,282	86,469	86,427	813	2,084	2,032	3,825	3,825
50　～　100 (4)	322,310	212,832	90,460	88,248	88,245	2,212	3,486	3,486	3,324	3,324
100　～　200 (5)	342,134	210,684	97,958	90,519	90,519	7,439	4,296	3,729	3,655	3,655
200頭以上 (6)	292,094	177,189	90,183	86,802	86,771	3,381	5,462	5,245	4,189	4,189
全国農業地域別										
北　　海　　道 (7)	303,326	161,753	105,114	94,779	94,770	10,335	7,916	7,187	5,365	5,365
東　　　　北 (8)	252,084	133,757	99,213	98,271	98,271	942	1,658	1,642	2,593	2,593
関　東　・　東　山 (9)	309,085	222,729	72,103	72,103	72,101	－	2,007	1,988	2,705	2,705
東　　　　海 (10)	315,397	200,736	86,319	86,319	86,319	－	3,572	3,572	5,525	5,525
四　　　　国 (11)	x	x	x	x	x	x	x	x	x	x
九　　　　州 (12)	353,293	242,635	89,814	88,286	88,285	1,528	3,904	3,904	3,751	3,751

区　　　分	物財費（続き）農機具費（続き）購　入 (22)	償　却 (23)	生産管理費 (24)	償　却 (25)	労　働　費 計 (26)	家　族 (27)	直接労働費 (28)	間接労働費 (29)	自給牧草に係る労働費 (30)	費 計 (31)
全　　　　　　　国 (1)	1,439	1,380	222	2	14,894	12,840	14,184	710	230	319,629
飼養頭数規模別										
5　～　20頭未満 (2)	2,884	2,737	668	70	31,377	31,215	28,329	3,048	702	369,113
20　～　50 (3)	1,196	2,070	298	－	23,022	21,837	22,070	952	257	357,417
50　～　100 (4)	946	1,302	236	14	20,063	18,039	19,129	934	198	342,373
100　～　200 (5)	2,272	1,367	362	－	23,946	18,447	22,536	1,410	375	366,080
200頭以上 (6)	1,254	1,329	172	－	11,510	10,210	11,058	452	186	303,604
全国農業地域別										
北　　海　　道 (7)	2,493	1,942	146	－	13,933	11,318	12,824	1,109	584	317,259
東　　　　北 (8)	900	2,344	158	4	20,931	20,014	20,268	663	301	273,015
関　東　・　東　山 (9)	738	360	433	－	15,645	15,362	15,155	490	－	324,730
東　　　　海 (10)	2,072	4,479	892	－	27,293	25,809	26,947	346	－	342,690
四　　　　国 (11)	x	x	x	x	x	x	x	x	x	x
九　　　　州 (12)	854	1,153	238	15	18,076	16,716	17,185	891	137	371,369

単位：円

	財　　費										
その他の諸材料費	獣医師料及び医薬品費	賃借料及料金	物件税及び公課諸負担	建　物　費			自　動　車　費			農機具費	
				小　計	購　入	償　却	小　計	購　入	償　却	小　計	
(11)	(12)	(13)	(14)	(15)	(16)	(17)	(18)	(19)	(20)	(21)	
118	6,766	1,002	1,178	3,057	1,105	1,952	1,610	714	896	2,819	(1)
314	4,718	557	2,456	1,839	860	979	4,463	2,158	2,305	5,621	(2)
191	3,602	424	1,028	2,568	970	1,598	2,100	763	1,337	3,266	(3)
70	4,302	558	819	2,598	449	2,149	1,377	871	506	2,248	(4)
101	11,362	1,797	1,281	5,613	2,808	2,805	1,386	1,132	254	3,639	(5)
118	6,039	881	1,160	2,524	758	1,766	1,594	562	1,032	2,583	(6)
72	9,076	1,358	1,429	4,724	1,749	2,975	1,938	360	1,578	4,435	(7)
240	4,162	567	547	3,166	1,216	1,950	2,779	904	1,875	3,244	(8)
113	4,007	483	1,114	1,395	238	1,157	898	485	413	1,098	(9)
110	4,493	889	1,565	3,861	1,471	2,390	884	845	39	6,551	(10)
x	x	x	x	x	x	x	x	x	x	x	(11)
86	5,320	920	840	2,050	702	1,348	1,728	1,143	585	2,007	(12)

用　　合　　計			副産物価額	生産費（副産物価額差引）	支払利子	支払地代	支払利子・地代算入生産費	自己資本利子	自作地地代	資本利子・地代全額算入生産費（全算入生産費）	
購　入	自　給	償　却									
(32)	(33)	(34)	(35)	(36)	(37)	(38)	(39)	(40)	(41)	(42)	
296,297	19,102	4,230	4,714	314,915	895	125	315,935	2,451	646	319,032	(1)
244,205	118,817	6,091	5,350	363,763	182	606	364,551	2,901	884	368,336	(2)
310,371	42,041	5,005	1,531	355,886	1,135	62	357,083	1,969	1,488	360,540	(3)
318,148	20,254	3,971	2,553	339,820	1,444	257	341,521	1,339	404	343,264	(4)
335,201	26,453	4,426	7,122	358,958	1,388	-	360,346	2,876	717	363,939	(5)
285,638	13,839	4,127	4,429	299,175	735	136	300,046	2,452	609	303,107	(6)
285,612	25,152	6,495	10,839	306,420	987	319	307,726	3,459	1,344	312,529	(7)
245,870	20,972	6,173	929	272,086	290	27	272,403	3,315	1,493	277,211	(8)
303,603	19,197	1,930	1,027	323,703	186	27	323,916	1,476	223	325,615	(9)
223,892	111,890	6,908	3,735	338,955	869	-	339,824	2,370	172	342,366	(10)
x	x	x	x	x	x	x	x	x	x	x	(11)
348,075	20,193	3,101	1,589	369,780	2,208	191	372,179	1,111	357	373,647	(12)

4 交雑種育成牛生産費（続き）
(5) 流通飼料の使用数量と価額（交雑種育成牛1頭当たり）

区分	平均 数量	平均 価額	5～20頭未満 数量	5～20頭未満 価額	20～50 数量	20～50 価額
	(1)	(2)	(3)	(4)	(5)	(6)
	kg	円	kg	円	kg	円
流通飼料費合計 (1)	…	87,623	…	92,236	…	86,469
購入飼料費計 (2)	…	87,598	…	92,151	…	86,427
穀類 小計 (3)	…	146	…	-	…	4,906
大麦 (4)	2.1	139	-	-	69.0	4,655
その他の大麦 (5)	-	-	-	-	-	-
とうもろこし (6)	0.0	0	-	-	-	-
大豆 (7)	0.0	0	-	-	0.1	10
飼料用米 (8)	0.3	3	-	-	10.3	103
その他 (9)	…	4	…	-	…	138
ぬか・ふすま類 小計 (10)	…	7	…	-	…	232
ふすま (11)	0.0	0	-	-	0.3	14
米・麦ぬか (12)	0.4	7	-	-	14.2	218
その他 (13)	…	-	…	-	…	-
植物性かす類 小計 (14)	…	1,333	…	2,479	…	971
大豆油かす (15)	17.2	1,228	5.4	575	21.3	69
ビートパルプ (16)	0.6	39	30.2	1,904	2.6	197
その他 (17)	…	66	…	-	…	705
配合飼料 (18)	976.8	65,702	836.2	58,963	827.9	60,322
TMR (19)	0.0	2	-	-	0.0	5
牛乳・脱脂乳 (20)	20.4	9,018	8.1	4,097	20.0	6,622
いも類及び野菜類 (21)	-	-	-	-	-	-
わら類 小計 (22)	…	370	…	592	…	1,240
稲わら (23)	10.5	370	60.4	592	44.3	1,240
その他 (24)	…	-	…	-	…	-
生牧草 (25)	-	-	-	-	-	-
乾牧草 小計 (26)	…	8,378	…	19,461	…	11,439
ヘイキューブ (27)	4.7	441	49.3	4,612	45.9	3,516
その他 (28)	…	7,937	…	14,849	…	7,923
サイレージ 小計 (29)	…	764	…	2,566	…	283
いね科 (30)	19.8	565	64.1	2,566	20.9	283
うち 稲発酵粗飼料 (31)	6.2	112	64.1	2,566	20.9	283
その他 (32)	…	199	…	-	…	-
その他 (33)	…	1,878	…	3,993	…	407
自給飼料費計 (34)	…	25	…	85	…	42
稲わら (35)	2.4	24	-	-	4.1	42
その他 (36)	…	1	…	85	…	-

50 ～ 100		100 ～ 200		200 頭 以 上		
数 量	価 額	数 量	価 額	数 量	価 額	
(7)	(8)	(9)	(10)	(11)	(12)	
kg	円	kg	円	kg	円	
…	88,248	…	90,519	…	86,802	(1)
…	88,245	…	90,519	…	86,771	(2)
…	－	…	2	…	－	(3)
－	－	－	－	－	－	(4)
－	－	－	－	－	－	(5)
－	－	0.0	2	－	－	(6)
－	－	－	－	－	－	(7)
－	－	－	－	－	－	(8)
…	－	…	－	…	－	(9)
…	－	…	－	…	－	(10)
－	－	－	－	－	－	(11)
－	－	－	－	－	－	(12)
…	－	…	－	…	－	(13)
…	327	…	184	…	1,687	(14)
0.9	118	－	－	22.9	1,687	(15)
－	－	－	－	－	－	(16)
…	209	…	184	…	－	(17)
936.3	64,561	934.9	61,851	1,000.0	67,124	(18)
0.3	26	－	－	－	－	(19)
33.5	9,972	19.8	9,475	19.7	9,044	(20)
－	－	－	－	－	－	(21)
…	631	…	－	…	397	(22)
25.4	631	－	－	9.2	397	(23)
…	－	…	－	…	－	(24)
－	－	－	－	－	－	(25)
…	8,625	…	15,938	…	6,120	(26)
0.7	50	13.2	1,397	0.2	13	(27)
…	8,575	…	14,541	…	6,107	(28)
…	994	…	85	…	886	(29)
59.9	719	4.2	85	19.0	632	(30)
59.9	719	4.2	85	－	－	(31)
…	275	…	－	…	254	(32)
…	3,109	…	2,984	…	1,513	(33)
…	3	…	－	…	31	(34)
0.3	3	－	－	3.1	31	(35)
…	－	…	－	…	－	(36)

5　去勢若齢肥育牛生産費

5 去勢若齢肥育牛生産費
(1) 経営の概況（1経営体当たり）

区　　　　分	集計経営体数	世　帯　員 計	男	女	農業就業者 計	男	女
	(1)	(2)	(3)	(4)	(5)	(6)	(7)
	経営体	人	人	人	人	人	人
全　　　　　国 (1)	283	3.7	1.9	1.8	2.1	1.3	0.8
飼養頭数規模別							
1 ～ 10頭未満 (2)	57	3.3	1.7	1.6	1.7	1.0	0.7
10 ～ 20 (3)	41	3.8	1.8	2.0	1.9	1.2	0.7
20 ～ 30 (4)	31	3.8	1.8	2.0	1.9	1.3	0.6
30 ～ 50 (5)	41	3.9	1.8	2.1	2.0	1.2	0.8
50 ～ 100 (6)	50	3.9	2.0	1.9	2.4	1.5	0.9
100 ～ 200 (7)	42	4.2	2.4	1.8	2.8	1.7	1.1
200 ～ 500 (8)	21	3.7	2.0	1.7	2.6	1.6	1.0
500頭以上 (9)	－	－	－	－	－	－	－
全国農業地域別							
北　海　道 (10)	15	4.3	2.2	2.1	2.8	1.5	1.3
東　　　北 (11)	81	4.4	2.3	2.1	2.2	1.4	0.8
北　　　陸 (12)	4	4.6	2.3	2.3	2.0	1.5	0.5
関　東・東　山 (13)	42	3.7	1.9	1.8	2.2	1.4	0.8
東　　　海 (14)	19	3.3	1.8	1.5	2.0	1.5	0.5
近　　　畿 (15)	11	3.1	1.7	1.4	1.9	1.3	0.6
中　　　国 (16)	9	3.2	1.6	1.6	2.1	1.2	0.9
四　　　国 (17)	9	3.2	1.6	1.6	1.6	1.0	0.6
九　　　州 (18)	93	3.6	1.8	1.8	2.1	1.3	0.8

区　　　　分	畜舎面積 1経営体当たり	カッター	貨物自動車	トラクター（耕うん機を含む。）	飼養月平均頭数	月　齢	評価額
	(17)	(18)	(19)	(20)	(21)	(22)	(23)
	m²	台	台	台	頭	月	円
全　　　　　国 (1)	1,245.4	4.2	29.4	11.8	70.1	9.2	798,545
飼養頭数規模別							
1 ～ 10頭未満 (2)	426.5	4.2	23.0	12.0	6.3	9.5	717,781
10 ～ 20 (3)	1,264.4	3.4	23.9	13.2	14.2	9.2	757,988
20 ～ 30 (4)	648.0	1.0	22.7	11.0	24.4	9.5	738,699
30 ～ 50 (5)	866.8	4.1	30.1	14.6	42.1	9.2	810,508
50 ～ 100 (6)	1,424.0	2.1	33.4	11.1	76.9	9.2	815,759
100 ～ 200 (7)	1,612.1	6.8	38.4	9.2	144.6	9.0	811,401
200 ～ 500 (8)	3,845.9	8.2	44.2	11.0	312.9	9.2	796,809
500頭以上 (9)	－	－	－	－	－	－	－
全国農業地域別							
北　海　道 (10)	945.2	2.7	28.7	37.3	32.6	10.0	722,523
東　　　北 (11)	1,277.8	2.2	24.0	13.2	42.0	9.5	818,699
北　　　陸 (12)	387.0	－	20.0	5.0	42.2	9.2	778,401
関　東・東　山 (13)	786.2	3.1	31.4	11.2	71.0	9.4	770,003
東　　　海 (14)	1,317.6	2.1	23.7	2.1	87.5	9.2	800,247
近　　　畿 (15)	1,370.2	0.9	28.2	6.4	80.3	8.6	837,171
中　　　国 (16)	909.0	4.4	33.3	10.0	36.8	8.6	735,793
四　　　国 (17)	1,348.2	5.6	24.4	3.3	50.5	8.6	796,566
九　　　州 (18)	1,416.7	7.0	30.3	9.2	84.3	9.0	811,416

※第2表の「畜舎の面積及び自動車・農機具の使用台数」は10経営体当たり、「もと牛の概要」はもと牛1頭当たり。

		経 営		土		地			
		耕	地			畜 産	用	地	
計		田	普通畑	牧草地	小 計	畜舎等	放牧地	採草地	
(8)	(9)	(10)	(11)	(12)	(13)	(14)	(15)	(16)	
a	a	a	a	a	a	a	a	a	
719	641	327	134	173	78	43	35	–	(1)
759	730	350	124	247	29	24	5	–	(2)
608	555	272	163	109	53	50	3	–	(3)
1,265	934	369	106	456	331	23	308	–	(4)
841	811	398	305	106	30	30	–	–	(5)
794	739	423	105	191	55	55	–	–	(6)
256	213	143	50	20	43	43	–	–	(7)
568	408	290	87	31	160	99	61	–	(8)
–	–	–	–	–	–	–	–	–	(9)
4,052	3,488	718	756	2,014	564	57	507	–	(10)
620	567	498	47	14	53	53	–	–	(11)
1,231	1,220	1,200	12	8	11	11	–	–	(12)
528	468	294	125	41	60	30	30	–	(13)
111	73	53	16	–	38	38	–	–	(14)
298	250	235	1	–	48	48	–	–	(15)
315	263	206	49	8	52	52	–	–	(16)
222	185	83	53	–	37	37	–	–	(17)
384	345	200	82	61	39	39	–	–	(18)

	生	産	物	（ 1 頭 当 た り ）				
主	産	物			副	産	物	
販売頭数（1経営体当たり）	月 齢	生体重	価 格	肥育期間	き ゅ う 肥 数 量	利用量	価 額（利用分）	その他	
(24)	(25)	(26)	(27)	(28)	(29)	(30)	(31)	(32)	
頭	月	kg	円	月	kg	kg	円	円	
40.7	29.7	812.0	1,360,034	20.5	16,166	7,125	12,383	2,987	(1)
4.5	28.1	778.6	1,174,854	18.6	14,580	8,751	23,806	5,692	(2)
9.7	29.4	792.4	1,291,801	20.2	15,753	9,895	20,330	806	(3)
14.6	29.1	786.3	1,255,693	19.7	15,599	10,007	21,906	4,626	(4)
25.4	29.5	804.1	1,331,482	20.3	16,158	8,185	17,605	2,221	(5)
43.7	29.6	823.8	1,342,686	20.5	16,155	7,817	20,553	1,478	(6)
83.2	28.9	815.6	1,366,013	19.9	15,567	4,788	5,964	947	(7)
177.7	30.3	813.1	1,394,730	21.2	16,685	7,396	9,782	4,638	(8)
–	–	–	–	–	–	–	–	–	(9)
23.4	28.0	787.5	1,198,615	18.0	14,178	13,947	43,345	–	(10)
23.9	30.2	837.8	1,331,768	20.7	16,409	8,404	15,152	2,156	(11)
24.3	30.2	819.2	1,369,118	21.0	16,748	1,357	2,896	–	(12)
39.7	30.1	830.0	1,310,306	20.7	15,951	5,129	8,670	3,165	(13)
50.2	29.2	799.5	1,421,285	20.1	15,781	2,469	2,981	–	(14)
46.7	29.8	752.2	1,374,301	21.2	16,598	11,925	21,025	–	(15)
22.1	28.4	798.3	1,208,271	19.8	15,642	11,456	12,610	–	(16)
29.3	29.5	802.4	1,431,068	20.9	16,563	8,472	8,626	1,839	(17)
49.4	29.4	810.4	1,370,347	20.4	16,064	5,009	7,513	2,779	(18)

5 去勢若齢肥育牛生産費（続き）

(2) 作業別労働時間（去勢若齢肥育牛1頭当たり）

区　　　　分	計	男	女	家　族　・　雇　用			
				家	族		雇
				小　計	男	女	小　計
	(1)	(2)	(3)	(4)	(5)	(6)	(7)
全　　　　　国 (1)	51.51	39.89	11.62	42.08	32.65	9.43	9.43
飼 養 頭 数 規 模 別							
1 ～ 10頭未満 (2)	95.65	68.18	27.47	90.02	64.79	25.23	5.63
10 ～ 20 (3)	90.43	66.98	23.45	85.62	64.81	20.81	4.81
20 ～ 30 (4)	83.44	75.11	8.33	82.09	74.24	7.85	1.35
30 ～ 50 (5)	71.37	52.41	18.96	66.43	49.82	16.61	4.94
50 ～ 100 (6)	49.51	39.47	10.04	44.89	36.32	8.57	4.62
100 ～ 200 (7)	49.29	37.93	11.36	42.31	33.69	8.62	6.98
200 ～ 500 (8)	41.28	32.08	9.20	26.76	19.78	6.98	14.52
500頭以上 (9)	－	－	－	－	－	－	－
全 国 農 業 地 域 別							
北　　海　　道 (10)	50.55	36.48	14.07	47.49	34.10	13.39	3.06
東　　　　北 (11)	59.36	48.18	11.18	54.38	43.39	10.99	4.98
北　　　　陸 (12)	131.40	105.07	26.33	131.40	105.07	26.33	－
関　東　・　東　山 (13)	50.45	35.36	15.09	46.79	33.31	13.48	3.66
東　　　　海 (14)	49.31	41.89	7.42	38.93	33.90	5.03	10.38
近　　　　畿 (15)	41.85	34.21	7.64	31.48	26.97	4.51	10.37
中　　　　国 (16)	87.11	62.22	24.89	82.25	59.00	23.25	4.86
四　　　　国 (17)	45.62	36.06	9.56	38.37	28.81	9.56	7.25
九　　　　州 (18)	57.25	43.42	13.83	47.57	36.46	11.11	9.68

(3) 収益性

ア 去勢若齢肥育牛1頭当たり

区　　　　分	粗　　収　　益			生　　産　　費　　用			所　得
	計	主産物	副産物	生産費総額	生産費総額から家族労働費、自己資本利子、自作地地代を控除した額	生産費総額から家族労働費を控除した額	
	(1)	(2)	(3)	(4)	(5)	(6)	(7)
全　　　　　国 (1)	1,375,404	1,360,034	15,370	1,385,004	1,308,463	1,318,101	66,941
飼 養 頭 数 規 模 別							
1 ～ 10頭未満 (2)	1,204,352	1,174,854	29,498	1,401,902	1,224,286	1,262,395	△ 19,934
10 ～ 20 (3)	1,312,937	1,291,801	21,136	1,409,347	1,257,969	1,278,513	54,968
20 ～ 30 (4)	1,282,225	1,255,693	26,532	1,405,722	1,250,576	1,275,715	31,649
30 ～ 50 (5)	1,351,308	1,331,482	19,826	1,451,734	1,332,073	1,348,133	19,235
50 ～ 100 (6)	1,364,717	1,342,686	22,031	1,434,989	1,350,732	1,363,407	13,985
100 ～ 200 (7)	1,372,924	1,366,013	6,911	1,350,680	1,277,961	1,282,228	94,963
200 ～ 500 (8)	1,409,150	1,394,730	14,420	1,369,045	1,319,897	1,326,129	89,253
500頭以上 (9)	－	－	－	－	－	－	－
全 国 農 業 地 域 別							
北　　海　　道 (10)	1,241,960	1,198,615	43,345	1,395,020	1,287,058	1,307,392	△ 45,098
東　　　　北 (11)	1,349,076	1,331,768	17,308	1,426,783	1,326,718	1,342,834	22,358
北　　　　陸 (12)	1,372,014	1,369,118	2,896	1,569,342	1,353,849	1,359,239	18,165
関　東　・　東　山 (13)	1,322,141	1,310,306	11,835	1,333,357	1,239,788	1,250,745	82,353
東　　　　海 (14)	1,424,266	1,421,285	2,981	1,439,069	1,365,764	1,371,313	58,502
近　　　　畿 (15)	1,395,326	1,374,301	21,025	1,348,536	1,281,530	1,289,056	113,796
中　　　　国 (16)	1,220,881	1,208,271	12,610	1,428,885	1,292,296	1,304,775	△ 71,415
四　　　　国 (17)	1,441,533	1,431,068	10,465	1,302,491	1,233,651	1,244,018	207,882
九　　　　州 (18)	1,380,639	1,370,347	10,292	1,399,158	1,318,891	1,327,418	61,748

単位：時間

別　内　訳	用		直　接　労　働　時　間				間　接　労　働　時　間		
				飼　育　労　働　時　間				自給牧草に係る労働時間	
男	女	小　計	飼料の調理・給与・給水	敷料の搬入・きゅう肥の搬出	その他			
(8)	(9)	(10)	(11)	(12)	(13)	(14)	(15)	
7.24	2.19	48.88	34.16	6.21	8.51	2.63	0.47	(1)
3.39	2.24	90.10	58.74	17.12	14.24	5.55	2.03	(2)
2.17	2.64	86.57	60.96	13.45	12.16	3.86	0.42	(3)
0.87	0.48	77.71	52.88	13.62	11.21	5.73	1.56	(4)
2.59	2.35	67.51	48.04	10.37	9.10	3.86	1.33	(5)
3.15	1.47	46.32	33.33	4.93	8.06	3.19	0.41	(6)
4.24	2.74	46.78	33.26	6.04	7.48	2.51	0.15	(7)
12.30	2.22	39.56	27.21	4.14	8.21	1.72	0.31	(8)
－	－	－	－	－	－	－	－	(9)
2.38	0.68	48.08	27.37	10.70	10.01	2.47	1.35	(10)
4.79	0.19	55.44	37.43	8.99	9.02	3.92	0.83	(11)
－	－	126.69	106.04	7.57	13.08	4.71	0.22	(12)
2.05	1.61	47.73	35.08	5.36	7.29	2.72	0.22	(13)
7.99	2.39	46.50	31.81	8.31	6.38	2.81	0.09	(14)
7.24	3.13	40.78	29.32	5.23	6.23	1.07	－	(15)
3.22	1.64	83.54	61.71	8.64	13.19	3.57	0.70	(16)
7.25	－	43.06	25.80	8.61	8.65	2.56	0.00	(17)
6.96	2.72	54.02	39.44	5.04	9.54	3.23	0.63	(18)

イ　1日当たり

単位：円　　　　単位：円

家族労働報酬	所　得	家族労働報酬	
(8)	(1)	(2)	
57,303	12,726	10,894	(1)
△ 58,043	nc	nc	(2)
34,424	5,136	3,216	(3)
6,510	3,084	634	(4)
3,175	2,316	382	(5)
1,310	2,492	233	(6)
90,696	17,956	17,149	(7)
83,021	26,683	24,819	(8)
－	－	－	(9)
△ 65,432	nc	nc	(10)
6,242	3,289	918	(11)
12,775	1,106	778	(12)
71,396	14,080	12,207	(13)
52,953	12,022	10,882	(14)
106,270	28,919	27,006	(15)
△ 83,894	nc	nc	(16)
197,515	43,343	41,181	(17)
53,221	10,384	8,950	(18)

5 去勢若齢肥育牛生産費（続き）
（4） 生産費
ア 去勢若齢肥育牛1頭当たり

区　分	計	もと畜費	飼料費 小　計	流通飼料費	購　入	牧草・放牧・採草費	敷料費	購　入	光熱水料及び動力費	購　入
	(1)	(2)	(3)	(4)	(5)	(6)	(7)	(8)	(9)	(10)
全　　　　国　(1)	1,286,498	818,422	383,759	380,021	378,450	3,738	13,573	13,361	14,507	14,497
飼養頭数規模別										
1　～　10頭未満　(2)	1,213,341	735,529	366,885	353,543	347,221	13,342	13,234	11,454	16,408	16,408
10　～　20　(3)	1,247,665	770,751	376,743	374,128	367,851	2,615	13,405	12,424	18,352	18,352
20　～　30　(4)	1,243,941	761,196	387,435	372,767	369,252	14,668	16,511	16,265	11,497	11,169
30　～　50　(5)	1,320,698	839,875	395,709	391,874	388,997	3,835	13,240	12,807	12,446	12,446
50　～　100　(6)	1,338,532	835,478	406,706	401,389	398,852	5,317	22,281	21,782	13,544	13,544
100　～　200　(7)	1,258,034	828,209	357,282	356,087	355,713	1,195	8,839	8,831	14,427	14,427
200　～　500　(8)	1,288,551	817,311	389,131	386,022	385,253	3,109	12,817	12,816	15,030	15,030
500頭以上　(9)	-	-	-	-	-	-	-	-	-	-
全国農業地域別										
北　海　道　(10)	1,278,656	739,038	426,168	411,323	411,263	14,845	31,328	31,039	13,293	13,293
東　　北　(11)	1,311,469	842,766	375,760	372,392	368,716	3,368	14,514	13,588	14,246	14,150
北　　陸　(12)	1,349,803	802,476	452,579	451,650	435,387	929	9,222	9,167	23,113	23,113
関　東・東　山　(13)	1,232,092	795,378	364,833	364,627	361,530	206	6,926	6,558	14,844	14,844
東　　海　(14)	1,340,236	817,862	429,176	428,793	428,755	383	13,869	13,869	10,668	10,668
近　　畿　(15)	1,258,552	851,830	324,834	324,834	324,109	-	11,913	11,913	11,718	11,718
中　　国　(16)	1,284,862	765,372	433,203	427,110	425,931	6,093	13,607	13,600	11,362	11,362
四　　国　(17)	1,219,000	826,854	321,471	321,468	320,711	3	5,539	5,539	24,300	24,300
九　　州　(18)	1,295,567	829,613	384,549	378,945	378,100	5,604	14,574	14,552	14,857	14,857

区　分	物財費（続き）農機具費（続き）購　入	償　却	生産管理費	償　却	労働費 計	家　族	直接労働費	間接労働費	自給牧草に係る労働費	費 計
	(22)	(23)	(24)	(25)	(26)	(27)	(28)	(29)	(30)	(31)
全　　　　国　(1)	3,731	6,830	1,561	53	81,569	66,903	77,485	4,084	711	1,368,067
飼養頭数規模別										
1　～　10頭未満　(2)	8,391	7,634	2,153	130	147,464	139,507	138,067	9,397	3,824	1,360,805
10　～　20　(3)	6,916	8,187	2,331	-	137,078	130,834	131,138	5,940	729	1,384,743
20　～　30　(4)	5,918	6,846	1,848	-	131,649	130,007	122,691	8,958	2,443	1,375,590
30　～　50　(5)	4,871	7,733	1,490	70	109,291	103,601	103,536	5,755	1,822	1,429,989
50　～　100　(6)	3,679	3,756	1,878	178	76,864	71,582	71,874	4,990	585	1,415,396
100　～　200　(7)	3,956	5,372	1,771	66	76,986	68,452	72,952	4,034	246	1,335,020
200　～　500　(8)	2,674	8,425	1,217	-	68,015	42,916	65,420	2,595	464	1,356,566
500頭以上　(9)	-	-	-	-	-	-	-	-	-	-
全国農業地域別										
北　海　道　(10)	6,614	10,843	1,154	7	91,487	87,628	86,990	4,497	2,444	1,370,143
東　　北　(11)	5,009	6,926	1,890	136	90,355	83,949	84,407	5,948	1,240	1,401,824
北　　陸　(12)	1,063	1,111	3,442	215	210,103	210,103	202,626	7,477	373	1,559,906
関　東・東　山　(13)	2,993	5,681	1,595	24	88,117	82,612	83,479	4,638	289	1,320,209
東　　海　(14)	4,811	4,138	2,920	60	84,383	67,756	79,541	4,842	175	1,424,619
近　　畿　(15)	4,595	10,270	1,813	175	76,615	59,480	74,660	1,955	-	1,335,167
中　　国　(16)	4,922	6,335	1,428	-	128,823	124,110	123,312	5,511	979	1,413,685
四　　国　(17)	4,697	1,441	2,761	-	71,978	58,473	67,864	4,114	3	1,290,978
九　　州　(18)	3,603	6,766	1,458	33	84,598	71,740	79,718	4,880	941	1,380,165

単位：円

財				費							
その他の諸材料費	獣医師料及び医薬品費	賃借料及び料金	物件税及び公課諸負担	建物費			自動車費			農機具費	
				小計	購入	償却	小計	購入	償却	小計	
(11)	(12)	(13)	(14)	(15)	(16)	(17)	(18)	(19)	(20)	(21)	
647	11,921	6,638	5,463	12,211	5,516	6,695	7,235	3,685	3,550	10,561	(1)
766	15,415	3,648	13,212	15,448	6,133	9,315	14,618	8,530	6,088	16,025	(2)
888	12,112	3,955	11,007	12,610	7,045	5,565	10,408	7,244	3,164	15,103	(3)
365	11,820	4,055	8,994	16,349	5,327	11,022	11,107	6,789	4,318	12,764	(4)
385	11,929	4,142	7,254	14,240	6,687	7,553	7,384	3,618	3,766	12,604	(5)
1,033	10,767	6,167	6,456	14,168	7,555	6,613	12,619	6,064	6,555	7,435	(6)
439	10,209	5,889	4,581	11,379	3,484	7,895	5,681	3,892	1,789	9,328	(7)
656	13,007	8,269	3,994	11,025	5,510	5,515	4,995	1,841	3,154	11,099	(8)
-	-	-	-	-	-	-	-	-	-	-	(9)
339	10,392	2,646	7,355	15,978	11,688	4,290	13,508	7,125	6,383	17,457	(10)
558	12,174	6,453	8,564	14,852	5,456	9,396	7,757	5,170	2,587	11,935	(11)
1,762	9,030	6,802	4,748	16,144	16,144	-	18,311	10,370	7,941	2,174	(12)
381	11,196	7,204	4,517	9,950	4,039	5,911	6,594	3,611	2,983	8,674	(13)
914	11,536	15,145	3,309	15,549	3,968	11,581	10,339	6,060	4,279	8,949	(14)
1,400	9,978	7,090	5,509	10,587	2,887	7,700	7,015	2,624	4,391	14,865	(15)
419	13,216	8,618	5,598	14,282	4,058	10,224	6,500	5,020	1,480	11,257	(16)
945	7,476	3,200	5,009	9,271	3,619	5,652	6,036	3,014	3,022	6,138	(17)
401	11,645	4,116	5,850	11,764	4,008	7,756	6,371	3,161	3,210	10,369	(18)

費用合計			副産物価額	生産費（副産物価額差引）	支払利子	支払地代	支払利子・地代算入生産費	自己資本利子	自作地地代	資本利子・地代全額算入生産費（全算入生産費）	
購入	自給	償却									
(32)	(33)	(34)	(35)	(36)	(37)	(38)	(39)	(40)	(41)	(42)	
1,217,487	133,452	17,128	15,370	1,352,697	6,808	491	1,359,996	7,520	2,118	1,369,634	(1)
884,658	452,980	23,167	29,498	1,331,307	1,705	1,283	1,334,295	29,454	8,655	1,372,404	(2)
1,045,023	322,804	16,916	21,136	1,363,607	3,615	445	1,367,667	15,793	4,751	1,388,211	(3)
1,038,098	315,306	22,186	26,532	1,349,058	3,775	1,218	1,354,051	21,167	3,972	1,379,190	(4)
1,153,562	257,305	19,122	19,826	1,410,163	4,836	849	1,415,848	12,842	3,218	1,431,908	(5)
1,282,762	115,532	17,102	22,031	1,393,365	5,988	930	1,400,283	8,926	3,749	1,412,958	(6)
1,237,848	82,050	15,122	6,911	1,328,109	11,106	287	1,339,502	3,330	937	1,343,769	(7)
1,244,896	94,576	17,094	14,420	1,342,146	5,976	271	1,348,393	5,087	1,145	1,354,625	(8)
-	-	-	-	-	-	-	-	-	-	-	(9)
780,818	567,802	21,523	43,345	1,326,798	3,032	1,511	1,331,341	16,595	3,739	1,351,675	(10)
1,249,074	133,705	19,045	17,308	1,384,516	8,524	319	1,393,359	11,247	4,869	1,409,475	(11)
1,323,289	227,350	9,267	2,896	1,557,010	2,448	1,598	1,561,056	4,153	1,237	1,566,446	(12)
1,180,210	125,400	14,599	11,835	1,308,374	1,992	199	1,310,565	9,107	1,850	1,321,522	(13)
1,275,767	128,794	20,058	2,981	1,421,638	7,891	1,010	1,430,539	4,638	911	1,436,088	(14)
1,201,437	111,194	22,536	21,025	1,314,142	4,149	1,694	1,319,985	6,956	570	1,327,511	(15)
1,112,870	282,776	18,039	12,610	1,401,075	2,148	573	1,403,796	10,725	1,754	1,416,275	(16)
1,124,061	156,802	10,115	10,465	1,280,513	1,146	-	1,281,659	7,277	3,090	1,292,026	(17)
1,256,960	105,440	17,765	10,292	1,369,873	10,181	285	1,380,339	6,779	1,748	1,388,866	(18)

5 去勢若齢肥育牛生産費（続き）
（4） 生産費（続き）
イ 去勢若齢肥育牛生体100kg当たり

区　　　　　分	物									
	計	もと畜費	飼　料　費				敷　料　費		光熱水料及び動力費	
			小　計	流通飼料費		牧草・放牧・採草費		購入		購入
					購入					
	(1)	(2)	(3)	(4)	(5)	(6)	(7)	(8)	(9)	(10)
全　　　　　国 (1)	158,429	100,786	47,260	46,800	46,606	460	1,671	1,645	1,786	1,785
飼養頭数規模別										
1 ～ 10頭未満 (2)	155,845	94,471	47,125	45,411	44,599	1,714	1,700	1,471	2,107	2,107
10 ～ 20 (3)	157,454	97,270	47,544	47,214	46,422	330	1,692	1,568	2,316	2,316
20 ～ 30 (4)	158,209	96,810	49,277	47,411	46,964	1,866	2,100	2,069	1,462	1,420
30 ～ 50 (5)	164,256	104,455	49,215	48,738	48,380	477	1,647	1,593	1,548	1,548
50 ～ 100 (6)	162,480	101,413	49,370	48,725	48,417	645	2,705	2,644	1,644	1,644
100 ～ 200 (7)	154,242	101,543	43,806	43,659	43,613	147	1,084	1,083	1,769	1,769
200 ～ 500 (8)	158,480	100,521	47,859	47,477	47,382	382	1,576	1,576	1,849	1,849
500頭以上 (9)	－	－	－	－	－	－	－	－	－	－
全国農業地域別										
北　海　道 (10)	162,372	93,846	54,117	52,232	52,224	1,885	3,978	3,941	1,688	1,688
東　　　北 (11)	156,532	100,589	44,852	44,450	44,012	402	1,733	1,622	1,700	1,689
北　　　陸 (12)	164,767	97,956	55,245	55,132	53,147	113	1,126	1,119	2,821	2,821
関　東・東　山 (13)	148,442	95,829	43,954	43,929	43,556	25	834	790	1,788	1,788
東　　　海 (14)	167,631	102,297	53,680	53,632	53,627	48	1,735	1,735	1,334	1,334
近　　　畿 (15)	167,323	113,248	43,186	43,186	43,090	－	1,584	1,584	1,558	1,558
中　　　国 (16)	160,947	95,873	54,265	53,502	53,354	763	1,705	1,704	1,423	1,423
四　　　国 (17)	151,912	103,042	40,062	40,062	39,968	0	690	690	3,028	3,028
九　　　州 (18)	159,870	102,372	47,453	46,761	46,657	692	1,799	1,796	1,833	1,833

区　　　　　分	物　財　費　（　続き　）		生産管理費		労　　働　　費			間接労働費		費
	農機具費（続き）				計	家族	直接労働費		自給牧草に係る労働費	計
	購　入	償却		償却						
	(22)	(23)	(24)	(25)	(26)	(27)	(28)	(29)	(30)	(31)
全　　　　　国 (1)	459	842	193	7	10,043	8,238	9,541	502	87	168,472
飼養頭数規模別										
1 ～ 10頭未満 (2)	1,078	981	277	17	18,941	17,918	17,734	1,207	491	174,786
10 ～ 20 (3)	873	1,033	294	－	17,301	16,512	16,550	751	92	174,755
20 ～ 30 (4)	753	871	235	－	16,744	16,535	15,604	1,140	311	174,953
30 ～ 50 (5)	606	961	186	9	13,594	12,885	12,877	717	226	177,850
50 ～ 100 (6)	447	457	228	22	9,329	8,688	8,724	605	71	171,809
100 ～ 200 (7)	485	658	217	8	9,438	8,392	8,945	493	31	163,680
200 ～ 500 (8)	329	1,037	150	－	8,365	5,279	8,046	319	57	166,845
500頭以上 (9)	－	－	－	－	－	－	－	－	－	－
全国農業地域別										
北　海　道 (10)	840	1,377	147	1	11,617	11,127	11,046	571	311	173,989
東　　　北 (11)	598	826	225	16	10,785	10,021	10,075	710	149	167,317
北　　　陸 (12)	130	136	420	26	25,647	25,647	24,734	913	46	190,414
関　東・東　山 (13)	361	684	192	3	10,618	9,954	10,059	559	35	159,060
東　　　海 (14)	602	516	365	7	10,556	8,475	9,950	606	22	178,187
近　　　畿 (15)	611	1,365	241	23	10,186	7,908	9,926	260	－	177,509
中　　　国 (16)	617	794	179	－	16,138	15,547	15,447	691	123	177,085
四　　　国 (17)	585	180	344	－	8,969	7,286	8,456	513	0	160,881
九　　　州 (18)	445	834	180	4	10,439	8,853	9,837	602	117	170,309

単位：円

その他の諸材料費	獣医師料及び医薬品費	賃借料及び料金	物件税及び公課諸負担	建物費 小計	購入	償却	自動車費 小計	購入	償却	農機具費 小計	
(11)	(12)	(13)	(14)	(15)	(16)	(17)	(18)	(19)	(20)	(21)	
80	1,468	817	673	1,503	679	824	891	454	437	1,301	(1)
98	1,980	469	1,697	1,984	788	1,196	1,878	1,096	782	2,059	(2)
112	1,529	499	1,389	1,590	889	701	1,313	914	399	1,906	(3)
46	1,503	516	1,144	2,080	678	1,402	1,412	863	549	1,624	(4)
48	1,484	515	902	1,771	832	939	918	450	468	1,567	(5)
125	1,307	749	783	1,720	917	803	1,532	736	796	904	(6)
54	1,252	722	561	1,395	427	968	696	477	219	1,143	(7)
81	1,600	1,017	491	1,356	678	678	614	226	388	1,366	(8)
-	-	-	-	-	-	-	-	-	-	-	(9)
43	1,320	336	934	2,030	1,484	546	1,716	905	811	2,217	(10)
67	1,453	770	1,022	1,772	651	1,121	925	617	308	1,424	(11)
215	1,102	830	580	1,971	1,971	-	2,235	1,266	969	266	(12)
46	1,349	868	544	1,199	487	712	794	435	359	1,045	(13)
114	1,443	1,894	414	1,944	496	1,448	1,293	758	535	1,118	(14)
186	1,327	943	733	1,408	384	1,024	933	349	584	1,976	(15)
53	1,655	1,079	701	1,789	508	1,281	814	629	185	1,411	(16)
118	932	399	624	1,156	451	705	752	376	376	765	(17)
49	1,437	508	722	1,451	495	956	787	390	397	1,279	(18)

用合計 購入	自給	償却	副産物価額	生産費（副産物価額差引）	支払利子	支払地代	支払利子・地代算入生産費	自己資本利子	自作地地代	資本利子・地代全額算入生産費（全算入生産費）	
(32)	(33)	(34)	(35)	(36)	(37)	(38)	(39)	(40)	(41)	(42)	
149,929	16,433	2,110	1,893	166,579	838	60	167,477	926	261	168,664	(1)
113,629	58,181	2,976	3,789	170,997	219	164	171,380	3,783	1,112	176,275	(2)
131,883	40,739	2,133	2,667	172,088	456	56	172,600	1,993	600	175,193	(3)
132,029	40,102	2,822	3,374	171,579	480	155	172,214	2,692	505	175,411	(4)
143,471	32,002	2,377	2,466	175,384	601	106	176,091	1,597	401	178,089	(5)
155,708	14,023	2,078	2,674	169,135	727	113	169,975	1,083	455	171,513	(6)
151,767	10,060	1,853	847	162,833	1,362	35	164,230	408	114	164,752	(7)
153,109	11,633	2,103	1,774	165,071	735	34	165,840	626	141	166,607	(8)
-	-	-	-	-	-	-	-	-	-	-	(9)
99,152	72,102	2,735	5,504	168,485	385	192	169,062	2,107	475	171,644	(10)
149,087	15,959	2,271	2,066	165,251	1,017	38	166,306	1,342	582	168,230	(11)
161,531	27,752	1,131	354	190,060	299	195	190,554	507	151	191,212	(12)
142,193	15,109	1,758	1,425	157,635	240	24	157,899	1,097	223	159,219	(13)
159,571	16,110	2,506	373	177,814	987	126	178,927	580	114	179,621	(14)
159,730	14,783	2,996	2,795	174,714	552	225	175,491	925	76	176,492	(15)
139,403	35,422	2,260	1,579	175,506	269	71	175,846	1,343	219	177,408	(16)
140,081	19,539	1,261	1,304	159,577	143	-	159,720	907	385	161,012	(17)
155,106	13,012	2,191	1,270	169,039	1,256	35	170,330	836	215	171,381	(18)

5 去勢若齢肥育牛生産費（続き）
(5) 流通飼料の使用数量と価額（去勢若齢肥育牛1頭当たり）

区分	平均 数量	平均 価額	1～10頭未満 数量	1～10頭未満 価額	10～20 数量	10～20 価額	20～30 数量	20～30 価額
	(1) kg	(2) 円	(3) kg	(4) 円	(5) kg	(6) 円	(7) kg	(8) 円
流 通 飼 料 費 合 計 (1)	…	380,021	…	353,543	…	374,128	…	372,767
購 入 飼 料 費 計 (2)	…	378,450	…	347,221	…	367,851	…	369,252
穀 小 類 計 (3)	…	10,206	…	27,300	…	19,173	…	9,968
大 麦 麦 (4)	106.1	5,797	299.5	19,486	152.6	8,524	97.1	5,268
そ の 他 の 麦 (5)	1.1	98	11.3	731	9.1	506	-	-
と う も ろ こ し (6)	55.5	3,398	94.1	5,540	127.8	7,957	54.6	3,365
大 豆 (7)	4.4	479	14.8	1,468	13.8	1,723	9.8	1,137
飼 料 用 米 (8)	5.1	178	-	-	-	-	1.4	63
そ の 他 (9)	…	256	…	75	…	463	…	135
ぬ か・ふ す ま 類 小 計 (10)	…	3,774	…	7,111	…	8,778	…	4,806
ふ す ま (11)	79.8	3,099	139.0	6,143	182.2	8,364	105.4	4,464
米 ・ 麦 ぬ か (12)	18.6	673	18.3	968	8.0	359	9.9	342
そ の 他 (13)	…	2	…	-	…	55	…	-
植 物 性 か す 類 小 計 (14)	…	7,500	…	7,101	…	6,515	…	8,356
大 豆 油 か す (15)	32.2	3,074	28.1	2,717	43.3	3,129	51.5	4,913
ビ ー ト パ ル プ (16)	11.7	595	9.0	664	-	-	3.3	260
そ の 他 (17)	…	3,831	…	3,720	…	3,386	…	3,183
配 合 飼 料 (18)	4,862.8	300,763	3,864.5	257,260	4,199.1	286,919	4,674.7	306,421
T M R (19)	31.1	2,350	179.3	8,912	0.5	49	2.3	337
牛 乳 ・ 脱 脂 乳 (20)	-	-	-	-	-	-	-	-
い も 類 及 び 野 菜 類 (21)	-	-	-	-	-	-	-	-
わ ら 類 小 計 (22)	…	25,331	…	9,123	…	16,840	…	23,273
稲 わ ら (23)	682.8	24,505	277.7	8,379	572.4	16,559	641.3	21,833
そ の 他 (24)	…	826	…	744	…	281	…	1,440
生 牧 草 (25)	-	-	-	-	-	-	-	-
乾 牧 草 小 計 (26)	…	19,765	…	22,056	…	17,655	…	11,830
ヘ イ キ ュ ー ブ (27)	30.6	2,359	17.2	1,427	46.6	3,646	31.2	2,742
そ の 他 (28)	…	17,406	…	20,629	…	14,009	…	9,088
サ イ レ ー ジ 小 計 (29)	…	1,462	…	4,095	…	1,779	…	453
い ね 科 (30)	91.7	1,422	138.7	3,926	101.8	1,551	27.0	441
うち 稲発酵粗飼料 (31)	74.9	1,202	138.7	3,926	71.1	967	27.0	441
そ の 他 (32)	…	40	…	169	…	228	…	12
そ の 他 (33)	…	7,299	…	4,263	…	10,143	…	3,808
自 給 飼 料 費 計 (34)	…	1,571	…	6,322	…	6,277	…	3,515
稲 わ ら (35)	74.4	1,563	336.5	6,201	353.8	6,157	178.0	3,515
そ の 他 (36)	…	8	…	121	…	120	…	-

	30 ～ 50		50 ～ 100		100 ～ 200		200 ～ 500		500 頭 以 上		
	数 量	価 額	数 量	価 額	数 量	価 額	数 量	価 額	数 量	価 額	
	(9)	(10)	(11)	(12)	(13)	(14)	(15)	(16)	(17)	(18)	
	kg	円	kg	円	kg	円	kg	円	kg	円	
	…	391,874	…	401,389	…	356,087	…	386,022	…	-	(1)
	…	388,997	…	398,852	…	355,713	…	385,253	…	-	(2)
	…	14,330	…	14,291	…	14,801	…	3,563	…	-	(3)
	140.6	7,551	136.3	7,098	171.8	8,445	36.5	2,413	-	-	(4)
	-	-	0.1	13	-	-	1.0	126	-	-	(5)
	90.9	6,205	98.7	5,672	75.1	4,590	14.3	913	-	-	(6)
	0.2	30	11.2	1,317	3.2	325	1.3	111	-	-	(7)
	0.3	19	5.3	191	18.0	615	-	-	-	-	(8)
	…	525	…	-	…	826	…	-	…	-	(9)
	…	7,255	…	5,111	…	5,752	…	891	…	-	(10)
	154.4	7,059	97.4	4,069	120.9	3,878	23.8	891	-	-	(11)
	4.4	193	23.5	1,042	57.0	1,874	-	-	-	-	(12)
	…	3	…	-	…	-	…	-	…	-	(13)
	…	9,718	…	4,235	…	13,362	…	5,192	…	-	(14)
	69.0	7,628	18.5	2,014	64.2	5,935	11.6	1,019	-	-	(15)
	17.0	790	3.3	233	6.8	95	18.3	1,033	-	-	(16)
	…	1,300	…	1,988	…	7,332	…	3,140	…	-	(17)
	4,767.4	314,368	4,815.0	316,548	4,290.2	268,095	5,346.5	314,162	-	-	(18)
	22.0	1,540	37.8	3,182	68.1	3,260	4.1	1,555	-	-	(19)
	-									-	(20)
	-									-	(21)
	…	16,795	…	28,920	…	21,642	…	29,491	…	-	(22)
	536.9	16,795	902.8	28,378	574.7	21,474	727.0	28,057	-	-	(23)
	…	-	…	542	…	168	…	1,434	…	-	(24)
	-									-	(25)
	…	16,539	…	16,501	…	16,837	…	23,693	…	-	(26)
	29.9	2,785	20.4	1,734	14.9	1,181	42.7	3,086	-	-	(27)
	…	13,754	…	14,767	…	15,656	…	20,607	…	-	(28)
	…	116	…	428	…	2,450	…	1,395	…	-	(29)
	7.3	116	13.9	316	137.8	2,450	110.3	1,376	-	-	(30)
	7.3	116	11.8	229	72.3	1,659	110.3	1,376	-	-	(31)
	…	-	…	112	…	-	…	19	…	-	(32)
	…	8,336	…	9,636	…	9,514	…	5,311	…	-	(33)
	…	2,877	…	2,537	…	374	…	769	…	-	(34)
	153.9	2,877	106.3	2,537	20.9	374	28.6	769	-	-	(35)
	…	-	…	-	…	-	…	-	…	-	(36)

6 乳用雄肥育牛生産費

6 乳用雄肥育牛生産費
(1) 経営の概況（1経営体当たり）

区　　　　　分	集　計経営体数	世　帯　員			農　業　就　業　者		
		計	男	女	計	男	女
	(1)	(2)	(3)	(4)	(5)	(6)	(7)
	経営体	人	人	人	人	人	人
全　　　　　　　国　(1)	47	3.9	2.2	1.7	2.7	1.9	0.8
飼 養 頭 数 規 模 別							
1 ～ 10頭未満　(2)	4	3.6	2.3	1.3	2.3	1.8	0.5
10 ～ 20　　(3)	1	x	x	x	x	x	x
20 ～ 30　　(4)	5	3.6	2.2	1.4	2.6	1.8	0.8
30 ～ 50　　(5)	7	2.9	1.6	1.3	1.9	1.3	0.6
50 ～ 100　　(6)	4	4.3	2.3	2.0	3.0	2.0	1.0
100 ～ 200　　(7)	12	4.4	2.6	1.8	3.0	2.1	0.9
200 ～ 500　　(8)	11	4.0	1.9	2.1	2.9	1.7	1.2
500頭以上　　(9)	3	4.7	3.0	1.7	3.4	2.7	0.7
全 国 農 業 地 域 別							
北　　海　　道 (10)	13	4.6	2.3	2.3	3.1	2.0	1.1
東　　　　北 (11)	1	x	x	x	x	x	x
関　東・東　山 (12)	12	3.8	2.0	1.8	2.2	1.4	0.8
東　　　海 (13)	3	5.3	2.3	3.0	3.3	2.0	1.3
中　　　　国 (14)	1	x	x	x	x	x	x
四　　　　国 (15)	5	3.2	1.6	1.6	2.0	1.4	0.6
九　　　　州 (16)	12	3.6	2.3	1.3	3.0	2.1	0.9

区　　　　　分	畜舎の面積及び自動車・農機具の使用台数(10経営体当たり)				飼養月平均頭数	もと牛の概要（もと牛1頭当たり）	
	畜舎面積（1経営体当たり）	カッター	貨物自動車	トラクター（耕うん機を含む。）		月　齢	評価額
	(17)	(18)	(19)	(20)	(21)	(22)	(23)
	m²	台	台	台	頭	月	円
全　　　　　　　国　(1)	2,359.0	1.9	35.4	17.3	160.5	7.3	250,135
飼 養 頭 数 規 模 別							
1 ～ 10頭未満　(2)	1,812.5	2.5	40.0	10.0	4.7	7.6	210,004
10 ～ 20　　(3)	x	x	x	x	x	x	x
20 ～ 30　　(4)	1,411.2	4.0	38.0	4.0	24.6	7.8	239,436
30 ～ 50　　(5)	964.4	-	30.0	7.1	41.3	7.3	248,755
50 ～ 100　　(6)	495.5	2.5	35.0	42.5	83.8	7.0	253,065
100 ～ 200　　(7)	2,650.6	2.4	40.7	22.9	146.8	8.1	258,938
200 ～ 500　　(8)	3,380.5	1.4	35.2	13.4	301.7	7.2	259,359
500頭以上　　(9)	4,158.3	1.7	25.0	23.3	658.2	7.1	231,556
全 国 農 業 地 域 別							
北　　海　　道 (10)	1,438.8	0.8	27.7	26.2	281.0	7.1	242,855
東　　　　北 (11)	x	x	x	x	x	x	x
関　東・東　山 (12)	2,489.6	-	32.5	11.7	150.2	8.0	258,748
東　　　海 (13)	3,727.3	-	26.7	-	172.7	7.0	249,512
中　　　　国 (14)	x	x	x	x	x	x	x
四　　　　国 (15)	2,186.4	4.0	60.0	4.0	90.0	6.9	243,251
九　　　　州 (16)	2,652.5	3.3	33.3	18.3	151.7	7.2	263,787

	経営		土		地				
計	耕	地			畜 産 用 地				
		田	普通畑	牧草地	小 計	畜舎等	放牧地	採草地	
(8)	(9)	(10)	(11)	(12)	(13)	(14)	(15)	(16)	
a	a	a	a	a	a	a	a	a	
1,176	1,063	186	290	585	113	93	0	20	(1)
252	174	95	79	-	78	78	-	-	(2)
x	x	x	x	x	x	x	x	x	(3)
249	206	128	78	-	43	43	-	-	(4)
1,493	1,451	133	1,257	18	42	42	-	-	(5)
4,011	3,983	100	2,253	1,630	28	28	-	-	(6)
811	624	275	170	179	187	53	3	131	(7)
712	610	128	10	472	102	102	-	-	(8)
3,679	3,338	-	-	3,338	341	341	-	-	(9)
3,241	3,108	250	1,363	1,495	133	123	10	-	(10)
x	x	x	x	x	x	x	x	x	(11)
247	179	112	56	11	68	68	-	-	(12)
202	146	-	47	-	56	56	-	-	(13)
x	x	x	x	x	x	x	x	x	(14)
302	251	206	45	-	51	51	-	-	(15)
653	516	235	115	166	137	45	-	92	(16)

	生 産	物	（1 頭 当 た り）					
主	産	物			副 産	物		
販売頭数 [1経営体当たり]	月齢	生体重	価格	肥育期間	きゅう肥 数量	利用量	価額（利用分）	その他
(24)	(25)	(26)	(27)	(28)	(29)	(30)	(31)	(32)
頭	月	kg	円	月	kg	kg	円	円
154.2	20.4	794.2	507,142	13.1	10,234	6,078	7,139	750	(1)
5.3	21.9	749.1	478,846	14.3	9,427	1,427	1,602	-	(2)
x	x	x	x	x	x	x	x	x	(3)
27.4	22.8	750.7	458,606	15.0	11,549	7,270	11,811	669	(4)
40.3	21.4	792.3	472,550	14.1	11,051	7,489	17,147	380	(5)
91.5	20.7	802.7	512,952	13.8	10,755	7,600	18,362	1,191	(6)
133.2	22.5	818.7	557,325	14.5	11,402	6,974	6,217	156	(7)
268.6	20.8	784.6	515,556	13.6	10,621	4,174	5,747	734	(8)
730.7	18.6	800.5	472,401	11.5	8,880	8,718	7,946	1,047	(9)
281.6	19.2	784.0	465,811	12.2	9,490	8,175	8,623	767	(10)
x	x	x	x	x	x	x	x	x	(11)
142.0	21.5	799.7	499,991	13.5	10,500	3,457	3,091	-	(12)
158.7	20.5	779.7	490,484	13.4	10,701	8,142	1,751	308	(13)
x	x	x	x	x	x	x	x	x	(14)
76.0	21.6	778.8	597,619	14.7	11,667	3,958	4,348	-	(15)
126.7	22.2	807.2	544,636	15.0	11,728	4,285	3,462	1,136	(16)

6　乳用雄肥育牛生産費（続き）
（2）　作業別労働時間（乳用雄肥育牛1頭当たり）

区　　　　　分	計	男	女	家　族　・　雇　用			
				家　　　　　族			雇
				小　計	男	女	小　計
	(1)	(2)	(3)	(4)	(5)	(6)	(7)
全　　　　　　　国 (1)	12.40	10.45	1.95	10.62	8.78	1.84	1.78
飼　養　頭　数　規　模　別							
1　～　10頭未満 (2)	35.99	32.50	3.49	33.29	31.15	2.14	2.70
10　～　20 (3)	x	x	x	x	x	x	x
20　～　30 (4)	41.92	27.43	14.49	38.18	26.78	11.40	3.74
30　～　50 (5)	26.37	23.75	2.62	22.74	20.37	2.37	3.63
50　～　100 (6)	13.14	10.81	2.33	13.14	10.81	2.33	-
100　～　200 (7)	16.25	13.33	2.92	14.77	12.37	2.40	1.48
200　～　500 (8)	11.60	9.29	2.31	10.13	7.84	2.29	1.47
500頭以上 (9)	9.64	9.15	0.49	7.00	6.51	0.49	2.64
全　国　農　業　地　域　別							
北　　海　　道 (10)	10.88	9.34	1.54	8.47	6.93	1.54	2.41
東　　　　北 (11)	x	x	x	x	x	x	x
関　東　・　東　山 (12)	15.21	11.97	3.24	13.43	10.73	2.70	1.78
東　　　　海 (13)	16.65	12.51	4.14	16.21	12.16	4.05	0.44
中　　　　国 (14)	x	x	x	x	x	x	x
四　　　　国 (15)	20.52	16.77	3.75	17.06	13.50	3.56	3.46
九　　　　州 (16)	15.10	11.38	3.72	13.89	10.51	3.38	1.21

（3）　収益性
ア　乳用雄肥育牛1頭当たり

区　　　　　分	粗　　収　　益			生　　産　　費　　用			所　　得
	計	主　産　物	副　産　物	生産費総額	生産費総額から家族労働費、自己資本利子、自作地地代を控除した額	生産費総額から家族労働費を控除した額	
	(1)	(2)	(3)	(4)	(5)	(6)	(7)
全　　　　　　　国 (1)	515,031	507,142	7,889	588,527	563,661	570,131	△ 48,630
飼　養　頭　数　規　模　別							
1　～　10頭未満 (2)	480,448	478,846	1,602	610,067	548,809	559,448	△ 68,361
10　～　20 (3)	x	x	x	x	x	x	x
20　～　30 (4)	471,086	458,606	12,480	632,941	562,206	570,275	△ 91,120
30　～　50 (5)	490,077	472,550	17,527	621,744	577,878	582,701	△ 87,801
50　～　100 (6)	532,505	512,952	19,553	624,783	593,764	601,096	△ 61,259
100　～　200 (7)	563,698	557,325	6,373	617,916	588,254	593,354	△ 24,556
200　～　500 (8)	522,037	515,556	6,481	593,198	567,449	575,645	△ 45,412
500頭以上 (9)	481,394	472,401	8,993	554,518	538,038	541,697	△ 56,644
全　国　農　業　地　域　別							
北　　海　　道 (10)	475,201	465,811	9,390	561,562	541,341	546,014	△ 66,140
東　　　　北 (11)	x	x	x	x	x	x	x
関　東　・　東　山 (12)	503,082	499,991	3,091	582,188	550,859	558,586	△ 47,777
東　　　　海 (13)	492,543	490,484	2,059	639,801	593,684	608,817	△ 101,141
中　　　　国 (14)	x	x	x	x	x	x	x
四　　　　国 (15)	601,967	597,619	4,348	663,464	632,977	638,311	△ 31,010
九　　　　州 (16)	549,234	544,636	4,598	655,486	627,161	633,110	△ 77,927

単位：時間

別　内　訳		直　接　労　働　時　間				間　接　労　働　時　間	
用		小　計	飼　育　労　働　時　間				自給牧草に係る労働時間
男	女		飼料の調理・給与・給水	敷料の搬入・きゅう肥の搬出	その他		
(8)	(9)	(10)	(11)	(12)	(13)	(14)	(15)
1.67	0.11	11.44	6.76	2.13	2.55	0.96	0.37	(1)
1.35	1.35	34.77	24.43	4.91	5.43	1.22	0.02	(2)
x	x	x	x	x	x	x	x	(3)
0.65	3.09	39.56	32.38	3.01	4.17	2.36	-	(4)
3.38	0.25	25.27	17.67	5.13	2.47	1.10	-	(5)
-	-	12.04	6.70	3.08	2.26	1.10	0.70	(6)
0.96	0.52	14.80	9.55	2.23	3.02	1.45	0.13	(7)
1.45	0.02	10.76	6.02	1.67	3.07	0.84	0.27	(8)
2.64	-	8.84	4.98	2.50	1.36	0.80	0.62	(9)
2.41	-	10.19	5.51	2.74	1.94	0.69	0.48	(10)
x	x	x	x	x	x	x	x	(11)
1.24	0.54	14.40	8.12	2.05	4.23	0.81	0.04	(12)
0.35	0.09	15.03	9.63	1.86	3.54	1.62	-	(13)
x	x	x	x	x	x	x	x	(14)
3.27	0.19	19.76	14.00	2.37	3.39	0.76	0.28	(15)
0.87	0.34	13.87	8.80	1.52	3.55	1.23	0.05	(16)

イ　1日当たり

単位：円　　　　単位：円

家族労働報酬	所　得	家族労働報酬	
(8)	(1)	(2)	
△　55,100	nc	nc	(1)
△　79,000	nc	nc	(2)
x	x	x	(3)
△　99,189	nc	nc	(4)
△　92,624	nc	nc	(5)
△　68,591	nc	nc	(6)
△　29,656	nc	nc	(7)
△　53,608	nc	nc	(8)
△　60,303	nc	nc	(9)
△　70,813	nc	nc	(10)
x	x	x	(11)
△　55,504	nc	nc	(12)
△　116,274	nc	nc	(13)
x	x	x	(14)
△　36,344	nc	nc	(15)
△　83,876	nc	nc	(16)

6 乳用雄肥育牛生産費（続き）

(4) 生産費
ア　乳用雄肥育牛1頭当たり

区　分	物									
	計	もと畜費	飼　料　費				敷　料　費		光熱水料及び動力費	
			小　計	流通飼料費		牧草・放牧・採草費		購入		購入
					購　入					
	(1)	(2)	(3)	(4)	(5)	(6)	(7)	(8)	(9)	(10)
全　　　　　国 (1)	559,074	257,084	257,243	247,100	246,174	10,143	15,318	15,112	8,470	8,470
飼養頭数規模別										
1 ～ 10頭未満 (2)	543,214	210,004	293,917	292,267	292,267	1,650	2,946	2,946	8,409	8,409
10 ～ 20 (3)	x	x	x	x	x	x	x	x	x	x
20 ～ 30 (4)	558,359	246,427	266,585	266,585	264,036	-	4,792	4,792	12,575	12,575
30 ～ 50 (5)	573,264	256,694	282,837	282,837	282,013	-	12,825	7,586	6,239	6,239
50 ～ 100 (6)	590,520	260,671	280,785	261,516	261,098	19,269	19,214	16,260	7,875	7,875
100 ～ 200 (7)	582,929	268,386	279,028	277,731	277,713	1,297	6,630	6,630	9,939	9,939
200 ～ 500 (8)	563,290	267,182	253,490	249,989	248,245	3,501	11,788	11,788	8,414	8,414
500頭以上 (9)	532,927	236,362	242,918	217,762	217,762	25,156	26,000	26,000	8,166	8,166
全国農業地域別										
北　海　道 (10)	535,330	250,350	233,866	220,925	220,925	12,941	21,030	20,331	8,424	8,424
東　　北 (11)	x	x	x	x	x	x	x	x	x	x
関東・東山 (12)	548,069	265,429	251,262	251,027	248,860	235	4,656	4,656	7,917	7,917
東　　海 (13)	592,849	268,383	271,835	271,835	271,835	-	5,278	5,278	11,094	11,094
中　　国 (14)	x	x	x	x	x	x	x	x	x	x
四　　国 (15)	628,526	249,013	322,822	321,307	321,272	1,515	10,182	10,182	11,428	11,428
九　　州 (16)	620,160	272,985	305,906	304,936	304,609	970	9,771	9,771	10,207	10,207

区　分	物　財　費（続き）				労　　働　　費					費
	農機具費（続き）		生産管理費		計	家族	直接労働費	間接労働費		計
	購　入	償　却		償　却					自給牧草に係る労働費	
	(22)	(23)	(24)	(25)	(26)	(27)	(28)	(29)	(30)	(31)
全　　　　　国 (1)	2,772	2,739	362	12	21,299	18,396	19,675	1,624	623	580,373
飼養頭数規模別										
1 ～ 10頭未満 (2)	3,493	1,110	1,421	-	54,121	50,619	52,153	1,968	29	597,335
10 ～ 20 (3)	x	x	x	x	x	x	x	x	x	x
20 ～ 30 (4)	3,988	354	1,750	-	65,959	62,666	61,890	4,069	-	624,318
30 ～ 50 (5)	1,414	600	798	-	43,509	39,043	41,910	1,599	-	616,773
50 ～ 100 (6)	2,926	6,849	295	90	23,687	23,687	21,708	1,979	1,232	614,207
100 ～ 200 (7)	2,249	1,480	661	-	26,629	24,562	24,286	2,343	227	609,558
200 ～ 500 (8)	2,738	3,069	327	-	20,321	17,553	18,831	1,490	477	583,611
500頭以上 (9)	3,128	2,374	216	29	16,807	12,821	15,470	1,337	1,000	549,734
全国農業地域別										
北　海　道 (10)	3,508	2,343	253	15	19,829	15,548	18,611	1,218	836	555,159
東　　北 (11)	x	x	x	x	x	x	x	x	x	x
関東・東山 (12)	1,788	2,221	409	-	26,291	23,602	24,947	1,344	60	574,360
東　　海 (13)	1,849	9,338	627	-	31,819	30,984	28,994	2,825	-	624,668
中　　国 (14)	x	x	x	x	x	x	x	x	x	x
四　　国 (15)	2,295	2,073	856	-	29,303	25,153	28,216	1,087	365	657,829
九　　州 (16)	2,228	3,184	763	7	24,186	22,376	22,189	1,997	88	644,346

単位：円

	その他の諸材料費	獣医師料及び医薬品費	賃借料及び料金	物件税及び公課諸負担	建物費 小計	建物費 購入	建物費 償却	自動車費 小計	自動車費 購入	自動車費 償却	農機具費 小計	
	(11)	(12)	(13)	(14)	(15)	(16)	(17)	(18)	(19)	(20)	(21)	
	120	3,502	2,339	2,033	5,382	1,573	3,809	1,710	946	764	5,511	(1)
	410	2,084	1,819	2,853	9,140	1,936	7,204	5,608	3,693	1,915	4,603	(2)
	x	x	x	x	x	x	x	x	x	x	x	(3)
	494	3,275	2,117	6,386	4,151	2,317	1,834	5,465	5,465	0	4,342	(4)
	254	2,255	1,280	2,854	2,598	211	2,387	2,616	1,922	694	2,014	(5)
	152	3,127	2,770	1,880	2,726	1,095	1,631	1,250	1,087	163	9,775	(6)
	421	2,345	1,593	1,588	5,618	1,666	3,952	2,991	1,161	1,830	3,729	(7)
	91	3,282	2,589	1,979	6,347	1,674	4,673	1,994	1,054	940	5,807	(8)
	9	4,680	2,316	2,165	4,145	1,456	2,689	448	377	71	5,502	(9)
	14	5,109	3,125	2,466	3,857	2,052	1,805	985	599	386	5,851	(10)
	x	x	x	x	x	x	x	x	x	x	x	(11)
	560	2,854	698	1,442	6,251	980	5,271	2,582	1,052	1,530	4,009	(12)
	66	4,222	3,659	3,238	9,481	1,714	7,767	3,779	3,748	31	11,187	(13)
	x	x	x	x	x	x	x	x	x	x	x	(14)
	285	4,647	8,552	3,301	9,539	2,951	6,588	3,533	3,032	501	4,368	(15)
	203	3,981	1,641	1,664	5,747	1,731	4,016	1,880	612	1,268	5,412	(16)

費用合計 購入	費用合計 自給	費用合計 償却	副産物価額	生産費（副産物価額差引）	支払利子	支払地代	支払利子・地代算入生産費	自己資本利子	自作地地代	資本利子・地代全額算入生産費（全算入生産費）	
(32)	(33)	(34)	(35)	(36)	(37)	(38)	(39)	(40)	(41)	(42)	
524,379	48,670	7,324	7,889	572,484	1,445	239	574,168	4,732	1,738	580,638	(1)
534,837	52,269	10,229	1,602	595,733	1,069	1,024	597,826	8,757	1,882	608,465	(2)
x	x	x	x	x	x	x	x	x	x	x	(3)
542,565	79,565	2,188	12,480	611,838	390	164	612,392	7,124	945	620,461	(4)
567,986	45,106	3,681	17,527	599,246	148	-	599,394	4,136	687	604,217	(5)
559,146	46,328	8,733	19,553	594,654	1,917	1,327	597,898	6,222	1,110	605,230	(6)
549,930	52,366	7,262	6,373	603,185	2,975	283	606,443	4,484	616	611,543	(7)
525,491	49,438	8,682	6,481	577,130	1,342	49	578,521	5,887	2,309	586,717	(8)
506,594	37,977	5,163	8,993	540,741	891	234	541,866	2,362	1,297	545,525	(9)
510,267	40,343	4,549	9,390	545,769	1,397	333	547,499	3,133	1,540	552,172	(10)
x	x	x	x	x	x	x	x	x	x	x	(11)
539,334	26,004	9,022	3,091	571,269	23	78	571,370	6,654	1,073	579,097	(12)
576,548	30,984	17,136	2,059	622,609	-	-	622,609	14,186	947	637,742	(13)
x	x	x	x	x	x	x	x	x	x	x	(14)
621,964	26,703	9,162	4,348	653,481	135	166	653,782	4,370	964	659,116	(15)
562,090	73,781	8,475	4,598	639,748	4,970	221	644,939	5,347	602	650,888	(16)

6 乳用雄肥育牛生産費（続き）
(4) 生産費（続き）
イ 乳用雄肥育牛生体100kg当たり

区分	計 (1)	もと畜費 (2)	飼料費 小計 (3)	流通飼料費 購入 (4)	流通飼料費 (5)	牧草・放牧・採草費 (6)	敷料費 (7)	敷料費 購入 (8)	光熱水料及び動力費 (9)	光熱水料及び動力費 購入 (10)
全　　　　　国 (1)	70,393	32,370	32,390	31,113	30,996	1,277	1,929	1,903	1,066	1,066
飼養頭数規模別										
1 ～ 10頭未満 (2)	72,512	28,033	39,233	39,013	39,013	220	393	393	1,123	1,123
10 ～ 20 (3)	x	x	x	x	x	x	x	x	x	x
20 ～ 30 (4)	74,381	32,828	35,513	35,513	35,173	-	638	638	1,675	1,675
30 ～ 50 (5)	72,355	32,398	35,698	35,698	35,594	-	1,618	957	787	787
50 ～ 100 (6)	73,567	32,474	34,979	32,579	32,527	2,400	2,394	2,026	981	981
100 ～ 200 (7)	71,204	32,783	34,083	33,925	33,923	158	810	810	1,214	1,214
200 ～ 500 (8)	71,789	34,052	32,307	31,861	31,639	446	1,502	1,502	1,072	1,072
500頭以上 (9)	66,578	29,528	30,348	27,205	27,205	3,143	3,248	3,248	1,020	1,020
全国農業地域別										
北　海　道 (10)	68,287	31,934	29,833	28,182	28,182	1,651	2,682	2,593	1,075	1,075
東　　　北 (11)	x	x	x	x	x	x	x	x	x	x
関 東・東 山 (12)	68,531	33,189	31,418	31,389	31,118	29	582	582	990	990
東　　　海 (13)	76,032	34,420	34,862	34,862	34,862	-	677	677	1,423	1,423
中　　　国 (14)	x	x	x	x	x	x	x	x	x	x
四　　　国 (15)	80,703	31,973	41,451	41,256	41,251	195	1,307	1,307	1,467	1,467
九　　　州 (16)	76,834	33,820	37,900	37,780	37,740	120	1,211	1,211	1,264	1,264

区分	農機具費（続き）購入 (22)	農機具費（続き）償却 (23)	生産管理費 (24)	生産管理費 償却 (25)	労働費 計 (26)	労働費 家族 (27)	直接労働費 (28)	間接労働費 (29)	間接労働費 自給牧草に係る労働費 (30)	費 計 (31)
全　　　　　国 (1)	349	344	46	2	2,683	2,317	2,478	205	78	73,076
飼養頭数規模別										
1 ～ 10頭未満 (2)	466	148	190	-	7,225	6,757	6,962	263	4	79,737
10 ～ 20 (3)	x	x	x	x	x	x	x	x	x	x
20 ～ 30 (4)	531	47	233	-	8,787	8,348	8,245	542	-	83,168
30 ～ 50 (5)	178	77	101	-	5,490	4,928	5,289	201	-	77,845
50 ～ 100 (6)	364	854	37	11	2,951	2,951	2,704	247	153	76,518
100 ～ 200 (7)	275	180	81	-	3,252	3,000	2,966	286	28	74,456
200 ～ 500 (8)	349	391	42	-	2,590	2,237	2,400	190	61	74,379
500頭以上 (9)	391	297	27	4	2,099	1,601	1,932	167	125	68,677
全国農業地域別										
北　海　道 (10)	447	300	32	2	2,530	1,984	2,374	156	107	70,817
東　　　北 (11)	x	x	x	x	x	x	x	x	x	x
関 東・東 山 (12)	224	278	51	-	3,287	2,951	3,119	168	7	71,818
東　　　海 (13)	237	1,198	80	-	4,081	3,974	3,719	362	-	80,113
中　　　国 (14)	x	x	x	x	x	x	x	x	x	x
四　　　国 (15)	295	266	110	-	3,761	3,229	3,622	139	47	84,464
九　　　州 (16)	276	395	95	1	2,996	2,772	2,749	247	11	79,830

単位：円

	財				費							
その他の諸材料費	獣医師料及び医薬品費	賃借料及び料金	物件税及び公課諸負担	建物費			自動車費			農機具費	
				小計	購入	償却	小計	購入	償却	小計	
(11)	(12)	(13)	(14)	(15)	(16)	(17)	(18)	(19)	(20)	(21)	
15	441	294	256	678	198	480	215	119	96	693	(1)
55	278	243	381	1,220	258	962	749	493	256	614	(2)
x	x	x	x	x	x	x	x	x	x	x	(3)
66	436	282	851	553	309	244	728	728	0	578	(4)
32	285	162	360	328	27	301	331	243	88	255	(5)
19	390	345	235	340	136	204	155	135	20	1,218	(6)
51	286	195	194	687	204	483	365	142	223	455	(7)
12	418	330	252	808	213	595	254	134	120	740	(8)
1	585	289	270	518	182	336	56	47	9	688	(9)
2	652	399	314	492	262	230	125	76	49	747	(10)
x	x	x	x	x	x	x	x	x	x	x	(11)
70	357	87	180	782	123	659	323	132	191	502	(12)
8	541	469	415	1,217	220	997	485	481	4	1,435	(13)
x	x	x	x	x	x	x	x	x	x	x	(14)
37	597	1,098	424	1,225	379	846	453	389	64	561	(15)
25	493	203	206	712	215	497	234	76	158	671	(16)

用 合 計			副産物価額	生産費（副産物価額差引）	支払利子	支払地代	支払利子・地代算入生産費	自己資本利子	自作地地代	資本利子・地代全額算入生産費（全算入生産費）	
購入	自給	償却									
(32)	(33)	(34)	(35)	(36)	(37)	(38)	(39)	(40)	(41)	(42)	
66,025	6,129	922	992	72,084	182	30	72,296	596	219	73,111	(1)
71,394	6,977	1,366	214	79,523	143	137	79,803	1,169	252	81,224	(2)
x	x	x	x	x	x	x	x	x	x	x	(3)
72,277	10,600	291	1,663	81,505	52	22	81,579	949	125	82,653	(4)
71,686	5,693	466	2,212	75,633	19	-	75,652	522	87	76,261	(5)
69,658	5,771	1,089	2,436	74,082	239	165	74,486	775	138	75,399	(6)
67,174	6,396	886	778	73,678	363	35	74,076	548	75	74,699	(7)
66,973	6,300	1,106	826	73,553	171	7	73,731	750	294	74,775	(8)
63,287	4,744	646	1,124	67,553	111	30	67,694	295	162	68,151	(9)
65,089	5,147	581	1,198	69,619	178	42	69,839	400	196	70,435	(10)
x	x	x	x	x	x	x	x	x	x	x	(11)
67,439	3,251	1,128	387	71,431	3	9	71,443	832	134	72,409	(12)
73,940	3,974	2,199	264	79,849	-	-	79,849	1,819	121	81,789	(13)
x	x	x	x	x	x	x	x	x	x	x	(14)
79,859	3,429	1,176	559	83,905	17	22	83,944	561	123	84,628	(15)
69,639	9,140	1,051	570	79,260	616	27	79,903	662	75	80,640	(16)

6 乳用雄肥育牛生産費（続き）
(5) 流通飼料の使用数量と価額（乳用雄肥育牛1頭当たり）

区分	平均 数量	平均 価額	1～10頭未満 数量	1～10頭未満 価額	10～20 数量	10～20 価額	20～30 数量	20～30 価額
	(1)	(2)	(3)	(4)	(5)	(6)	(7)	(8)
	kg	円	kg	円	kg	円	kg	円
流通飼料費合計 (1)	…	247,100	…	292,267	…	x	…	266,585
購入飼料費計 (2)	…	246,174	…	292,267	…	x	…	264,036
穀類 小計 (3)	…	1,477	…	-	…	x	…	20,273
大麦 (4)	5.7	85	-	-	x	x	403.2	3,205
その他の麦 (5)	-	-	-	-	x	x	-	-
とうもろこし (6)	26.1	1,392	-	-	x	x	345.3	17,068
大豆 (7)	-	-	-	-	x	x	-	-
飼料用米 (8)	-	-	-	-	x	x	-	-
その他 (9)	…	-	…	-	…	x	…	-
ぬか・ふすま類 小計 (10)	…	180	…	-	…	x	…	9,569
ふすま (11)	3.9	162	-	-	x	x	166.1	7,328
米・麦ぬか (12)	0.6	18	-	-	x	x	82.9	2,241
その他 (13)	…	-	…	-	…	x	…	-
植物性かす類 小計 (14)	…	1,990	…	3,711	…	x	…	5,308
大豆油かす (15)	1.2	94	-	-	x	x	23.3	1,255
ビートパルプ (16)	0.1	6	-	-	x	x	10.4	950
その他 (17)	…	1,890	…	3,711	…	x	…	3,103
配合飼料 (18)	3,721.7	221,856	4,656.5	266,968	x	x	3,029.9	193,170
TMR (19)	0.0	1	-	-	x	x	2.3	183
牛乳・脱脂乳 (20)	-	-	-	-	x	x		
いも類及び野菜類 (21)	-	-	-	-	x	x		
わら類 小計 (22)	…	7,392	…	14,365	…	x	…	8,192
稲わら (23)	148.8	6,359	442.7	14,365	x	x	421.9	8,192
その他 (24)	…	1,033	…	-	…	x	…	-
生牧草 (25)					x	x		
乾牧草 小計 (26)	…	9,681	…	2,757	…	x	…	26,291
ヘイキューブ (27)	0.1	10	-	-	x	x	20.4	1,576
その他 (28)	…	9,671	…	2,757	…	x	…	24,715
サイレージ 小計 (29)	…	1,226	…	-	…	x	…	-
いね科 (30)	58.1	1,175	-	-	x	x	-	-
うち 稲発酵粗飼料 (31)	16.4	211	-	-	x	x	-	-
その他 (32)	…	51	…	-	…	x	…	-
その他 (33)	…	2,371	…	4,466	…	x	…	1,050
自給飼料費計 (34)	…	926	…	-	…	x	…	2,549
稲わら (35)	46.4	926	-	-	x	x	132.3	2,549
その他 (36)	…	-	…	-	…	x	…	-

30 ～ 50		50 ～ 100		100 ～ 200		200 ～ 500		500 頭 以 上		
数 量	価 額	数 量	価 額	数 量	価 額	数 量	価 額	数 量	価 額	
(9)	(10)	(11)	(12)	(13)	(14)	(15)	(16)	(17)	(18)	
kg	円	kg	円	kg	円	kg	円	kg	円	
…	282,837	…	261,516	…	277,731	…	249,989	…	217,762	(1)
…	282,013	…	261,098	…	277,713	…	248,245	…	217,762	(2)
…	4,465	…	-	…	9,400	…	128	…	-	(3)
-	-	-	-	-	-	6.1	128	-	-	(4)
-	-	-	-	-	-	-	-	-	-	(5)
84.1	4,465	-	-	174.7	9,400	-	-	-	-	(6)
-	-	-	-	-	-	-	-	-	-	(7)
-	-	-	-	-	-	-	-	-	-	(8)
…	-	…	-	…	-	…	-	…	-	(9)
…	1,456	…	-	…	763	…	-	…	-	(10)
32.8	1,456	-	-	18.4	734	-	-	-	-	(11)
-	-	-	-	0.3	29	-	-	-	-	(12)
…	-	…	-	…	-	…	-	…	-	(13)
…	566	…	4,404	…	3,958	…	687	…	3,020	(14)
2.6	225	-	-	-	-	2.0	165	-	-	(15)
-	-	-	-	-	-	-	-	-	-	(16)
…	341	…	4,404	…	3,958	…	522	…	3,020	(17)
3,787.2	244,414	4,196.3	245,985	3,889.2	244,491	3,717.5	219,015	3,493.4	205,700	(18)
-	-	-	-	0.0	2	-	-	-	-	(19)
-	-	-	-	-	-	-	-	-	-	(20)
-	-	-	-	-	-	-	-	-	-	(21)
…	8,529	…	299	…	6,326	…	12,441	…	-	(22)
273.4	8,529	20.9	299	197.1	6,248	222.3	10,408	-	-	(23)
…	-	…	-	…	78	…	2,033	…	-	(24)
-	-	-	-	-	-	-	-	-	-	(25)
…	18,222	…	2,311	…	7,892	…	12,709	…	6,059	(26)
-	-	-	-	-	-	-	-	-	-	(27)
…	18,222	…	2,311	…	7,892	…	12,709	…	6,059	(28)
…	614	…	-	…	745	…	1,218	…	1,792	(29)
28.2	614	-	-	47.6	745	36.5	1,218	117.2	1,613	(30)
21.1	332	-	-	47.6	745	19.7	217	-	-	(31)
…	-	…	-	…	-	…	-	…	179	(32)
…	3,747	…	8,099	…	4,136	…	2,047	…	1,191	(33)
…	824	…	418	…	18	…	1,744	…	-	(34)
20.6	824	20.9	418	3.1	18	87.2	1,744	-	-	(35)
…	-	…	-	…	-	…	-	…	-	(36)

7　交雑種肥育牛生産費

7 交雑種肥育牛生産費
(1) 経営の概況（1経営体当たり）

区分	集計経営体数	世帯員			農業就業者		
		計	男	女	計	男	女
	(1)	(2)	(3)	(4)	(5)	(6)	(7)
	経営体	人	人	人	人	人	人
全　　　　国 (1)	83	3.9	2.0	1.9	2.3	1.5	0.8
飼養頭数規模別							
1 ～ 10頭未満 (2)	3	3.4	1.7	1.7	2.3	1.3	1.0
10 ～ 20 (3)	10	3.3	1.8	1.5	2.3	1.3	1.0
20 ～ 30 (4)	6	2.9	1.7	1.2	1.9	1.2	0.7
30 ～ 50 (5)	11	3.9	2.0	1.9	1.7	1.0	0.7
50 ～ 100 (6)	17	3.9	2.0	1.9	2.4	1.5	0.9
100 ～ 200 (7)	22	4.3	2.0	2.3	2.7	1.7	1.0
200 ～ 500 (8)	9	4.0	2.2	1.8	2.3	1.6	0.7
500頭以上 (9)	5	4.2	2.0	2.2	2.4	1.8	0.6
全国農業地域別							
北　海　道 (10)	2	x	x	x	x	x	x
東　　　北 (11)	12	3.4	1.9	1.5	2.0	1.3	0.7
北　　　陸 (12)	3	4.3	2.3	2.0	2.7	1.7	1.0
関 東 ・ 東 山 (13)	25	4.3	2.1	2.2	2.5	1.6	0.9
東　　　海 (14)	15	3.9	1.8	2.1	2.2	1.2	1.0
近　　　畿 (15)	2	x	x	x	x	x	x
中　　　国 (16)	2	x	x	x	x	x	x
四　　　国 (17)	4	4.3	2.3	2.0	2.3	1.5	0.8
九　　　州 (18)	18	3.5	1.9	1.6	2.1	1.4	0.7

区分	畜舎の面積及び自動車・農機具の使用台数(10経営体当たり)				飼養月平均頭数	もと牛の概要（もと牛1頭当たり）	
	畜舎面積（1経営体当たり）	カッター	貨物自動車	トラクター（耕うん機を含む。）		月齢	評価額
	(17)	(18)	(19)	(20)	(21)	(22)	(23)
	m²	台	台	台	頭	月	円
全　　　　国 (1)	2,180.9	2.1	35.0	12.8	197.5	8.1	418,045
飼養頭数規模別							
1 ～ 10頭未満 (2)	573.0	－	23.3	－	8.0	7.8	402,039
10 ～ 20 (3)	1,356.0	1.0	18.0	8.0	15.8	7.9	362,855
20 ～ 30 (4)	671.5	1.7	33.3	13.3	25.8	8.1	384,157
30 ～ 50 (5)	526.5	1.8	22.7	11.8	39.2	7.8	402,933
50 ～ 100 (6)	996.7	1.8	31.2	14.1	68.2	8.0	407,141
100 ～ 200 (7)	1,406.5	5.0	32.1	11.3	146.3	7.8	395,827
200 ～ 500 (8)	3,883.8	2.2	44.4	10.0	267.7	8.4	444,696
500頭以上 (9)	4,480.4	－	50.0	30.0	657.5	8.0	409,130
全国農業地域別							
北　海　道 (10)	x	x	x	x	x	x	x
東　　　北 (11)	1,363.4	1.7	32.5	15.8	104.6	8.1	367,364
北　　　陸 (12)	1,140.7	3.3	36.7	10.0	65.3	7.5	394,924
関 東 ・ 東 山 (13)	1,286.6	1.2	33.2	13.6	122.7	7.9	439,968
東　　　海 (14)	903.5	2.0	27.3	2.0	64.6	7.7	409,638
近　　　畿 (15)	x	x	x	x	x	x	x
中　　　国 (16)	x	x	x	x	x	x	x
四　　　国 (17)	2,040.3	－	42.5	2.5	125.1	7.7	362,544
九　　　州 (18)	2,522.5	5.0	27.8	12.8	163.6	8.2	425,351

	経		営		土		地		
計		耕		地	畜	産	用	地	
		田	普通畑	牧草地	小　計	畜舎等	放牧地	採草地	
(8)	(9)	(10)	(11)	(12)	(13)	(14)	(15)	(16)	
a	a	a	a	a	a	a	a	a	
913	783	220	218	342	130	117	−	13	(1)
261	235	119	99	−	26	26	−	−	(2)
632	603	374	115	114	29	29	−	−	(3)
272	233	181	6	46	39	39	−	−	(4)
389	369	119	22	228	20	20	−	−	(5)
288	256	192	51	12	32	32	−	−	(6)
898	585	290	44	243	313	313	−	−	(7)
229	144	80	64	−	85	85	−	−	(8)
3,939	3,679	445	1,254	1,980	260	162		98	(9)
x	x	x	x	x	x	x	x	x	(10)
1,077	1,025	472	49	504	52	52	−	−	(11)
2,042	2,019	1,769	3	247	23	23	−	−	(12)
684	334	206	81	45	350	350	−	−	(13)
148	117	59	36	14	31	31	−	−	(14)
x	x	x	x	x	x	x	x	x	(15)
x	x	x	x	x	x	x	x	x	(16)
347	305	233	69	−	42	42	−	−	(17)
290	226	120	28	78	64	64	−	−	(18)

	生		産		物	（1 頭 当 た り）			
	主	産	物			副	産	物	
販売頭数 (1経営体当たり)	月　齢	生体重	価　格	肥育期間	き	ゅ	う	肥	その他
					数　量	利用量	価　額 (利用分)		
(24)	(25)	(26)	(27)	(28)	(29)	(30)	(31)	(32)	
頭	月	kg	円	月	kg	kg	円	円	
125.5	26.1	835.0	775,418	18.0	14,016	7,077	9,120	609	(1)
4.0	25.6	804.7	708,901	17.8	13,588	6,372	13,439	−	(2)
10.1	25.8	777.6	716,497	17.9	13,891	5,741	16,668	3,478	(3)
16.7	25.0	784.4	745,722	16.9	12,962	5,487	6,209	−	(4)
28.0	26.9	782.8	745,831	19.1	14,897	4,741	4,670	−	(5)
48.0	25.9	795.8	736,293	18.0	13,982	6,951	10,437	550	(6)
103.9	25.8	822.7	778,174	17.9	13,884	6,114	6,085	730	(7)
172.2	26.2	852.9	790,817	17.8	13,907	4,714	4,509	724	(8)
392.2	26.1	834.5	770,046	18.1	14,150	9,479	13,880	476	(9)
x	x	x	x	x	x	x	x	x	(10)
80.5	26.8	771.6	656,906	18.7	14,530	4,408	7,087	302	(11)
44.3	25.2	797.5	734,826	17.8	13,626	11,780	8,229	−	(12)
80.6	26.5	855.9	810,962	18.6	14,462	8,997	9,527	4	(13)
41.8	25.3	822.3	819,343	17.6	13,589	5,991	4,925	1,731	(14)
x	x	x	x	x	x	x	x	x	(15)
x	x	x	x	x	x	x	x	x	(16)
83.3	25.5	801.1	771,837	17.8	13,723	6,768	6,646	−	(17)
106.5	25.6	826.9	790,536	17.4	13,594	3,946	3,923	1,273	(18)

7 交雑種肥育牛生産費（続き）
(2) 作業別労働時間（交雑種肥育牛1頭当たり）

区　分	計	男	女	家　族　・　雇　用			
				家　　族			雇
				小　計	男	女	小　計
	(1)	(2)	(3)	(4)	(5)	(6)	(7)
全　　　　　国 (1)	21.96	17.45	4.51	17.80	13.55	4.25	4.16
飼養頭数規模別							
1 〜 10頭未満 (2)	78.27	72.68	5.59	78.27	72.68	5.59	-
10 〜 20 (3)	66.88	50.75	16.13	64.82	48.74	16.08	2.06
20 〜 30 (4)	49.56	31.92	17.64	40.63	24.72	15.91	8.93
30 〜 50 (5)	54.13	43.74	10.39	46.88	39.54	7.34	7.25
50 〜 100 (6)	42.81	33.36	9.45	40.51	32.55	7.96	2.30
100 〜 200 (7)	32.74	23.12	9.62	29.67	20.85	8.82	3.07
200 〜 500 (8)	22.68	18.36	4.32	18.24	13.92	4.32	4.44
500頭以上 (9)	11.79	10.39	1.40	7.30	5.90	1.40	4.49
全国農業地域別							
北　海　道 (10)	x	x	x	x	x	x	x
東　　北 (11)	29.19	20.26	8.93	22.82	15.01	7.81	6.37
北　　陸 (12)	38.04	32.71	5.33	35.35	30.02	5.33	2.69
関東・東山 (13)	27.61	22.99	4.62	22.41	18.64	3.77	5.20
東　　海 (14)	43.30	28.30	15.00	41.16	27.11	14.05	2.14
近　　畿 (15)	x	x	x	x	x	x	x
中　　国 (16)	x	x	x	x	x	x	x
四　　国 (17)	33.02	26.64	6.38	26.68	20.30	6.38	6.34
九　　州 (18)	22.54	17.49	5.05	19.97	14.92	5.05	2.57

(3) 収益性
ア 交雑種肥育牛1頭当たり

区　分	粗　収　益			生　産　費　用			所　得
	計	主産物	副産物	生産費総額	生産費総額から家族労働費、自己資本利子、自作地地代を控除した額	生産費総額から家族労働費を控除した額	
	(1)	(2)	(3)	(4)	(5)	(6)	(7)
全　　　　　国 (1)	785,147	775,418	9,729	856,875	820,251	826,620	△ 35,104
飼養頭数規模別							
1 〜 10頭未満 (2)	722,340	708,901	13,439	931,092	798,685	815,781	△ 76,345
10 〜 20 (3)	736,643	716,497	20,146	960,010	833,313	852,026	△ 96,670
20 〜 30 (4)	751,931	745,722	6,209	960,537	863,557	880,031	△ 111,626
30 〜 50 (5)	750,501	745,831	4,670	908,245	815,142	826,233	△ 64,641
50 〜 100 (6)	747,280	736,293	10,987	904,139	826,275	836,680	△ 78,995
100 〜 200 (7)	784,989	778,174	6,815	870,488	808,780	817,857	△ 23,791
200 〜 500 (8)	796,050	790,817	5,233	883,247	851,082	854,531	△ 55,032
500頭以上 (9)	784,402	770,046	14,356	818,881	799,001	805,489	△ 14,599
全国農業地域別							
北　海　道 (10)	x	x	x	x	x	x	x
東　　北 (11)	664,295	656,906	7,389	816,300	770,458	780,141	△ 106,163
北　　陸 (12)	743,055	734,826	8,229	864,777	786,357	810,575	△ 43,302
関東・東山 (13)	820,493	810,962	9,531	898,079	850,478	857,938	△ 29,985
東　　海 (14)	825,999	819,343	6,656	914,611	821,774	834,304	4,225
近　　畿 (15)	x	x	x	x	x	x	x
中　　国 (16)	x	x	x	x	x	x	x
四　　国 (17)	778,483	771,837	6,646	856,546	811,605	818,971	△ 33,122
九　　州 (18)	795,732	790,536	5,196	873,022	835,596	841,412	△ 39,864

単位：時間

別　内　訳 用 男 (8)	女 (9)	直接労働時間 小　計 (10)	飼育労働時間 飼料の調理・給与・給水 (11)	敷料の搬入・きゅう肥の搬出 (12)	その他 (13)	間接労働時間 (14)	自給牧草に係る労働時間 (15)	
3.90	0.26	20.95	15.17	2.54	3.24	1.01	0.25	(1)
-	-	75.94	54.51	16.33	5.10	2.33	-	(2)
2.01	0.05	64.54	48.37	7.55	8.62	2.34	0.31	(3)
7.20	1.73	49.24	34.30	10.20	4.74	0.32	0.01	(4)
4.20	3.05	51.66	39.77	6.22	5.67	2.47	0.08	(5)
0.81	1.49	40.91	32.02	3.90	4.99	1.90	0.29	(6)
2.27	0.80	30.92	20.45	3.59	6.88	1.82	0.45	(7)
4.44	-	21.89	17.34	1.54	3.01	0.79	-	(8)
4.49	-	11.10	7.24	2.30	1.56	0.69	0.40	(9)
x	x	x	x	x	x	x	x	(10)
5.25	1.12	27.78	19.47	3.08	5.23	1.41	0.68	(11)
2.69	-	36.34	29.67	4.47	2.20	1.70	1.38	(12)
4.35	0.85	26.22	18.28	3.26	4.68	1.39	0.07	(13)
1.19	0.95	42.08	29.17	4.95	7.96	1.22	-	(14)
x	x	x	x	x	x	x	x	(15)
x	x	x	x	x	x	x	x	(16)
6.34	-	31.98	23.96	2.81	5.21	1.04	-	(17)
2.57	0.00	21.58	17.56	1.74	2.28	0.96	0.07	(18)

イ　1日当たり

単位：円　　　　単位：円

家族労働報酬 (8)	所　得 (1)	家族労働報酬 (2)	
△ 41,473	nc	nc	(1)
△ 93,441	nc	nc	(2)
△ 115,383	nc	nc	(3)
△ 128,100	nc	nc	(4)
△ 75,732	nc	nc	(5)
△ 89,400	nc	nc	(6)
△ 32,868	nc	nc	(7)
△ 58,481	nc	nc	(8)
△ 21,087	nc	nc	(9)
x	x	x	(10)
△ 115,846	nc	nc	(11)
△ 67,520	nc	nc	(12)
△ 37,445	nc	nc	(13)
△ 8,305	821	nc	(14)
x	x	x	(15)
x	x	x	(16)
△ 40,488	nc	nc	(17)
△ 45,680	nc	nc	(18)

7 交雑種肥育牛生産費（続き）

（4） 生産費

ア 交雑種肥育牛1頭当たり

区分	物 計 (1)	もと畜費 (2)	飼料費 小計 (3)	飼料費 流通飼料費 (4)	飼料費 流通飼料費 購入 (5)	飼料費 牧草・放牧・採草費 (6)	敷料費 (7)	敷料費 購入 (8)	光熱水料及び動力費 (9)	光熱水料及び動力費 購入 (10)
全 国 (1)	808,802	428,898	333,843	326,591	325,871	7,252	10,166	10,030	9,531	9,531
飼養頭数規模別										
1 ～ 10頭未満 (2)	797,741	402,039	336,605	336,605	333,037	-	3,312	3,312	12,061	12,061
10 ～ 20 (3)	830,101	370,040	382,007	379,515	378,162	2,492	7,283	6,993	16,062	16,062
20 ～ 30 (4)	843,413	384,157	368,852	367,512	342,342	1,340	10,212	9,659	11,216	11,216
30 ～ 50 (5)	805,204	410,782	342,789	342,260	339,985	529	6,567	6,560	10,796	10,796
50 ～ 100 (6)	822,056	418,118	350,740	349,414	348,245	1,326	8,309	7,843	11,976	11,976
100 ～ 200 (7)	802,151	402,944	349,478	345,496	345,216	3,982	7,482	7,437	10,883	10,883
200 ～ 500 (8)	835,761	457,033	339,191	339,191	339,191	-	5,727	5,727	11,774	11,774
500頭以上 (9)	787,697	420,814	319,586	304,080	303,210	15,506	15,191	14,958	6,724	6,724
全国農業地域別										
北 海 道 (10)	x	x	x	x	x	x	x	x	x	x
東 北 (11)	758,246	375,350	335,011	330,339	330,035	4,672	9,569	9,568	10,054	10,054
北 陸 (12)	778,492	394,924	339,190	321,883	321,386	17,307	4,136	2,888	6,171	6,171
関 東 ・ 東 山 (13)	841,473	449,138	348,573	348,374	346,971	199	6,939	6,741	9,145	9,145
東 海 (14)	818,315	418,785	335,722	335,722	331,715	-	5,226	5,138	13,843	13,843
近 畿 (15)	x	x	x	x	x	x	x	x	x	x
中 国 (16)	x	x	x	x	x	x	x	x	x	x
四 国 (17)	800,929	366,899	379,550	379,550	379,082	-	9,462	9,462	13,682	13,682
九 州 (18)	824,160	437,562	344,801	344,191	344,006	610	7,245	7,245	10,380	10,380

区分	物財費（続き）農機具費（続き）購入 (22)	償却 (23)	生産管理費 (24)	償却 (25)	労働費 計 (26)	家族 (27)	直接労働費 (28)	間接労働費 (29)	自給牧草に係る労働費 (30)	費 計 (31)
全 国 (1)	2,855	2,412	829	50	37,029	30,255	35,279	1,750	468	845,831
飼養頭数規模別										
1 ～ 10頭未満 (2)	1,062	14,150	1,055	-	115,311	115,311	111,231	4,080	-	913,052
10 ～ 20 (3)	6,121	6,234	2,578	159	110,301	107,984	106,509	3,792	477	940,402
20 ～ 30 (4)	3,458	3,299	2,579	211	98,839	80,506	98,239	600	15	942,252
30 ～ 50 (5)	4,026	2,757	1,140	-	91,190	82,012	87,013	4,177	104	896,394
50 ～ 100 (6)	2,848	5,874	1,332	34	70,192	67,459	67,058	3,134	490	892,248
100 ～ 200 (7)	3,361	2,276	1,187	13	56,896	52,631	53,734	3,162	739	859,047
200 ～ 500 (8)	2,667	1,133	657	26	36,393	28,716	35,105	1,288	-	872,154
500頭以上 (9)	2,716	2,876	690	84	20,774	13,392	19,504	1,270	754	808,471
全国農業地域別										
北 海 道 (10)	x	x	x	x	x	x	x	x	x	x
東 北 (11)	2,972	2,516	955	93	47,279	36,159	45,096	2,183	1,015	805,525
北 陸 (12)	1,186	-	1,393	-	60,688	54,202	58,282	2,406	1,962	839,180
関 東 ・ 東 山 (13)	2,102	2,560	1,036	14	48,337	40,141	45,856	2,481	112	889,810
東 海 (14)	5,367	3,990	2,515	26	82,563	80,307	80,267	2,296	-	900,878
近 畿 (15)	x	x	x	x	x	x	x	x	x	x
中 国 (16)	x	x	x	x	x	x	x	x	x	x
四 国 (17)	3,100	1,731	1,494	-	45,840	37,575	44,512	1,328	-	846,769
九 州 (18)	2,517	1,935	424	6	35,387	31,610	33,748	1,639	185	859,547

単位：円

	財			費						
その他の諸材料費	獣医師料及び医薬品費	賃借料及び料金	物件税及び公課諸負担	建物費 小計	購入	償却	自動車費 小計	購入	償却	農機具費 小計
(11)	(12)	(13)	(14)	(15)	(16)	(17)	(18)	(19)	(20)	(21)
291	3,380	2,813	2,468	8,268	1,669	6,599	3,048	1,703	1,345	5,267	(1)
53	2,927	2,914	2,867	4,462	794	3,668	14,234	2,290	11,944	15,212	(2)
568	8,134	1,310	6,076	14,374	7,069	7,305	9,314	4,238	5,076	12,355	(3)
895	11,033	21,958	6,301	12,407	2,937	9,470	7,046	6,903	143	6,757	(4)
340	3,789	5,366	5,454	5,084	1,319	3,765	6,314	5,073	1,241	6,783	(5)
401	4,048	1,052	4,623	7,734	3,023	4,711	5,001	3,056	1,945	8,722	(6)
624	5,104	2,818	3,627	7,718	2,543	5,175	4,649	2,984	1,665	5,637	(7)
242	3,014	2,087	2,242	6,290	1,913	4,377	3,704	1,799	1,905	3,800	(8)
169	2,681	3,185	1,679	10,095	874	9,221	1,291	688	603	5,592	(9)
x	x	x	x	x	x	x	x	x	x	x	(10)
440	3,384	2,543	2,816	8,980	2,868	6,112	3,656	2,700	956	5,488	(11)
137	4,574	2,825	6,838	15,781	248	15,533	1,337	1,337	–	1,186	(12)
505	2,784	2,056	3,626	9,678	1,748	7,930	3,331	1,913	1,418	4,662	(13)
300	5,663	7,481	3,801	8,659	2,819	5,840	6,963	5,769	1,194	9,357	(14)
x	x	x	x	x	x	x	x	x	x	x	(15)
x	x	x	x	x	x	x	x	x	x	x	(16)
640	3,177	2,755	2,991	11,568	3,874	7,694	3,880	3,078	802	4,831	(17)
227	4,503	2,006	2,011	6,801	2,192	4,609	3,748	1,180	2,568	4,452	(18)

用 合 計 購入	自給	償却	副産物価額	生産費(副産物価額差引)	支払利子	支払地代	支払利子・地代算入生産費	自己資本利子	自作地地代	資本利子・地代全額算入生産費(全算入生産費)
(32)	(33)	(34)	(35)	(36)	(37)	(38)	(39)	(40)	(41)	(42)
750,217	85,208	10,406	9,729	836,102	3,957	718	840,777	4,754	1,615	847,146	(1)
764,411	118,879	29,762	13,439	899,613	–	944	900,557	15,787	1,309	917,653	(2)
751,111	170,517	18,774	20,146	920,256	895	–	921,151	15,154	3,559	939,864	(3)
756,414	172,715	13,123	6,209	936,043	1,486	325	937,854	14,485	1,989	954,328	(4)
780,942	107,689	7,763	4,670	891,724	185	575	892,484	8,551	2,540	903,575	(5)
746,542	133,142	12,564	10,987	881,261	1,183	303	882,747	8,444	1,961	893,152	(6)
730,052	119,866	9,129	6,815	852,232	1,695	669	854,596	7,799	1,278	863,673	(7)
835,997	28,716	7,441	5,233	866,921	7,644	–	874,565	2,444	1,005	878,014	(8)
689,556	106,131	12,784	14,356	794,115	2,545	1,377	798,037	4,365	2,123	804,525	(9)
x	x	x	x	x	x	x	x	x	x	x	(10)
751,787	44,061	9,677	7,389	798,136	149	943	799,228	7,897	1,786	808,911	(11)
750,393	73,254	15,533	8,229	830,951	–	1,379	832,330	20,825	3,393	856,548	(12)
793,304	84,584	11,922	9,531	880,279	566	243	881,088	6,008	1,452	888,548	(13)
732,426	157,402	11,050	6,656	894,222	1,024	179	895,425	11,046	1,484	907,955	(14)
x	x	x	x	x	x	x	x	x	x	x	(15)
x	x	x	x	x	x	x	x	x	x	x	(16)
798,499	38,043	10,227	6,646	840,123	2,411	–	842,534	6,623	743	849,900	(17)
671,941	178,488	9,118	5,196	854,351	7,486	173	862,010	4,639	1,177	867,826	(18)

7 交雑種肥育牛生産費（続き）
(4) 生産費（続き）
イ 交雑種肥育牛生体100kg当たり

区　分	物 計	もと畜費	飼料費 小計	流通飼料費	購入	牧草・放牧・採草費	敷料費	購入	光熱水料及び動力費	購入
	(1)	(2)	(3)	(4)	(5)	(6)	(7)	(8)	(9)	(10)
全　　国 (1)	96,870	51,366	39,984	39,115	39,029	869	1,217	1,201	1,142	1,142
飼養頭数規模別										
1 ～ 10頭未満 (2)	99,141	49,963	41,832	41,832	41,389	-	412	412	1,499	1,499
10 ～ 20 (3)	106,751	47,588	49,128	48,807	48,633	321	936	899	2,066	2,066
20 ～ 30 (4)	107,529	48,978	47,026	46,855	43,646	171	1,301	1,231	1,430	1,430
30 ～ 50 (5)	102,855	52,474	43,787	43,719	43,428	68	839	838	1,379	1,379
50 ～ 100 (6)	103,292	52,537	44,072	43,905	43,758	167	1,044	985	1,505	1,505
100 ～ 200 (7)	97,505	48,979	42,478	41,994	41,960	484	910	904	1,323	1,323
200 ～ 500 (8)	97,996	53,588	39,773	39,773	39,773	-	671	671	1,381	1,381
500頭以上 (9)	94,385	50,424	38,293	36,435	36,331	1,858	1,820	1,792	806	806
全国農業地域別										
北　海　道 (10)	x	x	x	x	x	x	x	x	x	x
東　　北 (11)	98,270	48,646	43,418	42,812	42,773	606	1,240	1,240	1,303	1,303
北　　陸 (12)	97,609	49,517	42,528	40,358	40,296	2,170	519	362	774	774
関東・東山 (13)	98,317	52,477	40,727	40,704	40,540	23	811	788	1,069	1,069
東　　海 (14)	99,514	50,926	40,827	40,827	40,340	-	636	625	1,683	1,683
近　　畿 (15)	x	x	x	x	x	x	x	x	x	x
中　　国 (16)	x	x	x	x	x	x	x	x	x	x
四　　国 (17)	99,974	45,797	47,375	47,375	47,317	-	1,181	1,181	1,708	1,708
九　　州 (18)	99,673	52,918	41,699	41,625	41,603	74	876	876	1,255	1,255

区　分	物財費（続き） 農機具費（続き） 購入	償却	生産管理費	償却	労働費 計	家族	直接労働費	間接労働費	自給牧草に係る労働費	費 計
	(22)	(23)	(24)	(25)	(26)	(27)	(28)	(29)	(30)	(31)
全　　国 (1)	342	290	99	6	4,434	3,623	4,225	209	56	101,304
飼養頭数規模別										
1 ～ 10頭未満 (2)	132	1,758	131	-	14,330	14,330	13,823	507	-	113,471
10 ～ 20 (3)	787	801	331	20	14,186	13,888	13,698	488	61	120,937
20 ～ 30 (4)	441	421	329	27	12,601	10,264	12,524	77	2	120,130
30 ～ 50 (5)	514	352	146	-	11,648	10,476	11,115	533	13	114,503
50 ～ 100 (6)	358	738	167	4	8,819	8,476	8,425	394	62	112,111
100 ～ 200 (7)	409	277	145	2	6,916	6,398	6,531	385	90	104,421
200 ～ 500 (8)	313	132	77	3	4,267	3,367	4,116	151	-	102,263
500頭以上 (9)	325	346	83	10	2,490	1,605	2,338	152	90	96,875
全国農業地域別										
北　海　道 (10)	x	x	x	x	x	x	x	x	x	x
東　　北 (11)	385	327	124	12	6,127	4,686	5,845	282	131	104,397
北　　陸 (12)	149	-	175	-	7,609	6,796	7,307	302	246	105,218
関東・東山 (13)	246	300	121	2	5,646	4,689	5,357	289	13	103,963
東　　海 (14)	653	485	306	3	10,039	9,765	9,760	279	-	109,553
近　　畿 (15)	x	x	x	x	x	x	x	x	x	x
中　　国 (16)	x	x	x	x	x	x	x	x	x	x
四　　国 (17)	387	217	186	-	5,723	4,691	5,557	166	-	105,697
九　　州 (18)	304	235	52	1	4,279	3,823	4,081	198	23	103,952

単位：円

	財				費							
その他の諸材料費	獣医師料及び医薬品費	賃借料及び料金	物件税及び公課諸負担	建 物 費			自 動 車 費			農機具費		
				小 計	購 入	償 却	小 計	購 入	償 却	小 計		
(11)	(12)	(13)	(14)	(15)	(16)	(17)	(18)	(19)	(20)	(21)		
35	405	337	296	991	200	791	366	204	162	632		(1)
7	364	362	356	556	99	457	1,769	285	1,484	1,890		(2)
73	1,046	169	781	1,848	909	939	1,197	545	652	1,588		(3)
114	1,407	2,800	803	1,581	374	1,207	898	880	18	862		(4)
43	484	685	697	648	168	480	807	648	159	866		(5)
50	509	132	581	971	380	591	628	384	244	1,096		(6)
76	620	342	441	939	309	630	566	363	203	686		(7)
28	353	245	263	737	224	513	435	211	224	445		(8)
20	321	382	201	1,210	105	1,105	154	82	72	671		(9)
x	x	x	x	x	x	x	x	x	x	x		(10)
57	439	330	365	1,163	372	791	473	350	123	712		(11)
17	573	354	857	1,978	31	1,947	168	168	-	149		(12)
59	325	240	423	1,130	204	926	389	223	166	546		(13)
37	689	910	463	1,052	343	709	847	702	145	1,138		(14)
x	x	x	x	x	x	x	x	x	x	x		(15)
x	x	x	x	x	x	x	x	x	x	x		(16)
80	397	344	373	1,445	484	961	484	384	100	604		(17)
27	545	243	243	823	265	558	453	143	310	539		(18)

用	合	計	副産物価額	生産費（副産物価額差引）	支払利子	支払地代	支払利子・地代算入生産費	自己資本利子	自作地地代	資本利子・地代全額算入生産費（全算入生産費）	
購 入	自 給	償 却									
(32)	(33)	(34)	(35)	(36)	(37)	(38)	(39)	(40)	(41)	(42)	
89,851	10,204	1,249	1,165	100,139	474	85	100,698	569	194	101,461	(1)
94,999	14,773	3,699	1,670	111,801	-	117	111,918	1,962	163	114,043	(2)
96,595	21,930	2,412	2,591	118,346	115	-	118,461	1,949	458	120,868	(3)
96,437	22,020	1,673	792	119,338	189	41	119,568	1,847	253	121,668	(4)
99,755	13,757	991	597	113,906	24	73	114,003	1,092	325	115,420	(5)
93,804	16,730	1,577	1,381	110,730	149	38	110,917	1,061	246	112,224	(6)
88,738	14,571	1,112	829	103,592	206	81	103,879	948	156	104,983	(7)
98,024	3,367	872	614	101,649	896	-	102,545	287	118	102,950	(8)
82,625	12,717	1,533	1,720	95,155	305	165	95,625	523	254	96,402	(9)
x	x	x	x	x	x	x	x	x	x	x	(10)
97,434	5,710	1,253	957	103,440	19	122	103,581	1,023	232	104,836	(11)
94,086	9,185	1,947	1,032	104,186	-	173	104,359	2,611	425	107,395	(12)
92,688	9,881	1,394	1,113	102,850	66	29	102,945	702	170	103,817	(13)
89,071	19,140	1,342	810	108,743	124	22	108,889	1,343	180	110,412	(14)
x	x	x	x	x	x	x	x	x	x	x	(15)
x	x	x	x	x	x	x	x	x	x	x	(16)
99,670	4,749	1,278	829	104,868	301	-	105,169	827	93	106,089	(17)
81,262	21,586	1,104	629	103,323	905	21	104,249	561	142	104,952	(18)

7 交雑種肥育牛生産費（続き）

(5) 流通飼料の使用数量と価額（交雑種肥育牛1頭当たり）

区分	平均 数量	平均 価額	1～10頭未満 数量	価額	10～20 数量	価額	20～30 数量	価額
	(1) kg	(2) 円	(3) kg	(4) 円	(5) kg	(6) 円	(7) kg	(8) 円
流通飼料費合計 (1)	…	326,591	…	336,605	…	379,515	…	367,512
購入飼料費計 (2)	…	325,871	…	333,037	…	378,162	…	342,342
穀類 小計 (3)	…	1,757	…	42,258	…	21,127	…	17,612
大麦 (4)	9.7	553	660.2	42,258	61.2	3,958	200.6	13,040
その他の麦 (5)	0.6	30	-	-	98.3	5,124	-	-
とうもろこし (6)	20.5	1,104	-	-	195.3	12,045	86.3	4,572
大豆 (7)	0.6	55	-	-	-	-	-	-
飼料用米 (8)	-	-	-	-	-	-	-	-
その他 (9)	…	15	…	-	…	-	…	-
ぬか・ふすま類 小計 (10)	…	464	-	-	…	9,555	…	244
ふすま (11)	5.8	218	-	-	100.1	3,805	5.1	244
米・麦ぬか (12)	21.0	224	-	-	111.3	3,427	-	-
その他 (13)	…	22	…	-	…	2,323	…	-
植物性かす類 小計 (14)	…	5,284	…	21,401	…	9,922	…	-
大豆油かす (15)	17.7	1,395	197.1	21,401	38.9	3,380	-	-
ビートパルプ (16)	0.8	47	-	-	-	-	-	-
その他 (17)	…	3,842	…	-	…	6,542	…	-
配合飼料 (18)	4,778.7	280,844	3,952.5	250,871	4,175.3	273,394	4,787.2	291,150
TMR (19)	25.1	907	-	-	10.9	764	3.6	850
牛乳・脱脂乳 (20)	-	-	-	-	-	-	-	-
いも類及び野菜類 (21)	-	-	-	-	-	-	-	-
わら類 小計 (22)	…	17,029	…	12,247	…	11,851	…	633
稲わら (23)	486.9	16,636	345.0	12,247	307.0	11,851	48.7	633
その他 (24)	…	393	…	-	…	-	…	-
生牧草 (25)	-	-	-	-	-	-	-	-
乾牧草 小計 (26)	…	15,184	…	5,874	…	41,452	…	27,879
ヘイキューブ (27)	2.5	208	-	-	-	-	-	-
その他 (28)	…	14,976	…	5,874	…	41,452	…	27,879
サイレージ 小計 (29)	…	425	…	-	…	1,547	…	2,544
いね科 (30)	27.0	341	-	-	103.1	1,547	205.0	2,544
うち稲発酵粗飼料 (31)	25.3	316	-	-	103.1	1,547	205.0	2,544
その他 (32)	…	84	…	-	…	-	…	-
その他 (33)	…	3,977	…	386	…	8,550	…	1,430
自給飼料費計 (34)	…	720	…	3,568	…	1,353	…	25,170
稲わら (35)	29.9	684	223.0	3,568	97.8	1,353	567.7	25,170
その他 (36)	…	36	-	-	-	-	-	-

30 ～ 50		50 ～ 100		100 ～ 200		200 ～ 500		500 頭 以 上		
数 量	価 額	数 量	価 額	数 量	価 額	数 量	価 額	数 量	価 額	
(9)	(10)	(11)	(12)	(13)	(14)	(15)	(16)	(17)	(18)	
kg	円	kg	円	kg	円	kg	円	kg	円	
…	342,260	…	349,414	…	345,496	…	339,191	…	304,080	(1)
…	339,985	…	348,245	…	345,216	…	339,191	…	303,210	(2)
…	3,818	…	6,195	…	584	…	2,710	…	-	(3)
-	-	100.2	5,128	4.0	239	-	-	-	-	(4)
-	-	-	-	-	-	-	-	-	-	(5)
53.0	2,821	17.4	1,021	0.5	28	51.1	2,710	-	-	(6)
-	-	0.6	46	3.5	317	-	-	-	-	(7)
-	-	-	-	-	-	-	-	-	-	(8)
…	997	…	-	…	-	…	-	…	-	(9)
…	1,236	…	2,412	…	350	…	-	…	479	(10)
22.9	1,236	67.4	2,268	7.2	324	-	-	-	-	(11)
-	-	2.3	53	0.2	6	-	-	48.4	479	(12)
…	-	…	91	…	20	…	-	…	-	(13)
…	2,635	…	4,254	…	3,220	…	5,403	…	6,162	(14)
14.5	1,920	11.8	1,297	8.1	702	3.1	277	32.8	2,414	(15)
-	-	14.9	868	-	-	-	-	-	-	(16)
…	715	…	2,089	…	2,518	…	5,126	…	3,748	(17)
5,135.7	299,755	4,741.8	299,958	4,869.0	293,084	4,984.0	289,802	4,586.1	265,887	(18)
0.8	363	-	-	1.5	294	75.0	2,546	-	-	(19)
-	-	-	-	-	-	-	-	-	-	(20)
-	-	-	-	-	-	-	-	-	-	(21)
…	17,403	…	9,212	…	17,523	…	25,156	…	11,804	(22)
474.2	11,406	251.7	9,212	418.8	16,414	670.6	25,156	410.8	11,521	(23)
…	5,997	…	-	…	1,109	…	-	…	283	(24)
-	-	-	-	-	-	-	-	-	-	(25)
…	11,856	…	23,842	…	22,984	…	10,219	…	14,481	(26)
9.2	722	17.1	1,310	8.5	763	-	-	-	-	(27)
…	11,134	…	22,532	…	22,221	…	10,219	…	14,481	(28)
…	-	…	599	…	1,668	…	263	…	-	(29)
-	-	39.1	599	87.7	1,164	24.7	263	-	-	(30)
-	-	39.1	599	77.6	1,012	24.7	263	-	-	(31)
…	-	…	-	…	504	…	-	…	-	(32)
…	2,919	…	1,773	…	5,509	…	3,092	…	4,397	(33)
…	2,275	…	1,169	…	280	…	-	…	870	(34)
114.2	2,275	72.6	1,169	14.0	280	-	-	39.2	784	(35)
…	-	…	-	…	-	…	-	…	86	(36)

8 肥育豚生産費

8 肥育豚生産費
(1) 経営の概況（1経営体当たり）

区　　　　　　　　　分	集　　計経営体数	世　　帯　　員			農　業　就　業　者		
		計	男	女	計	男	女
	(1)	(2)	(3)	(4)	(5)	(6)	(7)
	経営体	人	人	人	人	人	人
全　　　　　　　国 (1)	94	3.9	2.1	1.8	2.4	1.5	0.9
飼　養　頭　数　規　模　別							
1 ～ 100頭未満 (2)	4	3.1	2.0	1.1	1.6	1.1	0.5
100 ～ 300 (3)	13	3.4	1.7	1.7	2.0	1.2	0.8
300 ～ 500 (4)	9	3.6	1.7	1.9	2.3	1.5	0.8
500 ～ 1,000 (5)	23	4.0	2.1	1.9	2.2	1.4	0.8
1,000 ～ 2,000 (6)	25	4.6	2.5	2.1	3.2	2.0	1.2
2,000頭以上 (7)	20	4.6	2.5	2.1	3.0	1.9	1.1
全　国　農　業　地　域　別							
北　　　海　　　道 (8)	2	x	x	x	x	x	x
東　　　　　　　北 (9)	9	4.1	2.1	2.0	2.7	1.7	1.0
北　　　　　　　陸 (10)	3	4.1	1.1	3.0	2.0	1.0	1.0
関　東　・　東　山 (11)	37	4.1	2.3	1.8	2.3	1.6	0.7
東　　　　　　　海 (12)	12	3.8	2.1	1.7	2.4	1.6	0.8
四　　　　　　　国 (13)	1	x	x	x	x	x	x
九　　　　　　　州 (14)	29	3.6	1.8	1.8	2.2	1.2	1.0
沖　　　　　　　縄 (15)	1	x	x	x	x	x	x

区　　　　　　　　　分	建　物　等　の　面　積　及　び　自　動　車　・　農　機　具　の　使　用　台　数						
	建　物　等（1　経　営　体　当　た　り）			自　動　車・農　機　具（10　経　営　体　当　た　り）			
	畜　舎	たい肥舎	ふん乾燥施設	貨　物自動車	バキュームカ　ー	動　力噴霧機	トラクター
	(16)	(17)	(18)	(19)	(20)	(21)	(22)
	m²	m²	基	台	台	台	台
全　　　　　　　国 (1)	1,662.7	171.3	0.2	25.6	2.7	5.2	5.6
飼　養　頭　数　規　模　別							
1 ～ 100頭未満 (2)	682.9	55.8	-	15.0	-	3.6	-
100 ～ 300 (3)	567.6	81.7	0.1	19.1	0.7	2.2	6.3
300 ～ 500 (4)	905.2	191.5	0.1	27.7	1.3	4.3	4.0
500 ～ 1,000 (5)	1,733.2	185.8	0.3	26.9	5.1	5.4	4.7
1,000 ～ 2,000 (6)	2,407.4	189.9	0.3	27.3	4.1	8.5	10.4
2,000頭以上 (7)	5,776.9	473.7	0.3	48.3	2.7	8.9	7.7
全　国　農　業　地　域　別							
北　　　海　　　道 (8)	x	x	x	x	x	x	x
東　　　　　　　北 (9)	1,602.8	271.6	-	23.6	-	3.6	4.3
北　　　　　　　陸 (10)	918.6	193.6	0.0	39.3	-	0.2	9.8
関　東　・　東　山 (11)	1,548.7	136.2	0.2	24.4	3.5	5.7	7.2
東　　　　　　　海 (12)	1,971.4	161.8	0.1	26.8	1.8	4.9	2.5
四　　　　　　　国 (13)	x	x	x	x	x	x	x
九　　　　　　　州 (14)	1,767.7	177.7	0.2	26.5	2.8	5.8	5.2
沖　　　　　　　縄 (15)	x	x	x	x	x	x	x

	経営土地			畜産用地		肉豚飼養月平均頭数	繁殖雌豚年始め飼養頭数	
計	耕地	田	普通畑	小計	畜舎等			
(8)	(9)	(10)	(11)	(12)	(13)	(14)	(15)	
a	a	a	a	a	a	頭	頭	
211	147	94	48	64	64	802.0	80.7	(1)
116	77	52	25	39	39	85.2	14.9	(2)
318	294	222	63	24	24	219.9	25.9	(3)
156	120	64	55	36	36	403.2	47.0	(4)
208	121	68	43	87	87	714.9	77.1	(5)
191	122	65	53	69	69	1,450.1	135.0	(6)
274	98	51	47	176	176	3,061.5	284.0	(7)
x	x	x	x	x	x	x	x	(8)
442	386	327	56	56	56	530.7	59.2	(9)
505	472	449	8	33	33	702.4	67.3	(10)
160	100	51	47	60	60	799.6	81.0	(11)
153	53	14	39	100	100	1,179.5	124.2	(12)
x	x	x	x	x	x	x	x	(13)
161	100	40	55	61	61	810.4	78.5	(14)
x	x	x	x	x	x	x	x	(15)

生産物（1頭当たり）								
主産物				副産物				
販売頭数〔1経営体当たり〕	生体重	販売価格	販売月齢	きゅう肥			その他	
				数量	利用量	価額（利用分）		
(23)	(24)	(25)	(26)	(27)	(28)	(29)	(30)	
頭	kg	円	月	kg	kg	円	円	
1,432.7	115.2	37,658	6.3	734.3	216.5	213	843	(1)
153.6	121.1	35,865	6.4	730.6	276.5	984	3,773	(2)
320.2	114.1	38,578	6.9	1,072.7	271.7	671	939	(3)
596.7	114.9	39,911	7.0	716.1	231.1	538	1,375	(4)
1,230.3	113.6	37,384	6.5	855.8	255.8	130	672	(5)
2,701.4	115.4	37,245	6.2	647.4	184.9	83	774	(6)
5,807.6	116.1	37,847	6.1	708.3	213.5	274	795	(7)
x	x	x	x	x	x	x	x	(8)
1,010.8	115.7	37,466	6.2	820.4	560.1	352	1,089	(9)
1,358.7	119.5	37,450	5.6	1,126.7	910.3	299	767	(10)
1,465.7	115.5	36,776	6.2	576.4	81.6	94	1,002	(11)
2,207.1	114.1	36,904	6.2	950.0	353.3	224	613	(12)
x	x	x	x	x	x	x	x	(13)
1,368.0	115.2	39,092	6.6	771.5	194.4	338	699	(14)
x	x	x	x	x	x	x	x	(15)

8 肥育豚生産費（続き）
（2） 作業別労働時間
ア 肥育豚1頭当たり

区　　　　　　　分	直　接　労　働　時　間					間　接労働時間	家　族　・	
	計	小　計	飼料調給給調理与・・水の料理与・水	敷搬きの料入搬きゅの搬・肥出料の搬入・肥出	その他		家　族	
							小　計	男
	(1)	(2)	(3)	(4)	(5)	(6)	(7)	(8)
全　　　　　　　　国 (1)	2.99	2.83	0.85	0.65	1.33	0.16	2.40	1.75
飼養頭数規模別								
1 ～ 100頭未満 (2)	7.40	7.18	2.18	1.60	3.40	0.22	7.40	6.32
100 ～ 300 (3)	6.24	5.81	2.51	1.91	1.39	0.43	6.24	4.36
300 ～ 500 (4)	4.61	4.37	1.38	1.36	1.63	0.24	4.13	3.25
500 ～ 1,000 (5)	3.68	3.52	1.32	0.90	1.30	0.16	3.43	2.42
1,000 ～ 2,000 (6)	2.47	2.31	0.56	0.47	1.28	0.16	1.97	1.42
2,000頭以上 (7)	2.11	1.97	0.41	0.32	1.24	0.14	0.95	0.69
全国農業地域別								
北　　海　　道 (8)	x	x	x	x	x	x	x	x
東　　　　北 (9)	3.33	3.17	1.11	1.20	0.86	0.16	3.26	2.49
北　　　　陸 (10)	2.60	2.01	0.57	0.38	1.06	0.59	2.51	1.85
関　東　・　東　山 (11)	2.88	2.73	0.69	0.58	1.46	0.15	2.26	1.72
東　　　　海 (12)	2.30	2.20	0.67	0.41	1.12	0.10	1.89	1.51
四　　　　国 (13)	x	x	x	x	x	x	x	x
九　　　　州 (14)	3.29	3.09	1.02	0.64	1.43	0.20	2.40	1.61
沖　　　　縄 (15)	x	x	x	x	x	x	x	x

（3）

ア

単位：時間

区　　　　　　　分	間　接労働時間	家　族　・　雇　用　別　労　働　時　間						粗
		家　　　　族			雇　　　　用			
		小　計	男	女	小　計	男	女	計
	(6)	(7)	(8)	(9)	(10)	(11)	(12)	(1)
全　　　　　　　　国 (1)	0.15	2.09	1.52	0.57	0.52	0.47	0.05	38,714
飼養頭数規模別								
1 ～ 100頭未満 (2)	0.18	6.10	5.21	0.89	－	－	－	40,622
100 ～ 300 (3)	0.38	5.47	3.82	1.65	0.00	0.00	－	40,188
300 ～ 500 (4)	0.21	3.61	2.84	0.77	0.42	0.39	0.03	41,824
500 ～ 1,000 (5)	0.14	3.02	2.14	0.88	0.22	0.22	－	38,186
1,000 ～ 2,000 (6)	0.13	1.70	1.23	0.47	0.43	0.38	0.05	38,102
2,000頭以上 (7)	0.12	0.83	0.60	0.23	1.01	0.91	0.10	38,916
全国農業地域別								
北　　海　　道 (8)	x	x	x	x	x	x	x	x
東　　　　北 (9)	0.13	2.82	2.16	0.66	0.06	0.06	－	38,907
北　　　　陸 (10)	0.49	2.09	1.54	0.55	0.08	0.08	－	38,516
関　東　・　東　山 (11)	0.11	1.94	1.49	0.45	0.53	0.49	0.04	37,872
東　　　　海 (12)	0.08	1.65	1.32	0.33	0.36	0.33	0.03	37,741
四　　　　国 (13)	x	x	x	x	x	x	x	x
九　　　　州 (14)	0.17	2.07	1.39	0.68	0.77	0.70	0.07	40,129
沖　　　　縄 (15)	x	x	x	x	x	x	x	x

単位：時間　　イ　肥育豚生体100kg当たり　　　　単位：時間

雇用別労働時間				計	直接労働時間			
女	雇用				小計	飼料調製・給与	料理・きゅうの水与敷料の搬入・きゅう肥の搬出	その他
	小計	男	女					
(9)	(10)	(11)	(12)	(1)	(2)	(3)	(4)	(5)	
0.65	0.59	0.54	0.05	2.61	2.46	0.73	0.58	1.15	(1)
1.08	-	-	-	6.10	5.92	1.80	1.32	2.80	(2)
1.88	0.00	0.00	-	5.47	5.09	2.20	1.67	1.22	(3)
0.88	0.48	0.45	0.03	4.03	3.82	1.20	1.19	1.43	(4)
1.01	0.25	0.25	-	3.24	3.10	1.16	0.79	1.15	(5)
0.55	0.50	0.44	0.06	2.13	2.00	0.48	0.41	1.11	(6)
0.26	1.16	1.04	0.12	1.84	1.72	0.36	0.29	1.07	(7)
x	x	x	x	x	x	x	x	x	(8)
0.77	0.07	0.07	-	2.88	2.75	0.96	1.04	0.75	(9)
0.66	0.09	0.09	-	2.17	1.68	0.48	0.32	0.88	(10)
0.54	0.62	0.56	0.06	2.47	2.36	0.60	0.50	1.26	(11)
0.38	0.41	0.37	0.04	2.01	1.93	0.58	0.36	0.99	(12)
x	x	x	x	x	x	x	x	x	(13)
0.79	0.89	0.82	0.07	2.84	2.67	0.88	0.55	1.24	(14)
x	x	x	x	x	x	x	x	x	(15)

収益性

肥育豚1頭当たり　　　　　　　　　　　　　　　　イ　1日当たり

単位：円　　　　　　　　単位：円

収益		生産費用			所得	家族労働報酬	所得	家族労働報酬
主産物	副産物	生産費総額	生産費総額から家族労働費、自己資本利子、自作地地代を控除した額	生産費総額から家族労働費を控除した額				
(2)	(3)	(4)	(5)	(6)	(7)	(8)	(1)	(2)	
37,658	1,056	38,963	34,181	34,910	4,533	3,804	15,110	12,680	(1)
35,865	4,757	54,381	42,128	43,601	△1,506	△2,979	nc	nc	(2)
38,578	1,610	42,922	33,050	33,886	7,138	6,302	9,151	8,079	(3)
39,911	1,913	44,823	37,016	37,818	4,808	4,006	9,313	7,760	(4)
37,384	802	42,061	35,508	36,298	2,678	1,888	6,246	4,403	(5)
37,245	857	36,875	32,616	33,341	5,486	4,761	22,278	19,334	(6)
37,847	1,069	36,599	34,372	34,990	4,544	3,926	38,265	33,061	(7)
x	x	x	x	x	x	x	x	x	(8)
37,466	1,441	42,524	36,847	37,572	2,060	1,335	5,055	3,276	(9)
37,450	1,066	35,694	31,030	31,534	7,486	6,982	23,860	22,253	(10)
36,776	1,096	38,321	33,469	34,251	4,403	3,621	15,586	12,818	(11)
36,904	837	37,386	33,014	33,643	4,727	4,098	20,008	17,346	(12)
x	x	x	x	x	x	x	x	x	(13)
39,092	1,037	39,464	35,136	35,865	4,993	4,264	16,643	14,213	(14)
x	x	x	x	x	x	x	x	x	(15)

8 肥育豚生産費（続き）

(4) 生産費

ア 肥育豚1頭当たり

区分	物財費 計 (1)	種付料 (2)	もと畜費 (3)	飼料費 小計 (4)	流通飼料費 小計 (5)	購入 (6)	牧草・放牧・採草費 (7)	敷料費 (8)	購入 (9)	光熱水料及び動力費 (10)
全国 (1)	33,114	185	22	24,135	24,135	24,134	0	195	192	1,814
飼養頭数規模別										
1 ～ 100頭未満 (2)	42,109	15	-	32,073	32,073	32,073	-	135	42	2,249
100 ～ 300 (3)	32,916	66	-	24,928	24,928	24,901	-	270	236	1,674
300 ～ 500 (4)	36,090	8	328	27,759	27,759	27,759	-	239	239	1,850
500 ～ 1,000 (5)	35,011	64	-	26,518	26,518	26,517	-	155	154	2,145
1,000 ～ 2,000 (6)	31,934	273	-	22,741	22,741	22,741	0	108	108	1,666
2,000頭以上 (7)	32,098	230	-	22,776	22,776	22,776	-	325	325	1,743
全国農業地域別										
北海道 (8)	x	x	x	x	x	x	x	x	x	x
東北 (9)	36,734	173	210	28,100	28,100	28,089	-	277	261	2,217
北陸 (10)	30,315	12	-	23,840	23,840	23,840	-	37	37	1,841
関東・東山 (11)	32,539	179	-	23,543	23,543	23,543	-	131	129	1,627
東海 (12)	32,087	278	-	22,654	22,654	22,654	-	44	44	1,795
四国 (13)	x	x	x	x	x	x	x	x	x	x
九州 (14)	33,493	177	-	24,651	24,651	24,651	0	342	341	1,952
沖縄 (15)	x	x	x	x	x	x	x	x	x	x

区分	物財費（続き）農機具費 小計 (23)	購入 (24)	償却 (25)	生産管理費 (26)	償却 (27)	労働費 計 (28)	家族 (29)	直接労働費 (30)	間接労働費 (31)	費 計 (32)
全国 (1)	931	445	486	144	4	5,018	4,053	4,747	271	38,132
飼養頭数規模別										
1 ～ 100頭未満 (2)	518	31	487	283	-	10,780	10,780	10,435	345	52,889
100 ～ 300 (3)	802	322	480	118	4	9,044	9,036	8,443	601	41,960
300 ～ 500 (4)	590	412	178	122	-	7,661	7,005	7,292	369	43,751
500 ～ 1,000 (5)	698	433	265	124	-	6,141	5,763	5,880	261	41,152
1,000 ～ 2,000 (6)	965	450	515	179	7	4,183	3,534	3,932	251	36,117
2,000頭以上 (7)	1,190	495	695	116	4	3,740	1,609	3,509	231	35,838
全国農業地域別										
北海道 (8)	x	x	x	x	x	x	x	x	x	x
東北 (9)	550	220	330	65	-	5,020	4,952	4,788	232	41,754
北陸 (10)	917	755	162	110	-	4,291	4,160	3,322	969	34,606
関東・東山 (11)	927	442	485	172	3	4,950	4,070	4,732	218	37,489
東海 (12)	1,317	792	525	167	10	4,610	3,743	4,403	207	36,697
四国 (13)	x	x	x	x	x	x	x	x	x	x
九州 (14)	788	348	440	125	3	5,073	3,599	4,767	306	38,566
沖縄 (15)	x	x	x	x	x	x	x	x	x	x

単位：円

財						費					
その他の諸材料費	獣医師料及び医薬品費	賃借料及び料金	物件税及び公課諸負担	繁殖雌豚費	種雄豚費	建 物 費			自 動 車 費		
						小 計	購 入	償 却	小 計	購 入	償 却
(11)	(12)	(13)	(14)	(15)	(16)	(17)	(18)	(19)	(20)	(21)	(22)
95	2,190	335	226	827	140	1,551	604	947	324	164	160	(1)
29	873	617	564	141	–	4,054	3,048	1,006	558	547	11	(2)
15	1,807	194	397	899	100	1,324	608	716	322	284	38	(3)
37	2,157	304	300	681	135	1,028	241	787	552	336	216	(4)
77	1,978	277	229	937	175	1,280	454	826	354	172	182	(5)
89	2,398	297	209	798	176	1,706	856	850	329	158	171	(6)
148	2,205	447	184	835	76	1,594	349	1,245	229	89	140	(7)
x	x	x	x	x	x	x	x	x	x	x	x	(8)
43	1,591	428	221	1,361	98	1,103	644	459	297	216	81	(9)
17	1,588	50	136	814	153	530	129	401	270	112	158	(10)
81	2,386	243	223	808	191	1,654	816	838	374	195	179	(11)
88	2,394	408	259	641	78	1,581	440	1,141	383	134	249	(12)
x	x	x	x	x	x	x	x	x	x	x	x	(13)
136	2,151	424	189	761	115	1,460	385	1,075	222	123	99	(14)
x	x	x	x	x	x	x	x	x	x	x	x	(15)

用 合 計			副産物価額	生産費（副産物価額差引）	支払利子	支払地代	支払利子・地代算入生産費	自己資本利子	自作地地代	資本利子・地代全額算入生産費（全算入生産費）
購 入	自 給	償 却								
(33)	(34)	(35)	(36)	(37)	(38)	(39)	(40)	(41)	(42)	(43)
32,478	4,057	1,597	1,056	37,076	76	26	37,178	622	107	37,907	(1)
40,512	10,873	1,504	4,757	48,132	19	–	48,151	875	598	49,624	(2)
31,625	9,097	1,238	1,610	40,350	86	40	40,476	626	210	41,312	(3)
35,565	7,005	1,181	1,913	41,838	95	175	42,108	687	115	42,910	(4)
34,114	5,765	1,273	802	40,350	113	6	40,469	638	152	41,259	(5)
31,040	3,534	1,543	857	35,260	30	3	35,293	655	70	36,018	(6)
32,145	1,609	2,084	1,069	34,769	105	38	34,912	538	80	35,530	(7)
x	x	x	x	x	x	x	x	x	x	x	(8)
35,905	4,979	870	1,441	40,313	26	19	40,358	559	166	41,083	(9)
29,725	4,160	721	1,066	33,540	581	3	34,124	371	133	34,628	(10)
31,912	4,072	1,505	1,096	36,393	24	26	36,443	671	111	37,225	(11)
31,029	3,743	1,925	837	35,860	52	8	35,920	501	128	36,549	(12)
x	x	x	x	x	x	x	x	x	x	x	(13)
33,349	3,600	1,617	1,037	37,529	132	37	37,698	653	76	38,427	(14)
x	x	x	x	x	x	x	x	x	x	x	(15)

8 肥育豚生産費（続き）

(4) 生産費（続き）

イ 肥育豚生体100kg当たり

区　　分	物　計	種付料	もと畜費	飼　料　費 小　計	流通飼料費	流通飼料費 購　入	牧草・放牧・採草費	敷料費	購　入	光熱水料及び動力費
	(1)	(2)	(3)	(4)	(5)	(6)	(7)	(8)	(9)	(10)
全　　　　　国　(1)	28,749	161	19	20,956	20,956	20,955	0	168	166	1,575
飼養頭数規模別										
1 ～ 100頭未満　(2)	34,774	13	-	26,486	26,486	26,486	-	112	35	1,857
100 ～ 300　(3)	28,854	58	-	21,852	21,852	21,828	-	236	207	1,467
300 ～ 500　(4)	31,415	7	285	24,163	24,163	24,163	-	208	208	1,610
500 ～ 1,000　(5)	30,818	56	-	23,341	23,341	23,340	-	137	136	1,888
1,000 ～ 2,000　(6)	27,687	237	-	19,714	19,714	19,714	0	93	93	1,444
2,000頭以上　(7)	27,644	198	-	19,616	19,616	19,616	-	280	280	1,501
全国農業地域別										
北　　海　　道　(8)	x	x	x	x	x	x	x	x	x	x
東　　　　北　(9)	31,759	150	182	24,294	24,294	24,284	-	240	226	1,917
北　　　　陸　(10)	25,363	10	-	19,946	19,946	19,946	-	31	31	1,540
関　東　・　東　山　(11)	28,181	155	-	20,387	20,387	20,387	-	114	112	1,409
東　　　　海　(12)	28,119	244	-	19,855	19,855	19,855	-	39	39	1,573
四　　　　国　(13)	x	x	x	x	x	x	x	x	x	x
九　　　　州　(14)	29,081	154	-	21,405	21,405	21,405	0	297	296	1,694
沖　　　　縄　(15)	x	x	x	x	x	x	x	x	x	x

区　　分	物財費（続き）農機具費 小　計	購　入	償　却	生産管理費	償　却	労働費 計	家族	直接労働費	間接労働費	費 計
	(23)	(24)	(25)	(26)	(27)	(28)	(29)	(30)	(31)	(32)
全　　　　　国　(1)	806	387	419	125	3	4,358	3,519	4,122	236	33,107
飼養頭数規模別										
1 ～ 100頭未満　(2)	428	26	402	234	-	8,901	8,901	8,617	284	43,675
100 ～ 300　(3)	703	282	421	104	4	7,928	7,921	7,401	527	36,782
300 ～ 500　(4)	513	358	155	106	-	6,669	6,098	6,348	321	38,084
500 ～ 1,000　(5)	616	382	234	109	-	5,405	5,072	5,176	229	36,223
1,000 ～ 2,000　(6)	836	390	446	155	6	3,624	3,062	3,407	217	31,311
2,000頭以上　(7)	1,024	426	598	100	3	3,222	1,386	3,023	199	30,866
全国農業地域別										
北　　海　　道　(8)	x	x	x	x	x	x	x	x	x	x
東　　　　北　(9)	475	190	285	56	-	4,339	4,281	4,139	200	36,098
北　　　　陸　(10)	767	631	136	92	-	3,590	3,480	2,779	811	28,953
関　東　・　東　山　(11)	804	383	421	149	3	4,286	3,524	4,098	188	32,467
東　　　　海　(12)	1,152	694	458	146	9	4,041	3,281	3,859	182	32,160
四　　　　国　(13)	x	x	x	x	x	x	x	x	x	x
九　　　　州　(14)	684	302	382	109	3	4,405	3,125	4,139	266	33,486
沖　　　　縄　(15)	x	x	x	x	x	x	x	x	x	x

単位：円

	財						費						
その他の諸材料費	獣医師料及び医薬品費	賃借料及び料金	物件税及び公課諸負担	繁殖雌豚費	種雄豚費	建物費			自動車費			
						小計	購入	償却	小計	購入	償却	
(11)	(12)	(13)	(14)	(15)	(16)	(17)	(18)	(19)	(20)	(21)	(22)	
83	1,901	291	196	718	122	1,346	524	822	282	143	139	(1)
24	721	509	465	117	-	3,347	2,517	830	461	452	9	(2)
13	1,584	170	348	788	88	1,161	533	628	282	249	33	(3)
32	1,878	265	261	593	118	895	210	685	481	292	189	(4)
67	1,741	244	202	824	154	1,127	400	727	312	152	160	(5)
78	2,079	258	182	692	153	1,480	742	738	286	137	149	(6)
127	1,899	385	159	719	66	1,372	301	1,071	198	77	121	(7)
x	x	x	x	x	x	x	x	x	x	x	x	(8)
37	1,376	370	191	1,177	84	953	557	396	257	187	70	(9)
14	1,329	42	114	681	128	444	108	336	225	93	132	(10)
70	2,067	210	193	700	166	1,433	707	726	324	169	155	(11)
77	2,099	358	226	562	68	1,385	386	999	335	117	218	(12)
x	x	x	x	x	x	x	x	x	x	x	x	(13)
118	1,868	368	163	661	100	1,267	334	933	193	107	86	(14)
x	x	x	x	x	x	x	x	x	x	x	x	(15)

用 合 計			副産物価額	生産費（副産物価額差引）	支払利子	支払地代	支払利子・地代算入生産費	自己資本利子	自作地地代	資本利子・地代全額算入生産費（全算入生産費）	
購入	自給	償却									
(33)	(34)	(35)	(36)	(37)	(38)	(39)	(40)	(41)	(42)	(43)	
28,202	3,522	1,383	917	32,190	66	23	32,279	540	93	32,912	(1)
33,456	8,978	1,241	3,928	39,747	15	-	39,762	722	494	40,978	(2)
27,722	7,974	1,086	1,411	35,371	75	35	35,481	549	185	36,215	(3)
30,957	6,098	1,029	1,665	36,419	83	152	36,654	598	100	37,352	(4)
30,028	5,074	1,121	704	35,519	100	6	35,625	561	134	36,320	(5)
26,910	3,062	1,339	742	30,569	26	2	30,597	567	61	31,225	(6)
27,687	1,386	1,793	921	29,945	91	33	30,069	464	69	30,602	(7)
x	x	x	x	x	x	x	x	x	x	x	(8)
31,042	4,305	751	1,245	34,853	22	16	34,891	483	143	35,517	(9)
24,869	3,480	604	893	28,060	486	2	28,548	311	111	28,970	(10)
27,636	3,526	1,305	949	31,518	21	23	31,562	581	96	32,239	(11)
27,195	3,281	1,684	733	31,427	45	7	31,479	439	112	32,030	(12)
x	x	x	x	x	x	x	x	x	x	x	(13)
28,956	3,126	1,404	900	32,586	115	32	32,733	567	65	33,365	(14)
x	x	x	x	x	x	x	x	x	x	x	(15)

8　肥育豚生産費（続き）
(5)　流通飼料の使用数量と価額（肥育豚1頭当たり）

区　　　　　　　　分		平　　均		1　～　100　頭　未　満		100　～　300	
		数　量	価　額	数　量	価　額	数　量	価　額
		(1)	(2)	(3)	(4)	(5)	(6)
		kg	円	kg	円	kg	円
流 通 飼 料 費 計	(1)	…	24,135	…	32,073	…	24,928
購 入 飼 料 費 計	(2)	…	24,134	…	32,073	…	24,901
穀　　　　　類 小　　　　　計	(3)	…	378	…	－	…	32
大　　　麦	(4)	0.9	48	－	－	0.5	32
そ の 他 の 麦	(5)	－	－	－	－	－	－
と う も ろ こ し	(6)	8.4	323	－	－	－	－
飼 料 用 米	(7)	0.1	4	－	－	－	－
そ の 他	(8)	…	3	…	－	…	－
ぬ か・ふ す ま 類 小　　　　　計	(9)	…	25	…	－	…	30
ふ　　す　　ま	(10)	0.6	24	－	－	0.3	15
そ の 他	(11)	…	1	…	－	…	15
植 物 性 か す 類	(12)	5.8	374	－	－	－	－
配 合 飼 料	(13)	351.0	21,344	413.0	28,450	373.0	23,455
脱 脂 乳	(14)	8.6	1,362	17.7	3,432	8.2	1,092
エ コ フ ィ ー ド	(15)	0.0	1	－	－	－	－
い も 類 及 び 野 菜 類	(16)	－	－	－	－	－	－
そ の 他	(17)	…	650	…	191	…	292
自 給 飼 料 費 計	(18)	…	1	…	－	…	27

300 ~ 500		500 ~ 1,000		1,000 ~ 2,000		2,000 頭 以 上		
数 量	価 額	数 量	価 額	数 量	価 額	数 量	価 額	
(7)	(8)	(9)	(10)	(11)	(12)	(13)	(14)	
kg	円	kg	円	kg	円	kg	円	
…	27,759	…	26,518	…	22,741	…	22,776	(1)
…	27,759	…	26,517	…	22,741	…	22,776	(2)
…	−	…	224	…	275	…	803	(3)
−	−	4.1	210	−	−	−	−	(4)
−	−	−	−	−	−	−	−	(5)
−	−	−	−	7.8	263	19.6	803	(6)
−	−	0.4	14	0.1	3	−	−	(7)
…	−	…	−	…	9	…	−	(8)
…	−	…	−	…	4	…	77	(9)
−	−	−	−	0.1	4	1.8	77	(10)
…	−	…	−	…	−	…	−	(11)
−	−	4.2	305	1.8	106	15.1	959	(12)
398.0	25,762	385.5	24,001	351.0	20,953	306.1	18,047	(13)
5.6	1,162	7.4	1,436	7.7	1,257	11.0	1,439	(14)
−	−	−	−	−	−	0.1	4	(15)
−	−	−	−	−	−	−	−	(16)
…	835	…	551	…	146	…	1,447	(17)
…	−	…	1	…	−	…	−	(18)

累 年 統 計 表

累年統計表

1　牛乳生産費（全国）

区　　　分	単位	平成2年	7	平成11年度	12	13	14	15	16	17	18
		(1)	(2)	(3)	(4)	(5)	(6)	(7)	(8)	(9)	(10)
搾乳牛1頭当たり											
物　　　財　　　費 (1)	円	417,120	403,221	436,741	441,626	450,048	473,484	488,090	502,089	513,802	525,687
種　　付　　料 (2)	〃	8,188	9,686	10,323	10,403	10,347	10,578	10,811	10,726	11,102	11,266
飼　　料　　費 (3)	〃	298,171	234,451	255,066	258,163	266,757	277,129	285,141	294,268	295,292	301,717
流　通　飼　料　費 (4)	〃	189,303	177,456	196,247	197,981	206,071	215,778	223,453	230,646	231,679	238,442
牧草・放牧・採草費 (5)	〃	108,868	56,995	58,819	60,182	60,686	61,351	61,688	63,622	63,613	63,275
敷　　　料　　　費 (6)	〃	5,343	4,944	5,305	5,794	5,694	5,754	5,979	6,201	6,325	6,193
光熱水料及び動力費 (7)	〃	11,776	12,360	13,486	14,504	14,298	14,867	15,528	16,831	18,729	20,061
その他の諸材料費 (8)	〃	…	1,574	1,390	1,351	1,326	1,335	1,322	1,611	1,581	1,520
獣医師料及び医薬品費 (9)	〃	14,736	15,701	18,812	19,501	19,440	19,428	20,423	21,590	22,368	22,519
賃借料及び料金 (10)	〃	4,830	8,056	9,248	9,788	9,873	10,890	11,861	13,016	12,963	13,329
物件税及び公課諸負担 (11)	〃	…	8,663	9,699	9,797	9,638	9,912	10,057	10,373	10,656	10,572
乳　牛　償　却　費 (12)	〃	39,701	76,675	77,970	74,349	74,484	84,366	86,862	84,130	90,268	93,800
建　　　物　　　費 (13)	〃	12,023	11,364	12,694	13,338	13,656	13,879	15,017	16,179	16,186	16,906
自　　動　　車　　費 (14)	〃	…	…	…	…	…	…	…	3,562	3,670	3,664
農　　機　　具　　費 (15)	〃	22,352	18,471	21,031	22,852	22,692	23,394	23,101	21,732	22,601	22,062
生　産　管　理　費 (16)	〃	…	1,276	1,717	1,786	1,843	1,952	1,988	1,870	2,061	2,078
労　　　働　　　費 (17)	〃	154,166	187,307	197,174	196,566	193,011	186,503	181,520	179,683	178,112	173,055
う　　ち　　家　　族 (18)	〃	152,893	182,420	189,268	186,576	182,967	175,337	170,278	168,460	165,530	159,386
費　　用　　合　　計 (19)	〃	571,286	590,528	633,915	638,192	643,059	659,987	669,610	681,772	691,914	698,742
副　産　物　価　額 (20)	〃	124,808	52,019	43,221	53,802	49,427	59,581	61,392	64,339	68,247	70,354
生産費（副産物価額差引） (21)	〃	446,478	538,509	590,694	584,390	593,632	600,406	608,218	617,433	623,667	628,388
支　　払　　利　　子 (22)	〃	…	7,172	7,128	6,725	6,719	7,072	6,674	6,532	6,718	6,775
支　　払　　地　　代 (23)	〃	…	4,523	4,476	4,632	4,759	4,856	5,062	4,660	4,838	4,880
支払利子・地代算入生産費 (24)	〃	…	550,204	602,298	595,747	605,110	612,334	619,954	628,625	635,223	640,043
自　己　資　本　利　子 (25)	〃	29,996	16,940	16,653	17,033	17,051	17,156	17,744	20,035	20,186	19,790
自　作　地　地　代 (26)	〃	21,838	14,747	14,985	14,974	14,698	14,277	14,566	14,868	14,152	14,281
資本利子・地代全額算入生産費（全算入生産費） (27)	〃	498,312	581,891	633,936	627,754	636,859	643,767	652,264	663,528	669,561	674,114
1経営体（戸）当たり											
搾乳牛通年換算頭数 (28)	頭	23.1	30.6	37.0	37.5	38.7	39.9	40.9	41.2	42.3	42.7
搾乳牛1頭当たり											
実　　搾　　乳　　量 (29)	kg	6,669	7,180	7,598	7,692	7,678	7,759	7,896	7,989	8,048	7,994
乳脂肪分3.5％換算乳量 (30)	〃	7,136	7,851	8,461	8,624	8,634	8,834	8,999	9,101	9,125	9,055
生　　乳　　価　　額 (31)	円	605,596	629,410	643,893	649,397	653,858	664,931	677,221	676,633	665,484	647,568
労　　働　　時　　間 (32)	時間	134.2	127.99	119.23	118.18	116.83	115.79	114.62	113.61	112.59	111.83
自給牧草に係る労働時間 (33)	〃	17.3	10.12	8.99	8.90	8.70	8.64	8.33	7.98	7.97	7.69
所　　　　　　　　得 (34)	円	312,011	261,626	230,863	240,226	231,715	227,934	227,545	216,468	195,791	166,911
1日当たり											
所　　　　　　　　得 (35)	〃	18,739	16,805	16,187	17,145	16,823	16,774	16,960	16,337	15,035	13,072
家　族　労　働　報　酬 (36)	〃	15,626	14,769	13,968	14,861	14,518	14,461	14,552	13,703	12,398	10,404

注：1　平成11年度～平成17年度は、公表済みの『平成12年　牛乳生産費』～『平成18年　牛乳生産費』のデータである。
　　2　「労働費のうち家族」について、平成3年までは調査対象経営体の所在するその地方の農村雇用賃金により評価し、平成4年から毎月勤労統計調査（厚生労働省）結果を用いた評価に改訂した。平成10年から、それまでの男女別評価から男女同一評価に改正した。
　　3　平成7年から飼育管理等の直接的な労働以外の労働（自給牧草生産に係る労働、資材等の購入付帯労働及び建物・農機具の修繕労働）を間接労働として関係費目から分離し、「労働費」及び「労働時間」に計上した。

19	20	21	22	23	24	25	26	27	28	29	30	令和元年	2	3	
(11)	(12)	(13)	(14)	(15)	(16)	(17)	(18)	(19)	(20)	(21)	(22)	(23)	(24)	(25)	
565,471	598,188	581,399	584,675	600,123	610,338	636,843	653,430	651,784	676,079	708,017	749,211	765,981	782,582	833,286	(1)
11,860	11,613	11,361	11,294	11,448	11,853	12,098	12,262	12,941	13,414	14,231	14,929	15,998	16,777	17,558	(2)
329,027	354,535	333,383	329,594	343,117	354,121	380,092	394,800	389,653	386,897	392,155	402,009	411,699	422,646	465,908	(3)
262,509	282,296	258,195	257,148	273,199	285,995	310,043	323,307	316,930	313,721	319,092	329,466	334,348	344,888	385,951	(4)
66,518	72,239	75,188	72,446	69,918	68,126	70,049	71,493	72,723	73,176	73,063	72,543	77,351	77,758	79,957	(5)
6,915	7,378	7,693	8,245	8,631	8,885	9,413	9,649	9,787	9,646	9,834	11,406	10,932	12,019	13,165	(6)
21,389	22,489	20,530	21,679	22,706	24,089	25,973	26,953	25,187	24,872	26,260	28,334	28,374	27,296	29,676	(7)
1,785	1,766	1,607	1,568	1,553	1,626	1,474	1,549	1,591	1,666	1,873	1,597	1,691	1,786	2,125	(8)
22,598	23,153	23,979	24,842	24,127	24,219	24,453	25,805	27,251	28,560	28,209	29,510	30,027	30,726	31,737	(9)
13,723	14,111	14,655	14,909	15,163	15,044	15,265	16,214	16,080	17,104	16,516	17,581	17,236	17,384	17,178	(10)
10,695	10,779	10,372	10,189	10,370	10,089	9,950	10,430	10,052	10,366	10,576	11,072	11,276	11,025	11,729	(11)
95,721	97,964	104,339	107,764	108,848	110,129	107,746	104,274	105,820	123,417	143,674	164,315	171,383	174,711	172,243	(12)
18,663	19,325	19,931	20,284	20,232	17,254	18,311	18,844	18,904	20,485	20,022	21,168	21,415	22,894	24,442	(13)
4,054	4,227	4,014	4,033	3,887	3,689	4,042	3,909	4,040	4,495	4,639	5,229	5,073	4,685	4,778	(14)
26,715	28,743	27,335	28,103	27,864	27,194	25,803	26,504	28,362	32,847	37,852	39,632	38,454	38,365	40,540	(15)
2,326	2,105	2,200	2,171	2,177	2,146	2,223	2,237	2,116	2,310	2,176	2,429	2,423	2,268	2,207	(16)
168,640	167,196	163,635	161,632	159,767	160,389	159,746	161,464	161,703	168,105	169,255	168,847	167,800	165,952	165,233	(17)
152,137	153,011	149,407	146,896	144,524	144,668	143,126	143,735	142,814	146,307	143,171	139,456	135,784	131,840	128,673	(18)
734,111	765,384	745,034	746,307	759,890	770,727	796,589	814,894	813,487	844,184	877,272	918,058	933,781	948,534	998,519	(19)
69,496	61,664	62,131	71,281	69,747	72,128	82,499	88,306	116,654	147,355	165,191	181,622	182,378	165,208	160,215	(20)
664,615	703,720	682,903	675,026	690,143	698,599	714,090	726,588	696,833	696,829	712,081	736,436	751,403	783,326	838,304	(21)
6,603	6,527	6,493	5,942	5,223	5,036	5,068	4,712	4,369	4,014	3,285	2,926	2,795	2,809	2,441	(22)
4,800	4,900	4,984	5,149	4,604	4,818	4,725	4,895	5,063	4,879	5,040	4,541	4,473	4,355	4,444	(23)
676,018	715,147	694,380	686,117	699,970	708,453	723,883	736,195	706,265	705,722	720,406	743,903	758,671	790,490	845,189	(24)
19,951	18,968	17,663	17,023	16,184	16,017	16,347	17,089	17,141	19,552	23,343	25,403	24,852	24,856	26,327	(25)
14,396	13,676	13,730	13,389	12,983	13,492	13,305	12,640	13,074	13,040	13,294	13,129	12,944	12,861	12,475	(26)
710,365	747,791	725,773	716,529	729,137	737,962	753,535	765,924	736,480	738,314	757,043	782,435	796,467	828,207	883,991	(27)
43.8	45.3	46.4	46.9	49.2	50.0	50.4	51.4	53.2	54.0	55.5	56.4	58.7	61.2	62.4	(28)
7,999	8,075	8,155	8,066	8,047	8,167	8,219	8,335	8,470	8,511	8,526	8,683	8,607	8,745	8,884	(29)
9,045	9,129	9,174	9,002	9,024	9,123	9,137	9,240	9,428	9,478	9,496	9,696	9,670	9,811	10,041	(30)
649,159	689,078	738,569	715,101	726,050	746,804	759,422	816,802	858,540	868,727	883,512	895,672	901,366	920,644	927,652	(31)
110.79	109.92	108.18	107.09	105.24	104.95	104.68	104.94	104.40	105.71	104.02	101.48	99.56	96.88	96.84	(32)
6.74	6.38	6.15	6.28	5.69	5.54	5.41	5.23	5.31	5.05	5.01	4.71	4.80	4.70	4.79	(33)
125,278	126,942	193,596	175,880	170,604	183,019	178,665	224,342	295,089	309,312	306,277	291,225	278,479	261,994	211,136	(34)
10,155	10,215	15,873	14,666	14,537	15,747	15,618	19,759	26,380	27,926	29,083	29,064	29,020	28,579	23,408	(35)
7,371	7,588	13,299	12,130	12,051	13,208	13,026	17,141	23,679	24,983	25,604	25,219	25,081	24,464	19,106	(36)

4 平成7年以降の「労働時間」は「自給牧草に係る労働時間」を含む総労働時間である。
5 平成7年から、「光熱水料及び動力費」に含めていた「その他の諸材料費」を分離した。
6 平成16年度から、「農機具費」に含めていた「自動車費」を分離した。
7 平成19年度は、平成19年度税制改正における減価償却計算の見直しを行った結果を表章した。
8 調査期間について、令和元年からは調査年1月1日から同年12月31日、平成11年度から平成30年度は調査年4月1日から翌年3月31日、
 平成7年は前年9月1日から調査年8月31日、平成2年は前年7月1日から調査年6月30日である。

累年統計表（続き）

1　牛乳生産費（全国）（続き）

区　　　分	単位	平成2年	7	平成11年度	12	13	14	15	16	17	18
		(1)	(2)	(3)	(4)	(5)	(6)	(7)	(8)	(9)	(10)
生乳100kg当たり（乳脂肪分3.5%換算乳量）											
物　　　財　　　費 (37)	円	5,847	5,136	5,162	5,122	5,214	5,358	5,425	5,516	5,629	5,809
種　　　付　　　料 (38)	〃	115	123	122	121	120	120	120	117	121	125
飼　　　料　　　費 (39)	〃	4,179	2,986	3,015	2,993	3,090	3,136	3,170	3,234	3,236	3,332
流　通　飼　料　費 (40)	〃	2,653	2,260	2,320	2,295	2,387	2,442	2,484	2,535	2,539	2,633
牧草・放牧・採草費 (41)	〃	1,526	726	695	698	703	694	686	699	697	699
敷　　　料　　　費 (42)	〃	75	63	63	67	66	65	66	68	69	69
光熱水料及び動力費 (43)	〃	166	157	159	168	166	168	172	185	205	222
その他の諸材料費 (44)	〃	…	20	16	16	15	15	15	18	17	17
獣医師料及び医薬品費 (45)	〃	207	200	222	226	225	220	227	237	245	249
賃借料及び料金 (46)	〃	68	103	109	114	114	123	132	143	142	147
物件税及び公課諸負担 (47)	〃	…	110	115	114	112	112	112	114	117	117
乳　牛　償　却　費 (48)	〃	556	977	922	862	863	955	965	924	989	1,036
建　　　物　　　費 (49)	〃	168	145	150	155	158	157	167	178	177	187
自　　動　　車　　費 (50)	〃	…	…	…	…	…	…	…	39	41	41
農　　機　　具　　費 (51)	〃	313	235	249	265	263	265	257	239	247	244
生　産　管　理　費 (52)	〃	…	17	20	21	22	22	22	20	23	23
労　　　　　働　　　　　費 (53)	〃	2,161	2,387	2,330	2,278	2,236	2,111	2,018	1,975	1,951	1,911
う　　ち　　家　　族 (54)	〃	2,143	2,324	2,237	2,163	2,120	1,985	1,893	1,851	1,814	1,760
費　　用　　合　　計 (55)	〃	8,008	7,523	7,492	7,400	7,450	7,469	7,443	7,491	7,580	7,720
副　産　物　価　額 (56)	〃	1,749	663	511	624	572	674	683	707	748	776
生産費（副産物価額差引）(57)	円	6,259	6,860	6,981	6,776	6,878	6,795	6,760	6,784	6,832	6,944
支　　払　　利　　子 (58)	〃	…	91	84	78	78	80	74	72	74	75
支　　払　　地　　代 (59)	〃	…	58	53	54	55	55	56	51	53	54
支払利子・地代算入生産費 (60)	〃	…	7,009	7,118	6,908	7,011	6,930	6,890	6,907	6,959	7,073
自　己　資　本　利　子 (61)	〃	420	216	197	198	197	194	197	220	221	219
自　作　地　地　代 (62)	〃	306	188	177	174	170	162	162	163	155	158
資本利子・地代全額算入生産費（全算入生産費）(63)	〃	6,985	7,413	7,492	7,280	7,378	7,286	7,249	7,290	7,335	7,450

注：1　平成11年度～平成17年度は、公表済みの『平成12年　牛乳生産費』～『平成18年　牛乳生産費』のデータである。
　　2　「労働費のうち家族」について、平成3年までは調査対象経営体の所在するその地方の農村雇用賃金により評価し、平成4年から毎月勤労統計調査（厚生労働省）結果を用いた評価に改訂した。平成10年から、それまでの男女別評価から男女同一評価に改正した。
　　3　平成7年から飼育管理等の直接的な労働以外の労働（自給牧草生産に係る労働、資材等の購入付帯労働及び建物・農機具の修繕労働）を間接労働として関係費目から分離し、「労働費」及び「労働時間」に計上した。

19	20	21	22	23	24	25	26	27	28	29	30	令和元年	2	3	
(11)	(12)	(13)	(14)	(15)	(16)	(17)	(18)	(19)	(20)	(21)	(22)	(23)	(24)	(25)	
6,250	6,552	6,337	6,495	6,651	6,690	6,970	7,071	6,912	7,131	7,455	7,726	7,920	7,978	8,299	(37)
131	127	124	126	127	130	132	132	137	141	150	154	165	171	175	(38)
3,637	3,883	3,635	3,661	3,803	3,882	4,161	4,273	4,133	4,082	4,129	4,146	4,258	4,308	4,639	(39)
2,902	3,092	2,815	2,856	3,028	3,135	3,394	3,499	3,362	3,310	3,360	3,398	3,458	3,515	3,843	(40)
735	791	820	805	775	747	767	774	771	772	769	748	800	793	796	(41)
76	81	84	91	96	97	103	104	103	102	104	118	113	123	132	(42)
236	246	224	241	252	264	284	292	267	262	277	292	293	278	296	(43)
20	19	17	17	17	18	16	17	17	18	20	16	17	18	21	(44)
250	254	261	276	267	265	268	279	289	301	297	304	311	313	316	(45)
152	155	160	166	168	165	167	175	171	180	174	181	178	177	171	(46)
118	118	113	113	115	111	109	113	107	109	111	114	117	113	117	(47)
1,058	1,073	1,137	1,197	1,206	1,207	1,179	1,129	1,122	1,302	1,513	1,695	1,772	1,781	1,715	(48)
207	212	217	225	224	189	201	204	201	216	211	218	220	234	244	(49)
44	46	43	45	43	40	44	42	43	47	49	54	53	48	47	(50)
295	315	298	312	309	298	282	287	300	347	398	409	398	391	404	(51)
26	23	24	25	24	24	24	24	22	24	22	25	25	23	22	(52)
1,865	1,831	1,784	1,795	1,770	1,757	1,748	1,748	1,716	1,774	1,783	1,741	1,735	1,692	1,645	(53)
1,682	1,676	1,629	1,632	1,601	1,585	1,566	1,556	1,515	1,544	1,508	1,438	1,404	1,344	1,281	(54)
8,115	8,383	8,121	8,290	8,421	8,447	8,718	8,819	8,628	8,905	9,238	9,467	9,655	9,670	9,944	(55)
768	675	677	792	773	791	903	955	1,237	1,555	1,740	1,873	1,886	1,684	1,595	(56)
7,347	7,708	7,444	7,498	7,648	7,656	7,815	7,864	7,391	7,350	7,498	7,594	7,769	7,986	8,349	(57)
73	71	71	66	58	55	55	51	46	42	35	30	29	29	24	(58)
53	54	54	57	51	53	52	53	54	51	53	47	46	43	44	(59)
7,473	7,833	7,569	7,621	7,757	7,764	7,922	7,968	7,491	7,443	7,586	7,671	7,844	8,058	8,417	(60)
221	208	193	189	179	176	179	185	182	206	246	262	257	253	262	(61)
159	150	150	149	144	148	146	137	139	138	140	135	135	130	124	(62)
7,853	8,191	7,912	7,959	8,080	8,088	8,247	8,290	7,812	7,787	7,972	8,068	8,236	8,441	8,803	(63)

4　平成７年から、「光熱水料及び動力費」に含めていた「その他の諸材料費」を分離した。
5　平成16年度から、「農機具費」に含めていた「自動車費」を分離した。
6　平成19年度は、平成19年度税制改正における減価償却計算の見直しを行った結果を表章した。
7　調査期間について、令和元年からは調査年１月１日から同年12月31日、平成11年度から平成30年度は調査年４月１日から翌年３月31日、
　平成７年は前年９月１日から調査年８月31日、平成２年は前年７月１日から調査年６月30日である。

累年統計表（続き）

2　牛乳生産費（北海道）

区分	単位	平成2年	7	平成11年度	12	13	14	15	16	17	18
		(1)	(2)	(3)	(4)	(5)	(6)	(7)	(8)	(9)	(10)
搾乳牛1頭当たり											
物　財　費 (1)	円	388,377	353,234	389,540	397,098	404,504	427,444	440,841	456,309	469,488	472,409
種　付　料 (2)	〃	9,049	9,358	9,499	9,384	9,217	9,588	9,906	9,793	10,198	10,580
飼　料　費 (3)	〃	273,917	196,186	219,263	223,178	230,830	240,444	245,192	254,848	256,252	255,954
流　通　飼　料　費 (4)	〃	125,772	112,243	125,759	126,647	133,973	141,369	143,753	150,547	154,038	154,342
牧草・放牧・採草費 (5)	〃	148,145	83,943	93,504	96,531	96,857	99,075	101,439	104,301	102,214	101,612
敷　料　費 (6)	〃	6,333	5,039	5,048	5,706	5,608	6,236	6,760	6,871	7,097	6,858
光熱水料及び動力費 (7)	〃	10,665	10,655	11,419	12,570	12,488	12,850	13,692	14,846	17,011	18,012
その他の諸材料費 (8)	〃	…	1,233	916	793	810	926	1,033	1,225	1,157	1,173
獣医師料及び医薬品費 (9)	〃	12,176	13,162	15,085	16,507	16,788	17,269	18,727	19,711	19,963	19,443
賃　借　料　及　び　料　金 (10)	〃	5,650	7,150	8,123	9,006	9,009	9,946	10,987	11,867	11,468	11,511
物件税及び公課諸負担 (11)	〃	…	10,244	11,021	11,055	10,945	11,100	11,136	11,665	12,220	12,232
乳　牛　償　却　費 (12)	〃	37,809	73,737	77,156	73,434	73,177	82,265	85,363	84,627	92,960	95,752
建　物　費 (13)	〃	11,610	10,670	13,165	14,135	14,147	14,618	15,855	16,909	16,276	16,238
自　動　車　費 (14)	〃	…	…	…	…	…	…	1,994	2,012	1,998	
農　機　具　費 (15)	〃	21,168	14,925	17,780	20,115	20,267	20,936	20,841	20,546	21,292	21,164
生　産　管　理　費 (16)	〃	…	875	1,065	1,215	1,218	1,266	1,349	1,407	1,582	1,494
労　働　費 (17)	〃	121,873	149,564	164,579	166,056	166,583	156,747	153,613	153,479	152,567	145,585
う　ち　家　族 (18)	〃	121,634	145,747	160,075	161,467	161,711	151,014	147,542	146,783	144,307	137,109
費　用　合　計 (19)	〃	510,250	502,798	554,119	563,154	571,087	584,191	594,454	609,788	622,055	617,994
副　産　物　価　額 (20)	〃	140,974	53,978	48,822	64,436	64,503	75,535	76,345	79,472	83,979	84,314
生産費（副産物価額差引）(21)	〃	369,276	448,820	505,297	498,718	506,584	508,656	518,109	530,316	538,076	533,680
支　払　利　子 (22)	〃	…	12,312	11,131	10,593	10,691	10,761	9,990	9,743	9,920	9,793
支　払　地　代 (23)	〃	…	4,655	4,927	5,303	5,423	5,512	5,667	5,027	5,364	5,558
支払利子・地代算入生産費 (24)	〃	…	465,787	521,355	514,614	522,698	524,929	533,766	545,086	553,360	549,031
自　己　資　本　利　子 (25)	〃	33,282	15,046	15,567	15,879	15,518	15,748	16,577	18,095	18,341	17,459
自　作　地　地　代 (26)	〃	33,808	27,514	27,139	26,296	25,798	24,713	24,885	25,410	23,531	23,882
資本利子・地代全額算入生産費（全算入生産費）(27)	〃	436,366	508,347	564,061	556,789	564,014	565,390	575,228	588,591	595,232	590,372
1経営体（戸）当たり											
搾乳牛通年換算頭数 (28)	頭	36.0	47.4	54.6	55.1	56.8	58.5	60.1	60.3	61.8	61.7
搾乳牛1頭当たり											
実　搾　乳　量 (29)	kg	6,837	7,194	7,427	7,460	7,568	7,641	7,766	7,788	7,851	7,736
乳脂肪分3.5％換算乳量 (30)	〃	7,339	7,949	8,382	8,491	8,618	8,836	8,997	8,987	9,022	8,860
生　乳　価　額 (31)	円	534,781	563,136	569,182	569,407	578,776	591,414	599,920	588,308	576,720	552,446
労　働　時　間 (32)	時間	115.4	108.28	100.53	100.50	99.34	98.65	97.85	96.36	95.32	94.40
自給牧草に係る労働時間 (33)	〃	13.4	10.22	9.87	10.12	9.76	9.83	9.49	8.69	8.48	8.57
所　得 (34)	円	287,139	243,096	207,902	216,260	217,789	217,499	213,696	190,005	167,667	140,524
1日当たり											
所　得 (35)	〃	19,940	18,515	17,198	17,902	18,383	18,623	18,498	16,707	15,068	12,795
家　族　労　働　報　酬 (36)	〃	15,281	15,273	13,665	14,411	14,895	15,159	14,909	12,882	11,305	9,031

注：1　平成11年度～平成17年度は、公表済みの『平成12年　牛乳生産費』～『平成18年　牛乳生産費』のデータである。
　　2　「労働費のうち家族」について、平成3年までは調査対象経営体の所在するその地方の農村雇用賃金により評価し、平成4年から毎月勤
　　労統計調査（厚生労働省）結果を用いた評価に改訂した。平成10年から、それまでの男女別評価から男女同一評価に改正した。
　　3　平成7年から飼育管理等の直接的な労働以外の労働（自給牧草生産に係る労働、資材等の購入付帯労働及び建物・農機具の修繕労働）を
　　間接労働として関係費目から分離し、「労働費」及び「労働時間」に計上した。

19	20	21	22	23	24	25	26	27	28	29	30	令和元年	2	3	
(11)	(12)	(13)	(14)	(15)	(16)	(17)	(18)	(19)	(20)	(21)	(22)	(23)	(24)	(25)	
505,215	542,836	541,209	548,713	559,917	571,826	591,419	600,691	600,319	638,032	659,545	706,982	728,629	737,287	784,687	(1)
11,346	11,167	10,714	10,882	10,823	11,142	11,383	11,817	12,401	12,444	12,904	13,014	14,052	14,725	15,555	(2)
281,783	306,994	299,048	295,997	304,903	313,063	332,675	341,274	335,074	340,003	341,323	348,342	357,953	367,148	404,745	(3)
180,196	200,450	185,056	188,831	200,821	210,026	229,314	237,487	229,894	234,012	241,568	250,000	255,531	263,516	299,659	(4)
101,587	106,544	113,992	107,166	104,082	103,037	103,361	103,787	105,180	105,991	99,755	98,342	102,422	103,632	105,086	(5)
7,173	7,624	8,126	8,873	9,113	9,194	9,250	9,478	9,473	9,050	9,137	10,360	9,800	10,366	11,371	(6)
19,093	19,627	18,125	19,599	20,948	21,869	23,648	24,679	23,077	22,679	24,424	26,445	26,050	24,630	27,178	(7)
1,178	1,368	950	894	875	977	1,008	1,098	1,162	1,249	1,361	1,193	1,522	1,607	2,167	(8)
19,791	20,706	20,830	21,460	21,557	21,635	22,166	23,881	25,150	25,653	23,660	25,172	26,639	27,541	28,750	(9)
11,513	12,596	13,626	14,068	13,966	14,541	14,789	15,364	16,110	16,647	16,315	16,978	16,689	16,424	16,265	(10)
13,050	13,046	12,064	11,793	11,824	11,550	11,473	11,484	11,254	11,576	11,706	12,171	12,633	12,244	12,948	(11)
93,717	99,196	107,135	113,485	114,648	118,430	114,830	110,173	112,465	136,050	153,696	181,644	193,652	192,750	190,236	(12)
17,331	17,905	18,426	18,475	18,077	16,375	17,822	18,836	19,728	22,303	21,165	23,262	22,990	23,226	25,739	(13)
2,000	2,326	2,522	2,557	2,474	2,339	2,430	2,574	2,577	2,829	3,579	4,268	4,140	3,830	3,844	(14)
25,646	28,575	28,012	29,003	29,205	29,064	28,264	28,359	30,320	35,880	38,721	42,335	40,828	41,039	44,285	(15)
1,594	1,706	1,631	1,627	1,504	1,647	1,681	1,674	1,528	1,669	1,554	1,798	1,681	1,757	1,604	(16)
136,990	139,127	138,057	138,609	138,188	140,835	140,029	142,595	142,251	149,525	150,801	153,745	151,778	152,557	151,065	(17)
124,047	127,809	126,643	126,505	125,768	127,988	127,431	128,818	126,883	132,340	129,020	128,116	126,093	124,607	120,885	(18)
642,205	681,963	679,266	687,322	698,105	712,661	731,448	743,286	742,570	787,557	810,346	860,727	880,407	889,844	935,752	(19)
88,495	80,088	79,451	91,260	91,080	95,860	107,242	111,696	152,336	179,214	185,119	190,597	183,151	162,704	155,224	(20)
553,710	601,875	599,815	596,062	607,025	616,801	624,206	631,590	590,234	608,343	625,227	670,130	697,256	727,140	780,528	(21)
10,380	9,784	9,336	8,602	7,221	7,209	7,393	7,109	6,444	6,032	4,684	4,043	3,780	3,803	3,283	(22)
5,052	5,125	5,296	5,105	4,544	4,955	4,653	5,037	4,942	4,502	4,435	3,931	3,758	3,902	4,050	(23)
569,142	616,784	614,447	609,769	618,790	628,965	636,252	643,736	601,620	618,877	634,346	678,104	704,794	734,845	787,861	(24)
18,583	16,777	15,990	15,685	14,805	14,507	14,464	15,529	15,352	18,787	22,732	26,264	26,373	25,781	27,863	(25)
23,889	22,162	21,795	21,024	20,012	20,534	20,462	19,183	19,733	19,698	19,571	19,261	19,090	19,261	18,862	(26)
611,614	655,723	652,232	646,478	653,607	664,006	671,178	678,448	636,705	657,362	676,649	723,629	750,257	779,887	834,586	(27)
64.4	66.7	67.8	68.2	71.5	71.5	71.6	72.3	75.6	76.5	78.6	80.1	82.4	82.7	83.9	(28)
7,731	7,830	7,901	7,856	7,822	7,924	7,974	8,121	8,262	8,300	8,357	8,507	8,626	8,744	8,882	(29)
8,842	9,002	9,083	8,896	8,885	9,002	9,023	9,137	9,365	9,425	9,469	9,669	9,795	9,925	10,181	(30)
555,047	601,303	642,302	611,292	626,627	657,680	664,366	718,663	766,038	776,710	804,885	818,714	846,556	856,416	855,088	(31)
91.19	90.70	90.40	90.24	89.80	91.31	91.19	92.21	91.29	91.89	90.12	87.35	86.40	85.19	84.98	(32)
6.14	5.59	5.70	5.77	5.61	5.37	5.10	4.80	4.74	4.49	4.14	3.95	3.76	3.77	3.89	(33)
109,952	112,328	154,498	128,028	133,605	156,703	155,545	203,745	291,301	290,173	299,559	268,726	267,855	246,178	188,112	(34)
10,807	10,947	15,132	12,572	13,250	15,410	15,325	19,968	29,291	29,314	32,185	30,567	31,305	29,540	23,202	(35)
6,633	7,152	11,431	8,967	9,797	11,964	11,884	16,566	25,763	25,426	27,640	25,389	25,992	24,135	17,439	(36)

4 平成7年以降の「労働時間」は「自給牧草に係る労働時間」を含む総労働時間である。
5 平成7年から、「光熱水料及び動力費」に含めていた「その他の諸材料費」を分離した。
6 平成16年度から、「農機具費」に含めていた「自動車費」を分離した。
7 平成19年度は、平成19年度税制改正における減価償却計算の見直しを行った結果を表章した。
8 調査期間について、令和元年からは調査年1月1日から同年12月31日、平成11年度から平成30年度は調査年4月1日から翌年3月31日、
　平成7年は前年9月1日から調査年8月31日、平成2年は前年7月1日から調査年6月30日である。

累年統計表（続き）

2　牛乳生産費（北海道）（続き）

区　　　　分	単位	平成2年	7	平成11年度	12	13	14	15	16	17	18
		(1)	(2)	(3)	(4)	(5)	(6)	(7)	(8)	(9)	(10)
生乳100kg当たり（乳脂肪分3.5%換算乳量）											
物　　　　財　　　　費 (37)	円	5,292	4,443	4,649	4,674	4,694	4,836	4,900	5,077	5,203	5,332
種　　　　付　　　　料 (38)	〃	123	118	113	110	107	108	110	109	113	119
飼　　　　料　　　　費 (39)	〃	3,733	2,467	2,616	2,628	2,679	2,721	2,726	2,836	2,840	2,889
流　通　飼　料　費 (40)	〃	1,714	1,411	1,500	1,491	1,555	1,600	1,598	1,675	1,707	1,742
牧草・放牧・採草費 (41)	〃	2,019	1,056	1,116	1,137	1,124	1,121	1,128	1,161	1,133	1,147
敷　　　　料　　　　費 (42)	〃	86	63	61	67	65	70	76	76	79	78
光熱水料及び動力費 (43)	〃	145	134	136	148	145	145	152	165	188	203
その他の諸材料費 (44)	〃	…	15	11	9	9	10	11	14	13	13
獣医師料及び医薬品費 (45)	〃	166	166	180	194	195	195	208	219	221	219
賃借料及び料金 (46)	〃	77	90	97	106	105	113	122	132	127	130
物件税及び公課諸負担 (47)	〃	…	129	131	130	127	126	124	130	135	138
乳　牛　償　却　費 (48)	〃	515	928	921	865	849	931	949	942	1,030	1,081
建　　　　物　　　　費 (49)	〃	158	134	157	166	164	166	176	188	181	183
自　　動　　車　　費 (50)	〃	…	…	…	…	…	…	…	22	22	23
農　　機　　具　　費 (51)	〃	289	188	213	237	235	237	231	228	236	239
生　産　管　理　費 (52)	〃	…	11	13	14	14	14	15	16	18	17
労　　　　働　　　　費 (53)	〃	1,660	1,881	1,964	1,957	1,934	1,773	1,708	1,707	1,691	1,643
う　　ち　　家　　族 (54)	〃	1,657	1,833	1,910	1,902	1,877	1,709	1,640	1,633	1,600	1,547
費　　用　　合　　計 (55)	〃	6,952	6,324	6,613	6,631	6,628	6,609	6,608	6,784	6,894	6,975
副　産　物　価　額 (56)	〃	1,921	679	583	759	748	855	849	884	931	951
生産費（副産物価額差引） (57)	〃	5,031	5,645	6,030	5,872	5,880	5,754	5,759	5,900	5,963	6,024
支　　払　　利　　子 (58)	〃	…	155	133	125	124	122	111	108	110	111
支　　払　　地　　代 (59)	〃	…	59	59	62	63	62	63	56	59	63
支払利子・地代算入生産費 (60)	〃	…	5,859	6,222	6,059	6,067	5,938	5,933	6,064	6,132	6,198
自　己　資　本　利　子 (61)	〃	453	189	186	187	180	178	184	201	203	197
自　作　地　地　代 (62)	〃	460	346	324	310	299	280	277	283	261	270
資本利子・地代全額算入生産費（全算入生産費）(63)	〃	5,944	6,394	6,732	6,556	6,546	6,396	6,394	6,548	6,596	6,665

注：1　平成11年度〜平成17年度は、公表済みの『平成12年　牛乳生産費』〜『平成18年　牛乳生産費』のデータである。
　　2　「労働費のうち家族」について、平成3年までは調査対象経営体の所在するその地方の農村雇用賃金により評価し、平成4年から毎月勤労統計調査（厚生労働省）結果を用いた評価に改訂した。平成10年から、それまでの男女別評価から男女同一評価に改正した。
　　3　平成7年から飼育管理等の直接的な労働以外の労働（自給牧草生産に係る労働、資材等の購入付帯労働及び建物・農機具の修繕労働）を間接労働として関係費目から分離し、「労働費」及び「労働時間」に計上した。

19	20	21	22	23	24	25	26	27	28	29	30	令和元年	2	3	
(11)	(12)	(13)	(14)	(15)	(16)	(17)	(18)	(19)	(20)	(21)	(22)	(23)	(24)	(25)	
5,715	6,030	5,959	6,165	6,303	6,353	6,556	6,575	6,408	6,770	6,965	7,311	7,438	7,422	7,704	(37)
128	124	118	122	122	124	126	129	132	132	136	135	143	148	153	(38)
3,187	3,411	3,292	3,327	3,432	3,478	3,688	3,735	3,578	3,608	3,604	3,602	3,657	3,697	3,975	(39)
2,038	2,227	2,037	2,122	2,261	2,333	2,542	2,599	2,455	2,483	2,551	2,585	2,611	2,653	2,943	(40)
1,149	1,184	1,255	1,205	1,171	1,145	1,146	1,136	1,123	1,125	1,053	1,017	1,046	1,044	1,032	(41)
82	85	89	99	103	102	103	104	101	96	97	107	100	105	111	(42)
216	218	200	220	236	243	262	270	246	241	258	273	266	248	267	(43)
13	15	10	10	10	11	11	12	12	13	14	12	16	16	21	(44)
224	230	229	241	243	240	246	261	269	272	250	260	272	277	282	(45)
130	140	150	158	157	162	164	168	172	177	172	176	170	165	160	(46)
148	145	133	133	133	128	127	126	120	123	124	126	129	123	127	(47)
1,060	1,102	1,180	1,276	1,290	1,316	1,273	1,206	1,201	1,443	1,623	1,879	1,977	1,942	1,869	(48)
196	199	203	207	203	182	198	207	211	237	224	241	234	233	252	(49)
22	26	28	28	28	26	27	28	27	30	38	44	42	38	38	(50)
290	317	309	326	329	323	313	311	323	381	409	438	415	412	433	(51)
19	18	18	18	17	18	18	18	16	17	16	18	17	18	16	(52)
1,549	1,545	1,520	1,558	1,555	1,565	1,551	1,560	1,519	1,587	1,592	1,591	1,550	1,537	1,484	(53)
1,403	1,419	1,394	1,422	1,415	1,422	1,412	1,410	1,355	1,404	1,362	1,325	1,288	1,256	1,188	(54)
7,264	7,575	7,479	7,723	7,858	7,918	8,107	8,135	7,927	8,357	8,557	8,902	8,988	8,959	9,188	(55)
1,001	890	875	1,026	1,025	1,065	1,188	1,222	1,627	1,901	1,955	1,971	1,870	1,640	1,525	(56)
6,263	6,685	6,604	6,697	6,833	6,853	6,919	6,913	6,300	6,456	6,602	6,931	7,118	7,319	7,663	(57)
117	109	103	97	81	80	82	78	69	64	49	42	39	38	32	(58)
57	57	58	57	51	55	52	55	53	48	47	41	38	40	40	(59)
6,437	6,851	6,765	6,851	6,965	6,988	7,053	7,046	6,422	6,568	6,698	7,014	7,195	7,397	7,735	(60)
210	186	176	176	167	161	160	170	164	199	240	272	269	260	274	(61)
270	246	240	236	225	228	227	210	211	209	207	199	195	195	185	(62)
6,917	7,283	7,181	7,263	7,357	7,377	7,440	7,426	6,797	6,976	7,145	7,485	7,659	7,852	8,194	(63)

4　平成7年から、「光熱水料及び動力費」に含めていた「その他の諸材料費」を分離した。
5　平成16年度から、「農機具費」に含めていた「自動車費」を分離した。
6　平成19年度は、平成19年度税制改正における減価償却計算の見直しを行った結果を表章した。
7　調査期間について、令和元年からは調査年1月1日から同年12月31日、平成11年度から平成30年度は調査年4月1日から翌年3月31日、
　平成7年は前年9月1日から調査年8月31日、平成2年は前年7月1日から調査年6月30日である。

累年統計表（続き）

3　牛乳生産費（都府県）

区　　　　分	単位	平成2年	7	平成11年度	12	13	14	15	16	17	18
		(1)	(2)	(3)	(4)	(5)	(6)	(7)	(8)	(9)	(10)
搾乳牛1頭当たり											
物　　　財　　　費 (1)	円	435,785	436,732	472,832	476,534	486,345	511,575	528,245	541,843	553,340	573,399
種　　付　　料 (2)	〃	7,648	9,906	10,953	11,202	11,249	11,397	11,578	11,535	11,909	11,880
飼　　　料　　　費 (3)	〃	313,871	260,112	282,441	285,586	295,390	307,481	319,099	328,506	330,130	342,702
流　通　飼　料　費 (4)	〃	229,866	221,199	250,147	253,884	263,535	277,348	291,198	300,205	300,946	313,745
牧草・放牧・採草費 (5)	〃	84,005	38,913	32,294	31,702	31,855	30,133	27,901	28,301	29,184	28,957
敷　　　料　　　費 (6)	〃	4,719	4,882	5,501	5,865	5,763	5,355	5,314	5,616	5,632	5,596
光熱水料及び動力費 (7)	〃	12,494	13,503	15,070	16,020	15,739	16,533	17,085	18,553	20,261	21,895
その他の諸材料費 (8)	〃	…	1,803	1,752	1,788	1,737	1,672	1,569	1,944	1,960	1,831
獣医師料及び医薬品費 (9)	〃	16,377	17,401	21,662	21,848	21,552	21,215	21,864	23,221	24,514	25,272
賃　借　料　及　び　料　金 (10)	〃	4,313	8,661	10,110	10,400	10,563	11,671	12,602	14,010	14,296	14,955
物件税及び公課諸負担 (11)	〃	…	7,600	8,688	8,812	8,594	8,927	9,139	9,253	9,260	9,085
乳　牛　償　却　費 (12)	〃	40,941	78,646	78,592	75,066	75,526	86,105	88,135	83,699	87,867	92,053
建　　　物　　　費 (13)	〃	12,298	11,827	12,331	12,714	13,266	13,271	14,305	15,545	16,105	17,507
自　　動　　車　　費 (14)	〃	…	…	…	…	…	…	…	4,922	5,149	5,155
農　　機　　具　　費 (15)	〃	23,124	20,847	23,515	24,999	24,624	25,428	25,023	22,767	23,769	22,867
生　産　管　理　費 (16)	〃	…	1,544	2,217	2,234	2,342	2,520	2,532	2,272	2,488	2,601
労　　　働　　　費 (17)	〃	174,838	212,626	222,096	220,480	214,075	211,122	205,246	202,433	200,899	197,649
う　　ち　　家　　族 (18)	〃	172,908	207,024	211,587	206,256	199,910	195,460	189,608	187,283	184,461	179,330
費　　用　　合　　計 (19)	〃	610,623	649,358	694,928	697,014	700,420	722,697	733,491	744,276	754,239	771,048
副　産　物　価　額 (20)	〃	114,651	50,705	38,937	45,470	38,599	46,381	48,685	51,200	54,215	57,856
生産費（副産物価額差引） (21)	〃	495,972	598,653	655,991	651,544	661,821	676,316	684,806	693,076	700,024	713,192
支　　払　　利　　子 (22)	〃	…	3,723	4,067	3,693	3,554	4,020	3,854	3,745	3,862	4,073
支　　払　　地　　代 (23)	〃	…	4,435	4,131	4,106	4,229	4,315	4,549	4,339	4,368	4,275
支払利子・地代算入生産費 (24)	〃	…	606,811	664,189	659,343	669,604	684,651	693,209	701,160	708,254	721,540
自　己　資　本　利　子 (25)	〃	27,935	18,211	17,483	17,938	18,273	18,322	18,735	21,719	21,833	21,876
自　作　地　地　代 (26)	〃	14,250	6,180	5,689	6,103	5,850	5,642	5,795	5,715	5,788	5,687
資本利子・地代全額算入生産費（全算入生産費） (27)	〃	538,157	631,202	687,361	683,384	693,727	708,615	717,739	728,594	735,875	749,103
1経営体（戸）当たり											
搾乳牛通年換算頭数 (28)	頭	18.8	24.7	29.7	30.1	30.9	31.6	32.1	32.4	33.0	33.5
搾乳牛1頭当たり											
実　　搾　　乳　　量 (29)	kg	6,569	7,171	7,730	7,876	7,765	7,857	8,005	8,163	8,227	8,226
乳脂肪分3.5％換算乳量 (30)	〃	7,014	7,785	8,522	8,729	8,647	8,832	9,001	9,200	9,218	9,229
生　　乳　　価　　額 (31)	円	651,186	673,871	701,025	712,084	713,701	725,761	742,934	753,329	744,668	732,739
労　　　働　　　時　　　間 (32)	時間	146.1	141.22	133.54	132.01	130.79	129.96	128.88	128.60	127.98	127.39
自給牧草に係る労働時間 (33)	〃	…	10.07	8.31	7.96	7.86	7.65	7.37	7.38	7.52	6.89
所　　　　　　得 (34)	円	328,122	274,084	248,423	258,997	244,007	236,570	239,333	239,452	220,875	190,529
1日当たり											
所　　　　　　得 (35)	〃	18,166	15,934	15,600	16,684	15,939	15,596	15,950	16,094	15,013	13,262
家　族　労　働　報　酬 (36)	〃	15,830	14,516	14,144	15,135	14,363	14,016	14,315	14,250	13,135	11,344

注：1　平成11年度～平成17年度は、公表済みの『平成12年　牛乳生産費』～『平成18年　牛乳生産費』のデータである。
　　2　「労働費のうち家族」について、平成3年までは調査対象経営体の所在するその地方の農村雇用賃金により評価し、平成4年から毎月勤労統計調査（厚生労働省）結果を用いた評価に改訂した。平成10年から、それまでの男女別評価から男女同一評価に改正した。
　　3　平成7年から飼育管理等の直接的な労働以外の労働（自給牧草生産に係る労働、資材等の購入付帯労働及び建物・農機具の修繕労働）を間接労働として関係費目から分離し、「労働費」及び「労働時間」に計上した。

平成7年以降の「労働時間」は「自給牧草に係る労働時間」を含む総労働時間である。

	19	20	21	22	23	24	25	26	27	28	29	30	令和元年	2	3	
	(11)	(12)	(13)	(14)	(15)	(16)	(17)	(18)	(19)	(20)	(21)	(22)	(23)	(24)	(25)	
621,793	652,900	622,837	622,425	643,900	653,012	687,783	712,490	711,958	721,032	767,334	802,347	812,120	839,343	893,024	(1)
12,341	12,053	12,029	11,728	12,128	12,641	12,899	12,762	13,571	14,560	15,856	17,339	18,402	19,347	20,021	(2)
373,179	401,522	368,784	364,855	384,719	399,630	433,268	454,738	453,465	442,304	454,360	469,526	478,092	492,190	541,090	(3)
339,427	363,185	333,613	328,849	352,000	370,197	400,577	419,411	418,684	407,905	413,962	429,438	431,712	446,858	492,025	(4)
33,752	38,337	35,171	36,006	32,719	29,433	32,691	35,327	34,781	34,399	40,398	40,088	46,380	45,332	49,065	(5)
6,674	7,133	7,250	7,586	8,107	8,538	9,595	9,841	10,157	10,348	10,691	12,725	12,331	14,091	15,372	(6)
23,534	25,317	23,010	23,863	24,620	26,547	28,584	29,502	27,652	27,464	28,509	30,711	31,244	30,638	32,747	(7)
2,352	2,161	2,284	2,276	2,292	2,344	1,995	2,055	2,091	2,159	2,501	2,105	1,901	2,010	2,073	(8)
25,224	25,570	27,225	28,392	26,924	27,082	27,019	27,959	29,709	31,997	33,776	34,969	34,213	34,719	35,408	(9)
15,787	15,612	15,715	15,788	16,466	15,602	15,797	17,164	16,044	17,646	16,761	18,340	17,912	18,588	18,300	(10)
8,496	8,542	8,623	8,506	8,788	8,466	8,242	9,247	8,640	8,935	9,193	9,690	9,599	9,495	10,231	(11)
97,593	96,747	101,455	101,760	102,532	100,928	99,802	97,668	98,051	108,489	131,411	142,515	143,875	152,105	150,125	(12)
19,911	20,729	21,487	22,185	22,581	18,227	18,857	18,854	17,940	18,334	18,623	18,538	19,468	22,479	22,844	(13)
5,975	6,105	5,552	5,581	5,428	5,184	5,849	5,404	5,753	6,462	5,934	6,437	6,223	5,758	5,928	(14)
27,719	28,909	26,635	27,162	26,405	25,123	23,044	24,428	26,082	29,266	36,782	36,230	35,519	35,013	35,937	(15)
3,008	2,500	2,788	2,743	2,910	2,700	2,832	2,868	2,803	3,068	2,937	3,222	3,341	2,910	2,948	(16)
198,213	194,934	190,005	185,800	183,260	182,062	181,858	182,598	184,446	190,063	191,835	187,848	187,597	182,739	182,650	(17)
178,385	177,916	172,879	168,299	164,944	163,157	160,730	160,442	161,440	162,813	160,486	153,724	147,758	140,904	138,246	(18)
820,006	847,834	812,842	808,225	827,160	835,074	869,641	895,088	896,404	911,095	959,169	990,195	999,717	1,022,082	1,075,674	(19)
51,745	43,456	44,271	50,310	46,521	45,824	54,750	62,112	74,940	109,707	140,803	170,329	181,424	168,346	166,348	(20)
768,261	804,378	768,571	757,915	780,639	789,250	814,891	832,976	821,464	801,388	818,366	819,866	818,293	853,736	909,326	(21)
3,073	3,309	3,562	3,150	3,047	2,627	2,461	2,029	1,942	1,630	1,572	1,520	1,579	1,563	1,406	(22)
4,564	4,677	4,663	5,197	4,669	4,667	4,803	4,736	5,203	5,324	5,778	5,305	5,356	4,923	4,930	(23)
775,898	812,364	776,796	766,262	788,355	796,544	822,155	839,741	828,609	808,342	825,716	826,691	825,228	860,222	915,662	(24)
21,229	21,133	19,389	18,426	17,687	17,690	18,459	18,836	19,232	20,455	24,091	24,321	22,974	23,696	24,438	(25)
5,522	5,287	5,414	5,376	5,331	5,685	5,276	5,312	5,287	5,175	5,610	5,414	5,351	4,841	4,627	(26)
802,649	838,784	801,599	790,064	811,373	819,919	845,890	863,889	853,128	833,972	855,417	856,426	853,553	888,759	944,727	(27)
33.7	34.3	35.0	35.3	36.7	37.5	37.8	38.8	39.6	40.1	40.8	41.2	43.3	46.2	47.4	(28)
8,248	8,317	8,415	8,287	8,292	8,436	8,492	8,576	8,716	8,760	8,733	8,906	8,587	8,747	8,884	(29)
9,236	9,255	9,268	9,114	9,175	9,257	9,265	9,355	9,503	9,540	9,528	9,730	9,515	9,668	9,869	(30)
737,100	775,826	837,830	824,061	834,297	845,592	866,021	926,702	966,682	977,464	979,729	992,489	969,074	1,001,136	1,016,856	(31)
129.08	128.90	126.51	124.81	122.13	120.11	119.81	119.19	119.75	121.96	121.03	119.25	115.82	111.55	111.41	(32)
7.28	7.16	6.62	6.80	5.79	5.72	5.73	5.73	5.99	5.73	6.07	5.67	6.04	5.86	5.90	(33)
139,587	141,378	233,913	226,098	210,886	212,205	204,596	247,403	299,513	331,935	314,499	319,522	291,604	281,818	239,440	(34)
9,723	9,707	16,425	16,273	15,575	16,029	15,876	19,573	23,696	26,637	26,151	27,631	26,799	27,602	23,611	(35)
7,860	7,893	14,683	14,560	13,875	14,263	14,034	17,663	21,756	24,581	23,681	25,060	24,196	24,807	20,744	(36)

4 平成7年以降の「労働時間」は「自給牧草に係る労働時間」を含む総労働時間である。
5 平成7年から、「光熱水料及び動力費」に含めていた「その他の諸材料費」を分離した。
6 平成16年度から、「農機具費」に含めていた「自動車費」を分離した。
7 平成19年度は、平成19年度税制改正における減価償却計算の見直しを行った結果を表章した。
8 調査期間について、令和元年からは調査年1月1日から同年12月31日、平成11年度から平成30年度は調査年4月1日から翌年3月31日、
平成7年は前年9月1日から調査年8月31日、平成2年は前年7月1日から調査年6月30日である。

累年統計表（続き）

3　牛乳生産費（都府県）（続き）

区　　分	単位	平成2年	7	平成11年度	12	13	14	15	16	17	18
		(1)	(2)	(3)	(4)	(5)	(6)	(7)	(8)	(9)	(10)
生乳100kg当たり（乳脂肪分3.5%換算乳量）											
物　　財　　費 (37)	円	6,213	5,610	5,548	5,458	5,623	5,792	5,869	5,889	6,001	6,212
種　　付　　料 (38)	〃	109	127	128	128	130	129	128	126	129	128
飼　　料　　費 (39)	〃	4,475	3,342	3,315	3,272	3,416	3,481	3,546	3,571	3,582	3,713
流　通　飼　料　費 (40)	〃	3,277	2,842	2,936	2,909	3,048	3,140	3,236	3,263	3,265	3,399
牧草・放牧・採草費 (41)	〃	1,198	500	379	363	368	341	310	308	317	314
敷　　料　　費 (42)	〃	68	62	64	67	67	61	59	61	61	61
光熱水料及び動力費 (43)	〃	178	173	177	184	182	187	190	202	220	237
その他の諸材料費 (44)	〃	…	23	21	20	20	19	17	21	21	20
獣医師料及び医薬品費 (45)	〃	233	224	254	250	249	240	243	252	266	274
賃借料及び料金 (46)	〃	61	111	119	119	122	132	140	152	155	162
物件税及び公課諸負担 (47)	〃	…	98	102	101	99	101	102	101	100	98
乳　牛　償　却　費 (48)	〃	584	1,010	922	860	873	975	979	910	953	997
建　　物　　費 (49)	〃	175	152	144	145	153	150	159	169	175	190
自　動　車　費 (50)	〃	…	…	…	…	…	…	…	53	55	56
農　機　具　費 (51)	〃	330	268	276	286	285	288	278	247	257	248
生　産　管　理　費 (52)	〃	…	20	26	26	27	29	28	24	27	28
労　　働　　費 (53)	〃	2,493	2,731	2,606	2,526	2,476	2,390	2,280	2,200	2,180	2,142
う　　ち　　家　　族 (54)	〃	2,465	2,659	2,483	2,363	2,312	2,213	2,106	2,035	2,001	1,943
費　　用　　合　　計 (55)	〃	8,706	8,341	8,154	7,984	8,099	8,182	8,149	8,089	8,181	8,354
副　産　物　価　額 (56)	〃	1,634	651	457	521	446	525	541	557	588	627
生産費（副産物価額差引） (57)	〃	7,072	7,690	7,697	7,463	7,653	7,657	7,608	7,532	7,593	7,727
支　　払　　利　　子 (58)	〃	…	48	48	42	41	46	43	41	42	44
支　　払　　地　　代 (59)	〃	…	57	48	47	49	49	51	47	47	46
支払利子・地代算入生産費 (60)	〃	…	7,795	7,793	7,552	7,743	7,752	7,702	7,620	7,682	7,817
自　己　資　本　利　子 (61)	〃	398	234	205	206	211	207	208	236	237	237
自　作　地　地　代 (62)	〃	203	79	67	70	68	64	64	62	63	62
資本利子・地代全額算入生産費（全算入生産費） (63)	〃	7,673	8,108	8,065	7,828	8,022	8,023	7,974	7,918	7,982	8,116

注：1　平成11年度〜平成17年度は、公表済みの『平成12年　牛乳生産費』〜『平成18年　牛乳生産費』のデータである。
　　2　「労働費のうち家族」について、平成3年までは調査対象経営体の所在するその地方の農村雇用賃金により評価し、平成4年から毎月勤労統計調査（厚生労働省）結果を用いた評価に改訂した。平成10年から、それまでの男女別評価から男女同一評価に改正した。
　　3　平成7年から飼育管理等の直接的な労働以外の労働（自給牧草生産に係る労働、資材等の購入付帯労働及び建物・農機具の修繕労働）を間接労働として関係費目から分離し、「労働費」及び「労働時間」に計上した。

19	20	21	22	23	24	25	26	27	28	29	30	令和元年	2	3	
(11)	(12)	(13)	(14)	(15)	(16)	(17)	(18)	(19)	(20)	(21)	(22)	(23)	(24)	(25)	
6,733	7,054	6,719	6,829	7,019	7,056	7,424	7,616	7,490	7,558	8,052	8,249	8,533	8,679	9,050	(37)
134	130	129	128	133	137	139	137	143	152	166	178	193	200	203	(38)
4,040	4,338	3,979	4,004	4,193	4,317	4,676	4,861	4,771	4,636	4,768	4,826	5,022	5,090	5,483	(39)
3,675	3,924	3,600	3,609	3,836	3,999	4,323	4,483	4,405	4,275	4,344	4,414	4,535	4,621	4,986	(40)
365	414	379	395	357	318	353	378	366	361	424	412	487	469	497	(41)
73	77	78	83	89	93	104	105	107	109	112	131	130	145	156	(42)
255	274	248	262	268	287	308	315	291	288	299	316	328	317	332	(43)
25	23	25	25	25	25	22	22	22	23	26	22	20	21	21	(44)
273	276	294	312	293	293	292	299	313	335	354	359	360	359	359	(45)
171	169	170	173	179	169	171	183	169	185	176	188	188	192	185	(46)
92	92	93	93	96	91	89	99	91	94	96	100	101	98	104	(47)
1,057	1,045	1,095	1,117	1,118	1,090	1,077	1,044	1,032	1,137	1,379	1,465	1,512	1,573	1,521	(48)
216	224	231	243	246	197	203	201	188	192	196	191	206	232	232	(49)
65	66	60	61	59	56	63	58	60	60	63	67	66	60	60	(50)
300	313	287	298	288	272	249	261	274	306	386	372	372	362	364	(51)
32	27	30	30	32	29	31	31	29	33	31	34	35	30	30	(52)
2,146	2,106	2,049	2,039	1,997	1,967	1,963	1,952	1,941	1,991	2,014	1,930	1,971	1,890	1,851	(53)
1,931	1,922	1,865	1,847	1,798	1,763	1,735	1,715	1,699	1,706	1,685	1,580	1,552	1,457	1,401	(54)
8,879	9,160	8,768	8,868	9,016	9,023	9,387	9,568	9,431	9,549	10,066	10,179	10,504	10,569	10,901	(55)
561	470	478	552	507	495	591	664	788	1,150	1,477	1,750	1,906	1,741	1,686	(56)
8,318	8,690	8,290	8,316	8,509	8,528	8,796	8,904	8,643	8,399	8,589	8,429	8,598	8,828	9,215	(57)
33	36	38	35	33	28	27	22	20	17	17	16	17	16	14	(58)
49	51	50	57	51	50	52	51	55	56	61	55	57	51	50	(59)
8,400	8,777	8,378	8,408	8,593	8,606	8,875	8,977	8,718	8,472	8,667	8,500	8,672	8,895	9,279	(60)
230	228	209	202	193	191	199	201	202	214	253	250	241	245	248	(61)
60	57	58	59	58	61	57	57	56	54	59	56	56	49	47	(62)
8,690	9,062	8,645	8,669	8,844	8,858	9,131	9,235	8,976	8,740	8,979	8,806	8,969	9,189	9,574	(63)

4 平成7年から、「光熱水料及び動力費」に含めていた「その他の諸材料費」を分離した。
5 平成16年度から、「農機具費」に含めていた「自動車費」を分離した。
6 平成19年度は、平成19年度税制改正における減価償却計算の見直しを行った結果を表章した。
7 調査期間について、令和元年からは調査年1月1日から同年12月31日、平成11年度から平成30年度は調査年4月1日から翌年3月31日、
平成7年は前年9月1日から調査年8月31日、平成2年は前年7月1日から調査年6月30日である。

子牛生産費

累年統計表（続き）

4　子牛生産費

区分	単位	平成2年	7	平成11年度	12	13	14	15	16	17	18
		(1)	(2)	(3)	(4)	(5)	(6)	(7)	(8)	(9)	(10)
子牛1頭当たり											
物　財　費 (1)	円	287,921	214,972	223,430	221,961	224,996	236,816	247,675	249,507	251,797	259,302
種　付　料 (2)	〃	10,308	11,667	14,403	13,610	13,438	14,890	15,260	16,062	16,976	17,086
飼　料　費 (3)	〃	178,694	103,197	106,705	105,610	108,698	111,944	118,710	122,474	123,236	128,829
うち　流通飼料費 (4)	〃	78,138	72,487	71,250	70,341	73,453	74,659	78,765	81,087	80,920	83,900
敷　料　費 (5)	〃	15,883	12,108	9,279	9,068	9,121	8,467	8,557	8,172	7,761	7,624
光熱水料及び動力費 (6)	〃	3,312	3,116	4,135	4,261	4,352	4,562	4,848	5,255	5,844	6,183
その他の諸材料費 (7)	〃	…	641	506	509	501	611	647	613	677	529
獣医師料及び医薬品費 (8)	〃	8,074	8,585	10,981	10,914	11,155	12,068	12,331	12,918	13,770	13,879
賃借料及び料金 (9)	〃	7,588	7,491	8,316	8,567	8,806	9,343	9,471	10,291	10,914	10,761
物件税及び公課諸負担 (10)	〃	…	4,131	5,347	5,246	5,594	6,255	6,307	6,191	6,645	7,038
繁殖雌牛償却費 (11)	〃	45,582	46,719	43,850	44,470	42,259	46,241	47,746	44,015	41,335	43,307
建　物　費 (12)	〃	12,533	11,224	11,424	11,411	11,912	11,845	12,395	12,275	13,110	10,758
自動車費 (13)	〃	…	…	…	…	…	…	…	3,605	3,720	3,963
農機具費 (14)	〃	5,947	5,279	7,579	7,447	8,353	9,695	10,567	6,727	6,831	8,237
生産管理費 (15)	〃	…	814	905	848	807	895	836	909	978	1,108
労　働　費 (16)	〃	117,784	197,286	212,665	205,873	200,199	195,034	193,038	192,739	188,159	183,741
うち　家族 (17)	〃	117,784	196,828	211,395	204,560	198,460	193,465	191,587	189,009	183,486	180,049
費用合計 (18)	〃	405,705	412,258	436,095	427,834	425,195	431,850	440,713	442,246	439,956	443,043
副産物価額 (19)	円	45,840	47,195	45,209	43,135	42,342	42,689	43,752	42,194	39,903	39,129
生産費（副産物価額差引）(20)	〃	359,865	365,063	390,886	384,699	382,853	389,161	396,961	400,052	400,053	403,914
支払利子 (21)	〃	…	2,049	2,611	2,416	2,449	2,364	2,462	2,536	2,647	2,956
支払・地代 (22)	〃	…	2,856	3,980	3,897	4,216	4,100	3,808	3,502	3,744	3,773
支払利子・地代算入生産費 (23)	〃	…	369,968	397,477	391,012	389,518	395,625	403,231	406,090	406,444	410,643
自己資本利子 (24)	〃	39,551	37,702	42,190	41,783	42,328	42,918	42,583	46,163	48,259	48,933
自作地地代 (25)	〃	22,449	15,881	13,740	13,372	13,092	11,939	11,440	11,078	11,203	13,490
資本利子・地代全額算入生産費（全算入生産費）(26)	〃	421,865	423,551	453,407	446,167	444,938	450,482	457,254	463,331	465,906	473,066
1経営体（戸）当たり											
繁殖雌牛飼養月平均頭数 (27)	頭	4.6	6.3	7.1	7.5	7.8	8.4	9.0	9.3	9.5	9.9
子牛1頭当たり											
販売時生体重 (28)	kg	287.2	276.3	285.7	288.4	284.6	282.5	280.4	278.6	280.1	279.9
販売価格 (29)	円	467,025	318,300	355,528	360,880	308,892	356,539	392,320	437,408	466,151	481,065
労働時間 (30)	時間	130.7	159.04	152.14	144.64	143.32	142.63	141.28	140.40	138.25	135.39
計算期間 (31)	年	1.2	1.1	1.2	1.2	1.2	1.2	1.2	1.2	1.2	1.2
繁殖雌牛1頭当たり											
所得 (32)	円	224,944	145,288	169,432	175,141	118,186	154,420	180,921	220,515	241,187	250,542
1日当たり											
所得 (33)	〃	13,768	7,318	8,971	9,724	6,654	8,733	10,319	12,777	14,432	15,101
家族労働報酬 (34)	〃	9,974	4,617	6,010	6,649	3,524	5,630	7,234	9,458	10,899	11,338

注：1　平成11年度〜平成17年度は、公表済みの『平成12年　子牛生産費』〜『平成18年　子牛生産費』のデータである。
　　2　平成3年から調査対象に外国種を含む。
　　3　「労働費のうち家族」について、平成3年までは調査対象経営体の所在するその地方の農村雇用賃金により評価し、平成4年から毎月勤労統計調査（厚生労働省）結果を用いた評価に改訂した。平成10年から、それまでの男女別評価から男女同一評価に改正した。
　　4　平成7年から飼育管理等の直接的な労働以外の労働（自給牧草生産に係る労働、資材等の購入付帯労働及び建物・農機具の修繕労働）を間接労働として関係費目から分離し、「労働費」及び「労働時間」に計上した。

19	20	21	22	23	24	25	26	27	28	29	30	令和元年	2	3	
(11)	(12)	(13)	(14)	(15)	(16)	(17)	(18)	(19)	(20)	(21)	(22)	(23)	(24)	(25)	
289,061	337,195	335,321	344,498	356,136	358,838	376,129	381,831	377,010	377,890	390,050	410,599	415,680	422,324	466,069	(1)
17,834	18,911	17,240	17,694	18,272	18,076	19,000	20,229	21,879	22,538	21,115	20,957	21,467	22,775	22,252	(2)
149,593	178,616	171,771	176,385	186,126	189,527	208,274	213,612	215,489	219,716	228,586	237,620	235,611	237,993	272,302	(3)
99,844	120,007	113,896	119,076	127,903	131,750	147,522	150,125	146,804	142,711	152,081	159,606	158,536	160,610	189,970	(4)
7,533	7,490	7,737	7,907	7,712	8,367	7,811	8,192	8,472	8,688	9,196	8,517	8,608	9,141	9,635	(5)
7,022	7,458	6,442	6,731	7,292	7,785	8,686	9,256	8,980	9,030	9,440	10,807	11,528	10,854	12,827	(6)
618	531	636	658	624	604	645	765	448	599	581	522	872	898	1,219	(7)
14,855	18,758	18,201	19,250	19,362	19,505	19,250	20,481	22,447	24,160	22,511	24,000	23,616	21,879	26,192	(8)
10,845	10,873	11,085	11,772	11,913	11,387	12,406	12,598	13,473	12,255	13,525	15,126	14,380	14,312	13,669	(9)
7,996	7,137	7,762	7,694	7,713	8,199	8,781	8,373	8,608	9,025	9,134	8,911	9,075	8,756	9,347	(10)
41,090	53,850	61,481	64,351	64,181	65,365	60,740	57,560	43,059	35,659	38,266	45,300	48,909	52,091	52,084	(11)
12,850	14,846	15,414	15,168	15,861	14,369	14,039	14,333	14,907	15,320	15,819	16,027	15,339	17,551	20,133	(12)
6,123	5,504	6,004	5,597	6,010	5,466	5,751	5,518	6,360	6,829	6,905	7,080	8,824	9,124	8,208	(13)
11,186	11,705	10,114	9,957	9,729	8,771	9,205	9,517	11,373	12,394	13,300	14,101	15,576	15,131	15,923	(14)
1,516	1,516	1,434	1,334	1,341	1,417	1,541	1,397	1,515	1,677	1,672	1,631	1,875	1,819	2,278	(15)
177,395	169,392	172,684	178,634	173,732	171,291	171,023	170,272	172,642	183,290	185,902	183,114	183,010	183,863	180,653	(16)
173,582	165,794	169,851	175,696	170,928	168,380	167,854	166,373	169,233	178,485	180,281	177,635	175,279	176,473	171,790	(17)
466,456	506,587	508,005	523,132	529,868	530,129	547,152	552,103	549,652	561,180	575,952	593,713	598,690	606,187	646,722	(18)
33,208	31,118	30,530	30,940	29,932	28,165	26,858	25,951	26,578	28,062	24,844	22,364	23,397	24,383	26,426	(19)
433,248	475,469	477,475	492,192	499,936	501,964	520,294	526,152	523,074	533,118	551,108	571,349	575,293	581,804	620,296	(20)
3,063	2,024	1,835	1,854	1,764	1,841	1,659	1,748	1,788	1,796	1,685	1,660	1,430	1,342	879	(21)
4,311	5,551	5,794	5,866	5,982	6,528	7,105	7,184	8,387	9,323	8,981	9,767	8,743	9,384	9,567	(22)
440,622	483,044	485,104	499,912	507,682	510,333	529,058	535,084	533,249	544,237	561,774	582,776	585,466	592,530	630,742	(23)
54,887	56,675	54,478	51,582	47,944	48,714	50,462	46,644	43,378	45,224	53,830	56,637	59,680	61,381	72,264	(24)
14,098	12,802	12,588	12,779	13,504	13,229	13,476	13,951	13,713	15,273	13,169	11,556	10,454	10,115	9,204	(25)
509,607	552,521	552,170	564,273	569,130	572,276	592,996	595,679	590,340	604,734	628,773	650,969	655,600	664,026	712,210	(26)
10.5	11.9	11.3	11.9	12.1	12.3	12.6	12.9	13.6	13.9	14.5	15.7	16.6	17.1	17.6	(27)
283.0	279.9	283.1	291.8	283.2	283.9	284.0	283.3	284.0	288.0	291.7	291.2	291.9	292.2	288.7	(28)
467,958	375,320	350,796	373,635	385,497	402,523	483,432	552,157	668,630	784,652	754,495	740,368	735,646	658,653	718,350	(29)
131.11	124.55	127.83	134.58	130.45	127.63	125.12	124.32	123.08	128.98	127.83	126.45	124.20	120.71	121.07	(30)
1.2	1.2	1.2	1.2	1.1	1.2	1.2	1.2	1.2	1.2	1.2	1.3	1.2	1.2	1.3	(31)
199,676	54,784	35,779	49,711	48,663	60,614	122,244	183,446	304,598	419,609	370,773	336,995	327,905	243,981	260,554	(32)
12,595	3,729	2,273	3,006	3,041	3,875	8,016	12,178	20,281	26,825	24,094	22,013	22,011	16,889	18,160	(33)
8,266	nc	nc	nc	nc	nc	3,823	8,155	16,480	22,951	19,764	17,538	17,272	11,917	12,461	(34)

5　平成7年から、「光熱水料及び動力費」に含めていた「その他の諸材料費」を分離した。
6　平成16年度から、「農機具費」に含めていた「自動車費」を分離した。
7　平成19年度は、平成19年度税制改正における減価償却計算の見直しを行った結果を表章した。
8　調査期間について、令和元年からは調査年1月1日から同年12月31日、平成11年度から平成30年度は調査年4月1日から翌年3月31日、
　平成2年及び平成7年は前年8月1日から調査年7月31日である。

累年統計表（続き）

5　乳用雄育成牛生産費

区　　分	単位	平成2年	7	平成11年度	12	13	14	15	16	17	18
		(1)	(2)	(3)	(4)	(5)	(6)	(7)	(8)	(9)	(10)
乳用雄育成牛1頭当たり											
物財費 (1)	円	223,241	112,577	82,634	90,767	109,247	99,795	111,049	114,520	118,032	116,304
もと畜費 (2)	〃	148,422	56,892	20,837	30,583	47,712	38,514	47,655	49,593	52,520	48,320
飼料費 (3)	〃	57,486	39,904	46,058	44,454	45,840	46,187	47,925	48,715	48,215	50,558
うち流通飼料費 (4)	〃	54,993	38,741	44,828	43,221	44,690	44,877	46,606	46,871	46,290	48,675
敷料費 (5)	〃	4,536	3,224	2,930	2,978	3,047	2,857	2,809	2,747	2,651	2,980
光熱水料及び動力費 (6)	〃	1,212	1,200	1,653	1,714	1,625	1,740	1,676	1,733	1,841	2,032
その他の諸材料費 (7)	〃	…	135	95	97	84	71	86	89	99	44
獣医師料及び医薬品費 (8)	〃	4,354	5,070	5,279	5,155	5,279	4,857	5,313	5,694	6,215	5,566
賃借料及び料金 (9)	〃	280	315	535	527	477	500	536	734	802	901
物件税及び公課諸負担 (10)	〃	…	628	594	617	597	629	591	698	770	846
建物費 (11)	〃	3,229	2,802	2,427	2,362	2,325	2,198	2,188	2,302	2,593	2,469
自動車費 (12)	〃	…	…	…	…	…	…	…	423	496	587
農機具費 (13)	〃	3,722	2,326	2,062	2,096	2,062	1,940	1,972	1,538	1,614	1,784
生産管理費 (14)	〃	…	81	164	184	199	302	298	254	216	217
労働費 (15)	〃	15,466	16,324	17,359	16,733	15,291	15,057	14,324	14,514	13,447	13,106
うち家族 (16)	〃	15,063	16,261	17,252	16,606	15,105	14,556	13,759	13,641	12,294	11,629
費用合計 (17)	〃	238,707	128,901	99,993	107,500	124,538	114,852	125,373	129,034	131,479	129,410
副産物価額 (18)	〃	5,750	3,233	2,884	2,898	2,451	2,566	2,454	3,067	2,785	2,831
生産費（副産物価額差引）(19)	〃	232,957	125,668	97,109	104,602	122,087	112,286	122,919	125,967	128,694	126,579
支払利子 (20)	〃	…	786	1,104	1,004	916	999	929	1,183	1,223	1,283
支払地代 (21)	〃	…	109	146	143	144	137	172	162	156	138
支払利子・地代算入生産費 (22)	〃	…	126,563	98,359	105,749	123,147	113,422	124,020	127,312	130,073	128,000
自己資本利子 (23)	〃	3,484	1,906	1,328	1,447	1,608	1,411	1,491	1,779	1,809	1,850
自作地地代 (24)	〃	947	599	625	631	621	628	669	669	714	721
資本利子・地代全額算入生産費（全算入生産費）(25)	〃	237,388	129,068	100,312	107,827	125,376	115,461	126,180	129,760	132,596	130,571
1経営体（戸）当たり											
飼養月平均頭数 (26)	頭	51.5	78.2	94.5	100.7	115.6	140.6	176.5	162.8	178.2	176.1
乳用雄育成牛1頭当たり											
販売時生体重 (27)	kg	268.7	247.4	282.9	279.4	291.8	288.7	287.2	273.9	273.3	272.3
販売価格 (28)	円	254,568	65,506	60,860	89,775	63,352	70,227	55,662	72,649	107,251	124,625
労働時間 (29)	時間	14.5	11.57	10.66	10.18	9.49	9.39	9.09	9.12	8.63	8.80
育成期間 (30)	月	6.6	5.7	6.7	6.4	6.6	6.5	6.4	6.1	6.0	6.0
所得 (31)	円	36,674	△44,796	△20,247	632	△44,690	△28,639	△54,599	△41,022	△10,528	8,254
1日当たり											
所得 (32)	〃	20,957	nc	nc	501	nc	nc	nc	nc	nc	8,734
家族労働報酬 (33)	〃	18,425	nc	nc	nc	nc	nc	nc	nc	nc	6,014

注：1　平成11年度～平成17年度は、公表済みの『平成12年　乳用雄育成牛生産費』～『平成18年　乳用雄育成牛生産費』のデータである。
　　2　「労働費のうち家族」について、平成3年までは調査対象経営体の所在するその地方の農村雇用賃金により評価し、平成4年から毎月勤労統計調査（厚生労働省）結果を用いた評価に改訂した。平成10年から、それまでの男女別評価から男女同一評価に改正した。
　　3　平成7年から飼育管理等の直接的な労働以外の労働（自給牧草生産に係る労働、資材等の購入付帯労働及び建物・農機具の修繕労働）を間接労働として関係費目から分離し、「労働費」及び「労働時間」に計上した。

19	20	21	22	23	24	25	26	27	28	29	30	令和元年	2	3	
(11)	(12)	(13)	(14)	(15)	(16)	(17)	(18)	(19)	(20)	(21)	(22)	(23)	(24)	(25)	
127,227	119,072	107,390	110,869	128,474	121,673	136,925	146,178	155,561	203,139	204,775	233,042	236,575	227,934	237,422	(1)
49,088	30,533	30,034	29,735	44,012	37,061	46,525	50,622	58,911	112,465	116,405	145,356	147,756	130,396	123,023	(2)
61,099	71,066	61,405	61,267	64,150	64,804	71,162	74,606	72,593	63,406	64,396	64,840	64,443	70,093	82,670	(3)
58,742	66,607	58,994	57,933	61,021	62,950	69,186	72,573	69,615	62,189	60,900	61,924	61,674	66,845	79,323	(4)
3,191	3,645	4,599	6,150	6,439	6,334	6,124	5,974	6,337	7,432	8,744	9,038	9,479	9,869	10,318	(5)
2,273	1,560	1,667	2,098	2,338	2,407	2,569	2,678	2,545	2,308	2,514	2,612	2,849	2,818	3,220	(6)
50	26	56	51	100	66	44	67	87	76	23	7	17	23	19	(7)
5,553	6,432	4,076	5,207	5,030	5,180	5,008	5,804	6,571	8,797	5,507	5,103	6,303	7,559	10,188	(8)
884	634	703	1,125	1,261	1,287	872	1,058	1,087	1,369	828	828	829	817	680	(9)
789	638	727	879	958	771	784	792	859	774	939	953	927	939	827	(10)
1,878	2,016	2,084	2,295	2,072	1,720	1,971	2,400	3,139	2,928	2,511	1,583	1,278	1,653	1,804	(11)
430	515	454	576	552	467	437	505	970	860	708	559	506	566	811	(12)
1,853	1,858	1,424	1,250	1,363	1,419	1,255	1,519	2,239	2,552	2,020	1,968	1,991	3,003	3,631	(13)
139	149	161	236	199	157	174	153	223	172	180	195	197	198	231	(14)
11,878	11,773	9,893	11,053	10,243	9,666	9,802	9,881	10,499	9,341	11,257	10,639	10,647	11,446	10,789	(15)
11,265	11,643	9,432	10,198	9,390	8,633	8,809	8,572	9,209	7,052	10,111	9,080	9,395	9,811	9,355	(16)
139,105	130,845	117,283	121,922	138,717	131,339	146,727	156,059	166,060	212,480	216,032	243,681	247,222	239,380	248,211	(17)
2,298	1,761	2,971	3,740	3,338	2,219	2,499	1,738	2,285	1,125	3,911	3,168	3,938	3,873	3,128	(18)
136,807	129,084	114,312	118,182	135,379	129,120	144,228	154,321	163,775	211,355	212,121	240,513	243,284	235,507	245,083	(19)
1,311	261	1,397	906	821	1,023	1,011	917	797	521	632	563	575	611	664	(20)
158	113	58	52	137	110	121	131	151	173	181	173	166	163	178	(21)
138,276	129,458	115,767	119,140	136,337	130,253	145,360	155,369	164,723	212,049	212,934	241,249	244,025	236,281	245,925	(22)
1,662	2,384	942	1,110	1,297	1,063	1,042	1,576	1,719	2,007	1,327	1,441	1,015	1,307	1,401	(23)
498	645	453	621	565	407	383	417	478	384	477	397	329	451	411	(24)
140,436	132,487	117,162	120,871	138,199	131,723	146,785	157,362	166,920	214,440	214,738	243,087	245,369	238,039	247,737	(25)
180.5	165.3	225.5	177.2	212.8	225.4	217.7	200.2	170.9	258.6	226.8	236.9	253.5	207.7	223.5	(26)
270.6	276.4	299.2	300.9	300.0	298.4	299.0	301.5	304.0	303.4	300.4	299.9	301.7	301.6	307.3	(27)
110,500	95,583	99,601	97,178	107,037	109,577	145,390	152,673	228,788	241,333	234,811	257,965	254,808	235,165	259,016	(28)
8.08	7.72	6.60	7.52	6.75	6.39	6.48	6.50	6.73	5.67	6.64	6.12	5.93	6.22	6.26	(29)
6.0	6.0	6.4	6.6	6.5	6.3	6.3	6.4	6.6	6.3	6.2	6.4	6.5	6.6	6.6	(30)
△ 16,511	△ 22,232	△ 6,734	△ 11,764	△ 19,910	△ 12,043	8,839	5,876	73,274	36,336	31,988	25,796	20,178	8,695	22,446	(31)
nc	nc	nc	nc	nc	nc	12,787	8,836	102,841	69,377	44,274	41,523	31,839	13,250	34,868	(32)
nc	nc	nc	nc	nc	nc	10,725	5,839	99,757	64,811	41,777	38,564	29,718	10,571	32,053	(33)

4 平成7年から、「光熱水料及び動力費」に含めていた「その他の諸材料費」を分離した。
5 平成16年度から、「農機具費」に含めていた「自動車費」を分離した。
6 平成19年度は、平成19年度税制改正における減価償却計算の見直しを行った結果を表章した。
7 調査期間について、令和元年からは調査年1月1日から同年12月31日、平成11年度から平成30年度は調査年4月1日から翌年3月31日、
　平成2年及び平成7年は前年8月1日から調査年7月31日である。

累年統計表（続き）

6 交雑種育成牛生産費

区　分	単位	平成11年度	12	13	14	15	16	17	18	19	20
		(1)	(2)	(3)	(4)	(5)	(6)	(7)	(8)	(9)	(10)
交雑種育成牛1頭当たり											
物　財　費 (1)	円	133,672	140,966	177,367	158,889	194,005	198,071	209,387	227,516	224,133	190,083
も　と　畜　費 (2)	〃	67,207	76,932	110,827	92,339	126,636	128,454	139,783	156,533	141,074	99,008
飼　料　費 (3)	〃	49,538	47,257	49,561	49,939	50,428	52,034	51,260	53,499	65,402	71,812
うち流通飼料費 (4)	〃	48,838	46,561	48,904	49,171	49,598	50,691	49,873	51,991	63,356	69,656
敷　料　費 (5)	〃	3,287	3,140	3,407	3,242	3,380	3,147	3,072	2,977	2,410	2,794
光熱水料及び動力費 (6)	〃	1,734	1,849	1,751	1,669	1,651	1,918	2,115	2,229	2,384	2,243
その他の諸材料費 (7)	〃	161	160	149	145	131	141	97	72	79	82
獣医師料及び医薬品費 (8)	〃	5,127	4,995	4,999	4,901	5,104	5,107	5,191	4,760	4,534	5,725
賃借料及び料金 (9)	〃	405	408	439	465	478	715	814	898	1,005	1,099
物件税及び公課諸負担 (10)	〃	684	699	754	690	660	960	1,058	887	1,008	997
建　物　費 (11)	〃	2,804	2,766	2,630	2,868	2,811	2,930	3,085	2,593	2,690	3,189
自　動　車　費 (12)	〃	…	…	…	…	…	1,440	1,534	1,444	1,599	980
農　機　具　費 (13)	〃	2,567	2,598	2,683	2,494	2,581	1,016	1,138	1,333	1,595	1,823
生　産　管　理　費 (14)	〃	158	162	167	137	145	209	240	291	353	331
労　働　費 (15)	〃	19,444	18,716	16,570	15,992	15,552	16,431	16,381	14,849	14,756	14,466
うち家族 (16)	〃	18,079	17,383	14,125	13,522	12,416	13,721	12,729	11,854	11,879	13,583
費　用　合　計 (17)	〃	153,116	159,682	193,937	174,881	209,557	214,502	225,768	242,365	238,889	204,549
副　産　物　価　額 (18)	〃	2,921	2,865	2,509	2,352	2,523	2,913	2,560	2,631	2,380	2,334
生産費（副産物価額差引）(19)	〃	150,195	156,817	191,428	172,529	207,034	211,589	223,208	239,734	236,509	202,215
支　払　利　子 (20)	〃	1,373	1,267	1,190	1,278	1,164	1,240	1,279	1,096	1,135	2,002
支　払　地　代 (21)	〃	109	107	92	160	171	234	237	197	170	199
支払利子・地代算入生産費 (22)	〃	151,677	158,191	192,710	173,967	208,369	213,063	224,724	241,027	237,814	204,416
自　己　資　本　利　子 (23)	〃	1,960	1,862	2,048	1,734	1,863	2,070	2,273	2,368	2,452	1,216
自　作　地　地　代 (24)	〃	555	537	516	498	528	528	493	595	502	606
資本利子・地代全額算入生産費（全算入生産費）(25)	〃	154,192	160,590	195,274	176,199	210,760	215,661	227,490	243,990	240,768	206,238
1経営体（戸）当たり											
飼養月平均頭数 (26)	頭	87.6	91.0	106.5	121.3	138.1	130.5	132.8	115.4	136.0	109.1
交雑種育成牛1頭当たり											
販売時生体重 (27)	kg	261.4	254.6	262.0	259.3	262.9	261.8	265.4	265.8	276.7	284.9
販　売　価　格 (28)	円	136,402	170,936	151,810	187,667	210,900	232,393	250,303	261,000	225,204	170,761
労　働　時　間 (29)	時間	11.96	11.61	10.44	10.36	9.94	10.52	10.22	9.57	9.55	10.22
育　成　期　間 (30)	月	7.3	6.7	6.9	6.7	6.8	6.7	6.6	6.3	6.4	6.4
所　得 (31)	円	2,804	30,128	△ 26,775	27,222	14,947	33,051	38,308	31,827	△ 731	△ 20,072
1日当たり											
所　得 (32)	〃	2,023	22,674	nc	25,531	15,060	30,184	37,603	33,067	nc	nc
家族労働報酬 (33)	〃	208	20,868	nc	23,437	12,651	27,811	34,888	29,989	nc	nc

注：1　平成11年度〜平成17年度は、公表済みの『平成12年　交雑種育成牛生産費』〜『平成18年　交雑種育成牛生産費』のデータである。
　　2　平成16年度から、「農機具費」に含めていた「自動車費」を分離した。
　　3　平成19年度は、平成19年度税制改正における減価償却計算の見直しを行った結果を表章した。
　　4　調査期間について、令和元年からは調査年1月1日から同年12月31日、平成11年度から平成30年度は調査年4月1日から翌年3月31日である。

21	22	23	24	25	26	27	28	29	30	令和元年	2	3	
(11)	(12)	(13)	(14)	(15)	(16)	(17)	(18)	(19)	(20)	(21)	(22)	(23)	
184,180	204,859	239,872	207,905	240,109	266,340	274,350	318,871	354,754	331,266	363,829	330,240	304,735	(1)
101,007	120,230	149,616	118,218	142,902	165,626	175,626	225,898	258,486	229,783	262,548	226,765	187,311	(2)
63,429	64,966	70,380	71,983	76,473	79,279	78,135	72,344	74,167	77,717	77,021	79,468	91,611	(3)
62,646	63,635	69,377	70,725	75,365	78,014	77,310	70,970	72,554	75,158	75,240	76,662	87,623	(4)
3,664	3,683	4,088	4,863	4,964	5,553	6,336	5,412	5,327	5,539	5,564	5,298	5,001	(5)
1,803	1,966	2,222	3,135	3,424	3,474	3,188	3,038	3,692	4,016	3,611	3,488	4,040	(6)
64	32	53	68	57	33	17	25	42	34	229	164	118	(7)
6,076	6,387	6,442	3,759	5,778	5,785	4,756	5,149	5,417	6,166	6,086	5,822	6,766	(8)
623	571	642	494	507	586	532	578	603	667	758	559	1,002	(9)
962	880	1,065	919	906	955	863	954	813	843	1,437	1,247	1,178	(10)
3,728	3,274	2,705	2,278	2,038	2,297	1,992	2,349	2,661	2,981	2,938	3,212	3,057	(11)
731	1,086	991	831	1,051	849	1,119	1,342	1,326	1,212	1,099	1,463	1,610	(12)
1,848	1,516	1,537	1,150	1,509	1,376	1,246	1,479	1,955	2,090	2,321	2,512	2,819	(13)
245	268	131	207	500	527	540	303	265	218	217	242	222	(14)
14,123	14,955	14,898	15,492	15,880	15,722	14,609	14,445	15,293	14,968	14,929	15,724	14,894	(15)
13,307	14,446	14,097	12,540	12,156	11,643	9,121	9,640	11,935	11,758	12,345	13,846	12,840	(16)
198,303	219,814	254,770	223,397	255,989	282,062	288,959	333,316	370,047	346,234	378,758	345,964	319,629	(17)
2,456	2,535	3,017	4,100	1,947	2,088	1,743	2,485	3,694	4,410	4,618	4,734	4,714	(18)
195,847	217,279	251,753	219,297	254,042	279,974	287,216	330,831	366,353	341,824	374,140	341,230	314,915	(19)
932	906	2,227	883	1,035	1,275	774	921	800	754	709	875	895	(20)
161	363	94	41	45	58	64	83	233	333	114	166	125	(21)
196,940	218,548	254,074	220,221	255,122	281,307	288,054	331,835	367,386	342,911	374,963	342,271	315,935	(22)
2,226	2,264	1,846	1,468	2,704	3,258	3,710	2,892	3,272	3,317	2,438	2,403	2,451	(23)
714	730	622	581	454	415	230	517	799	825	605	618	646	(24)
199,880	221,542	256,542	222,270	258,280	284,980	291,994	335,244	371,457	347,053	378,006	345,292	319,032	(25)
91.4	90.7	97.8	99.6	91.8	99.7	104.2	108.7	106.7	117.3	146.8	148.6	155.8	(26)
283.1	287.7	278.0	288.9	283.9	284.9	297.6	293.2	300.3	301.5	289.2	296.1	310.5	(27)
204,737	245,755	227,598	220,752	281,517	302,219	353,723	379,461	371,982	391,522	411,349	360,647	345,523	(28)
10.42	10.79	10.46	10.63	10.86	10.72	10.31	9.88	9.90	9.28	9.06	9.36	8.91	(29)
6.3	6.4	6.4	6.4	6.4	6.4	6.8	6.6	6.8	6.9	6.8	7.0	6.9	(30)
21,104	41,653	△ 12,379	13,071	38,551	32,555	74,790	57,266	16,531	60,369	48,731	32,222	42,428	(31)
17,923	32,541	nc	12,375	38,169	34,134	100,558	74,371	18,166	71,655	55,534	32,142	45,196	(32)
15,426	30,202	nc	10,435	35,043	30,283	95,261	69,944	13,692	66,738	52,066	29,128	41,897	(33)

累年統計表（続き）

7　去勢若齢肥育牛生産費

区　　　　　分	単位	平成2年	7	平成11年度	12	13	14	15	16	17	18
		(1)	(2)	(3)	(4)	(5)	(6)	(7)	(8)	(9)	(10)
去勢若齢肥育牛1頭当たり											
物　　財　　費 (1)	円	733,657	623,171	657,909	658,627	679,295	687,872	632,668	719,836	745,104	803,969
も　　と　　畜　　費 (2)	〃	473,675	385,928	413,431	415,671	429,837	434,010	364,453	437,530	463,273	507,593
飼　　　料　　　費 (3)	〃	212,143	184,537	188,725	187,526	193,222	198,060	208,707	221,686	221,191	232,738
うち　流　通　飼　料　費 (4)	〃	196,598	178,773	185,614	184,483	190,455	195,693	206,647	219,764	218,968	230,363
敷　　　料　　　費 (5)	〃	14,357	12,584	12,472	11,960	12,226	11,367	11,871	10,890	10,857	11,283
光熱水料及び動力費 (6)	〃	4,622	4,657	5,849	6,044	6,193	6,318	7,536	8,087	8,597	8,952
その他の諸材料費 (7)	〃	…	383	452	432	373	392	423	575	403	443
獣医師料及び医薬品費 (8)	〃	5,097	5,331	6,155	6,153	6,135	5,859	6,823	6,811	6,722	8,146
賃　借　料　及　び　料　金 (9)	〃	1,280	1,709	2,298	2,385	2,512	2,321	3,044	3,458	4,488	4,238
物件税及び公課諸負担 (10)	〃	…	4,271	5,249	5,313	5,388	5,213	5,207	5,456	5,256	5,678
建　　　物　　　費 (11)	〃	11,116	12,009	10,723	10,623	11,058	11,370	11,323	11,913	11,329	11,732
自　　動　　車　　費 (12)	〃	…	…	…	…	…	…	…	4,886	4,894	5,028
農　　機　　具　　費 (13)	〃	11,367	10,644	11,237	11,326	11,214	11,741	12,044	7,256	6,853	6,855
生　産　管　理　費 (14)	〃	…	1,118	1,318	1,194	1,137	1,221	1,237	1,288	1,241	1,283
労　　　　働　　　　費 (15)	〃	80,746	103,918	87,472	85,074	83,232	81,829	80,127	80,851	76,440	75,109
う　　ち　　家　　族 (16)	〃	80,632	102,358	85,555	83,103	81,278	78,610	74,791	76,787	71,689	69,342
費　　用　　合　　計 (17)	〃	814,403	727,089	745,381	743,701	762,527	769,701	712,795	800,687	821,544	879,078
副　産　物　価　額 (18)	〃	36,310	27,179	18,666	17,923	16,133	15,951	17,533	18,059	16,522	15,332
生産費（副産物価額差引） (19)	〃	778,093	699,910	726,715	725,778	746,394	753,750	695,262	782,628	805,022	863,746
支　　払　　利　　子 (20)	〃	…	8,492	11,746	12,102	12,995	13,409	12,393	12,907	11,980	11,845
支　　払　　地　　代 (21)	〃	…	547	360	334	315	376	527	442	480	430
支払利子・地代算入生産費 (22)	〃	…	708,949	738,821	738,214	759,704	767,535	708,182	795,977	817,482	876,021
自　己　資　本　利　子 (23)	〃	22,950	17,283	14,297	13,583	13,839	10,868	11,186	10,802	10,817	12,930
自　作　地　地　代 (24)	〃	3,985	3,095	2,788	2,626	2,530	2,487	2,551	2,732	2,617	2,957
資本利子・地代全額算入生産費（全算入生産費） (25)	〃	805,028	729,327	755,906	754,423	776,073	780,890	721,919	809,511	830,916	891,908
1経営体（戸）当たり											
飼　養　月　平　均　頭　数 (26)	頭	14.7	25.1	36.0	38.6	40.3	44.7	46.1	44.7	45.9	48.3
去勢若齢肥育牛1頭当たり											
販　売　時　生　体　重 (27)	kg	671.8	688.5	685.1	685.8	696.4	696.9	707.6	713.0	713.8	716.0
販　　売　　価　　格 (28)	円	875,792	721,243	719,032	714,577	611,607	705,686	787,591	867,486	915,794	934,191
労　　働　　時　　間 (29)	時間	78.3	75.90	59.12	57.27	56.29	55.98	55.63	55.89	53.52	53.23
肥　　育　　期　　間 (30)	月	19.8	20.2	20.2	20.2	20.5	20.5	20.0	19.5	19.5	19.8
所　　　　　　　得 (31)	円	178,331	114,652	65,766	59,466	△ 66,819	16,761	154,200	148,296	170,001	127,512
1日当たり											
所　　　　　　　得 (32)	〃	18,244	12,322	9,266	8,669	nc	2,548	24,207	22,671	27,592	21,195
家　族　労　働　報　酬 (33)	〃	15,488	10,132	6,859	6,306	nc	518	22,051	20,602	25,412	18,554

注：1　平成11年度～平成17年度は、公表済みの『平成12年　去勢若齢肥育牛生産費』～『平成18年　去勢若齢肥育牛生産費』のデータである。
　　2　「労働費のうち家族」について、平成3年までは調査対象経営体の所在するその地方の農村雇用賃金により評価し、平成4年から毎月勤労統計調査（厚生労働省）結果を用いた評価に改訂した。平成10年から、それまでの男女別評価から男女同一評価に改正した。
　　3　平成7年から飼育管理等の直接的な労働以外の労働（自給牧草生産に係る労働、資材等の購入付帯労働及び建物・農機具の修繕労働）を間接労働として関係費目から分離し、「労働費」及び「労働時間」に計上した。

19	20	21	22	23	24	25	26	27	28	29	30	令和元年	2	3	
(11)	(12)	(13)	(14)	(15)	(16)	(17)	(18)	(19)	(20)	(21)	(22)	(23)	(24)	(25)	
889,932	966,785	878,746	782,412	802,352	825,976	853,714	907,454	982,100	1,054,763	1,165,338	1,293,885	1,245,936	1,246,351	1,286,498	(1)
542,550	561,339	523,902	433,948	437,761	455,240	457,457	507,188	585,251	669,604	780,702	894,275	844,283	830,447	818,422	(2)
280,161	335,141	285,016	275,273	290,201	298,818	324,806	328,177	324,077	304,977	306,403	319,345	323,576	334,711	383,759	(3)
278,003	332,649	282,229	272,459	287,945	296,540	323,716	327,025	322,496	303,224	304,695	318,290	321,275	331,141	380,021	(4)
11,806	11,815	12,848	13,658	13,800	13,192	12,101	12,336	12,462	12,697	11,991	12,579	12,873	13,731	13,573	(5)
9,710	9,777	9,203	10,008	10,834	11,493	12,295	12,632	11,886	11,644	12,272	12,978	13,592	12,663	14,507	(6)
467	411	414	366	370	350	327	247	197	174	200	292	338	381	647	(7)
8,068	8,224	8,004	8,148	7,729	8,200	7,981	8,033	8,813	11,180	10,754	10,424	10,055	10,910	11,921	(8)
4,218	3,656	3,919	4,294	4,165	4,421	4,147	4,316	4,630	5,508	5,491	6,704	6,500	6,618	6,638	(9)
5,140	5,004	5,002	5,331	5,571	5,701	5,738	5,384	5,141	5,348	5,628	5,324	6,014	5,120	5,463	(10)
12,815	14,439	13,861	14,088	15,421	12,056	12,919	12,661	12,819	13,306	12,702	12,804	11,144	12,966	12,211	(11)
5,595	6,203	6,130	6,520	6,184	6,216	5,655	5,562	5,944	7,576	6,730	5,911	6,078	6,551	7,235	(12)
7,962	8,810	8,664	9,004	8,673	8,662	8,746	9,295	9,131	10,632	10,484	11,494	9,734	10,801	10,561	(13)
1,440	1,966	1,783	1,774	1,643	1,627	1,542	1,623	1,749	2,117	1,981	1,755	1,749	1,452	1,561	(14)
74,713	72,751	72,568	74,130	72,151	71,732	71,241	70,891	76,862	79,134	76,059	75,799	77,887	81,525	81,569	(15)
69,413	68,065	67,694	69,275	67,643	67,198	65,923	65,149	70,105	72,876	69,453	68,390	68,187	71,277	66,903	(16)
964,645	1,039,536	951,314	856,542	874,503	897,708	924,955	978,345	1,058,962	1,133,897	1,241,397	1,369,684	1,323,823	1,327,876	1,368,067	(17)
14,738	11,564	11,137	10,949	11,098	10,266	9,437	10,081	10,861	10,929	9,586	8,598	10,363	10,168	15,370	(18)
949,907	1,027,972	940,177	845,593	863,405	887,442	915,518	968,264	1,048,101	1,122,968	1,231,811	1,361,086	1,313,460	1,317,708	1,352,697	(19)
13,498	14,236	13,469	10,970	11,690	11,692	12,741	13,330	12,266	13,768	12,120	18,275	15,067	8,492	6,808	(20)
345	379	351	413	441	465	439	460	413	542	461	484	410	435	491	(21)
963,750	1,042,587	953,997	856,976	875,536	899,599	928,698	982,054	1,060,780	1,137,278	1,244,392	1,379,845	1,328,937	1,326,635	1,359,996	(22)
10,834	10,456	9,519	9,686	8,909	7,952	7,514	7,362	7,592	6,669	6,886	7,323	5,971	7,578	7,520	(23)
2,375	2,267	2,480	2,430	2,660	2,508	2,192	2,123	2,379	2,954	2,652	2,146	2,082	2,169	2,118	(24)
976,959	1,055,310	965,996	869,092	887,105	910,059	938,404	991,539	1,070,751	1,146,901	1,253,930	1,389,314	1,336,990	1,336,382	1,369,634	(25)
52.6	55.3	57.7	58.2	61.6	63.0	67.7	69.4	65.3	69.2	72.7	72.0	72.0	72.6	70.1	(26)
725.7	738.5	750.2	751.6	756.5	755.7	757.6	761.0	768.8	778.5	782.2	794.9	794.0	809.6	812.0	(27)
934,149	867,041	817,943	829,297	787,812	836,272	907,897	1,016,759	1,207,278	1,313,694	1,298,384	1,365,496	1,331,679	1,205,545	1,360,034	(28)
53.14	51.85	51.55	53.46	52.31	50.92	49.29	48.72	51.69	52.07	49.82	49.72	50.00	50.80	51.51	(29)
20.0	19.8	20.2	20.0	19.9	20.0	20.1	20.0	20.0	20.3	20.3	20.0	20.2	20.6	20.5	(30)
39,812	△ 107,481	△ 68,360	41,596	△ 20,081	3,871	45,122	99,854	216,603	249,292	123,445	54,041	70,929	△ 49,813	66,941	(31)
6,587	nc	nc	6,816	nc	665	8,103	18,259	37,540	42,469	22,148	9,873	13,141	nc	12,726	(32)
4,402	nc	nc	4,831	nc	nc	6,360	16,525	35,811	40,829	20,436	8,143	11,649	nc	10,894	(33)

4 平成7年から、「光熱水料及び動力費」に含めていた「その他の諸材料費」を分離した。
5 平成16年度から、「農機具費」に含めていた「自動車費」を分離した。
6 平成19年度は、平成19年度税制改正における減価償却計算の見直しを行った結果を表章した。
7 調査期間について、令和元年からは調査年1月1日から同年12月31日、平成11年度から平成30年度は調査年4月1日から翌年3月31日、
平成2年及び平成7年は前年8月1日から調査年7月31日である。

累年統計表（続き）

7　去勢若齢肥育牛生産費（続き）

区分	単位	平成2年	7	平成11年度	12	13	14	15	16	17	18
		(1)	(2)	(3)	(4)	(5)	(6)	(7)	(8)	(9)	(10)
去勢若齢肥育牛生体100kg当たり												
物　財　費 (34)	円	109,210	90,509	96,024	96,031	97,543	98,712	89,408	100,955	104,377	112,282
も　と　畜　費 (35)	〃	70,508	56,052	60,343	60,607	61,722	62,282	51,504	61,363	64,898	70,890
飼　料　費 (36)	〃	31,579	26,803	27,545	27,341	27,746	28,422	29,494	31,091	30,986	32,504
うち　流通飼料費 (37)	〃	29,265	25,966	27,091	26,898	27,349	28,082	29,203	30,821	30,675	32,172
敷　料　費 (38)	〃	2,137	1,828	1,820	1,744	1,756	1,631	1,678	1,528	1,521	1,576
光熱水料及び動力費 (39)	〃	688	676	854	881	889	907	1,065	1,134	1,204	1,250
その他の諸材料費 (40)	〃	…	56	66	63	53	56	60	81	56	62
獣医師料及び医薬品費 (41)	〃	759	774	898	897	881	841	964	955	942	1,138
賃借料及び料金 (42)	〃	191	248	335	348	361	333	430	485	629	592
物件税及び公課諸負担 (43)	〃	…	620	766	775	774	748	736	765	736	793
建　物　費 (44)	〃	1,655	1,744	1,565	1,549	1,587	1,632	1,600	1,670	1,587	1,638
自　動　車　費 (45)	〃	…	…	…	…	…	…	…	685	685	703
農　機　具　費 (46)	〃	1,693	1,546	1,640	1,651	1,610	1,685	1,702	1,018	960	957
生　産　管　理　費 (47)	〃	…	162	192	175	164	175	175	180	173	179
労　働　費 (48)	〃	12,019	15,093	12,767	12,406	11,951	11,742	11,323	11,339	10,708	10,490
うち　家　族 (49)	〃	12,002	14,866	12,487	12,118	11,671	11,280	10,569	10,769	10,043	9,684
費　用　合　計 (50)	〃	121,229	105,602	108,791	108,437	109,494	110,454	100,731	112,294	115,085	122,772
副　産　物　価　額 (51)	〃	5,405	3,948	2,724	2,613	2,317	2,289	2,478	2,533	2,314	2,141
生産費（副産物価額差引）(52)	〃	115,824	101,654	106,067	105,824	107,177	108,165	98,253	109,761	112,771	120,631
支　払　利　子 (53)	〃	…	1,233	1,714	1,765	1,866	1,924	1,751	1,810	1,678	1,654
支　払　地　代 (54)	〃	…	79	53	49	45	54	74	62	67	60
支払利子・地代算入生産費 (55)	〃	…	102,966	107,834	107,638	109,088	110,143	100,078	111,633	114,516	122,345
自　己　資　本　利　子 (56)	〃	3,416	2,510	2,087	1,980	1,987	1,560	1,581	1,515	1,515	1,806
自　作　地　地　代 (57)	〃	593	449	407	383	363	357	361	383	367	413
資本利子・地代全額算入 生産費（全算入生産費）(58)	〃	119,833	105,925	110,328	110,001	111,438	112,060	102,020	113,531	116,398	124,564

注：1　平成11年度～平成17年度は、公表済みの『平成12年　去勢若齢肥育牛生産費』～『平成18年　去勢若齢肥育牛生産費』のデータである。
　　2　「労働費のうち家族」について、平成3年までは調査対象経営体の所在するその地方の農村雇用賃金により評価し、平成4年から毎月勤労統計調査（厚生労働省）結果を用いた評価に改訂した。平成10年から、それまでの男女別評価から男女同一評価に改正した。
　　3　平成7年から飼養管理等の直接的な労働以外の労働（自給牧草生産に係る労働、資材等の購入付帯労働及び建物・農機具の修繕労働）を間接労働として関係費目から分離し、「労働費」及び「労働時間」に計上した。

19	20	21	22	23	24	25	26	27	28	29	30	令和元年	2	3	
(11)	(12)	(13)	(14)	(15)	(16)	(17)	(18)	(19)	(20)	(21)	(22)	(23)	(24)	(25)	
122,637	130,909	117,140	104,108	106,056	109,303	112,681	119,242	127,752	135,490	148,977	162,776	156,918	153,947	158,429	(34)
74,767	76,008	69,838	57,740	57,864	60,243	60,380	66,646	76,130	86,014	99,805	112,503	106,332	102,576	100,786	(35)
38,608	45,380	37,993	36,628	38,359	39,543	42,871	43,123	42,157	39,176	39,170	40,175	40,752	41,344	47,260	(36)
38,311	45,043	37,622	36,253	38,061	39,242	42,727	42,972	41,951	38,951	38,952	40,042	40,462	40,903	46,800	(37)
1,627	1,600	1,713	1,817	1,824	1,746	1,597	1,621	1,621	1,631	1,533	1,582	1,622	1,696	1,671	(38)
1,338	1,324	1,227	1,332	1,432	1,521	1,623	1,660	1,546	1,496	1,569	1,633	1,712	1,564	1,786	(39)
64	56	55	48	49	46	43	32	26	22	26	37	43	47	80	(40)
1,112	1,114	1,067	1,084	1,022	1,085	1,053	1,056	1,146	1,436	1,375	1,311	1,266	1,348	1,468	(41)
581	495	522	571	550	585	547	567	602	708	702	843	819	817	817	(42)
708	677	667	709	736	754	757	707	669	687	720	670	758	632	673	(43)
1,766	1,956	1,847	1,875	2,039	1,595	1,705	1,664	1,667	1,709	1,624	1,611	1,402	1,602	1,503	(44)
771	840	817	869	818	823	747	731	773	973	860	744	765	808	891	(45)
1,097	1,193	1,156	1,199	1,146	1,147	1,155	1,222	1,187	1,366	1,340	1,446	1,226	1,333	1,301	(46)
198	266	238	236	217	215	203	213	228	272	253	221	221	180	193	(47)
10,295	9,850	9,674	9,864	9,536	9,492	9,403	9,315	9,998	10,166	9,723	9,538	9,809	10,069	10,043	(48)
9,565	9,216	9,024	9,218	8,941	8,892	8,702	8,561	9,119	9,362	8,879	8,606	8,587	8,804	8,238	(49)
132,932	140,759	126,814	113,972	115,592	118,795	122,084	128,557	137,750	145,656	158,700	172,314	166,727	164,016	168,472	(50)
2,031	1,566	1,485	1,457	1,467	1,358	1,246	1,325	1,413	1,404	1,225	1,082	1,305	1,256	1,893	(51)
130,901	139,193	125,329	112,515	114,125	117,437	120,838	127,232	136,337	144,252	157,475	171,232	165,422	162,760	166,579	(52)
1,860	1,928	1,795	1,460	1,545	1,547	1,682	1,752	1,596	1,769	1,549	2,299	1,898	1,049	838	(53)
48	51	47	55	58	62	58	60	54	70	59	61	51	53	60	(54)
132,809	141,172	127,171	114,030	115,728	119,046	122,578	129,044	137,987	146,091	159,083	173,592	167,371	163,862	167,477	(55)
1,493	1,416	1,269	1,289	1,178	1,052	992	967	988	857	880	921	752	936	926	(56)
327	307	330	323	352	332	289	279	310	379	339	270	263	267	261	(57)
134,629	142,895	128,770	115,642	117,258	120,430	123,859	130,290	139,285	147,327	160,302	174,783	168,386	165,065	168,664	(58)

4 平成7年から、「光熱水料及び動力費」に含めていた「その他の諸材料費」を分離した。
5 平成16年度から、「農機具費」に含めていた「自動車費」を分離した。
6 平成19年度は、平成19年度税制改正における減価償却計算の見直しを行った結果を表章した。
7 調査期間について、令和元年からは調査年1月1日から同年12月31日、平成11年度から平成30年度は調査年4月1日から翌年3月31日、
　平成2年及び平成7年は前年8月1日から調査年7月31日である。

累年統計表（続き）

8　乳用雄肥育牛生産費

区　　　　分	単位	平成2年	7	平成11年度	12	13	14	15	16	17	18
		(1)	(2)	(3)	(4)	(5)	(6)	(7)	(8)	(9)	(10)
乳用雄肥育牛1頭当たり											
物　　財　　費 (1)	円	472,981	315,463	318,332	290,072	312,790	332,674	299,089	298,361	304,840	338,800
も　　と　　畜　　費 (2)	〃	251,648	113,258	110,710	84,522	100,621	110,504	71,674	68,648	81,334	108,012
飼　　　　料　　　　費 (3)	〃	184,844	168,250	172,569	170,010	176,829	188,102	192,400	194,208	189,386	196,135
う　ち　流　通　飼　料　費 (4)	〃	178,907	165,101	171,402	168,885	175,617	186,837	191,224	192,454	187,756	194,025
敷　　　　料　　　　費 (5)	〃	9,921	9,290	8,463	8,747	8,976	8,412	8,820	8,750	8,569	8,594
光熱水料及び動力費 (6)	〃	3,441	3,554	4,803	4,983	5,056	4,826	5,201	5,954	5,886	6,196
その他の諸材料費 (7)	〃	…	258	285	306	316	337	320	245	175	197
獣医師料及び医薬品費 (8)	〃	3,122	2,936	3,394	3,262	3,229	3,221	3,476	3,376	3,491	2,271
賃借料及び料金 (9)	〃	617	576	1,005	1,071	1,102	1,123	1,326	2,136	2,561	3,361
物件税及び公課諸負担 (10)	〃		2,322	2,521	2,546	2,531	2,542	2,250	2,433	2,292	2,515
建　　　物　　　費 (11)	〃	8,754	8,020	6,939	6,964	6,696	6,803	7,163	6,262	5,391	5,795
自　　動　　車　　費 (12)	〃	…	…	…	…	…	…	…	1,893	1,872	1,640
農　　機　　具　　費 (13)	〃	10,634	6,733	7,342	7,350	7,105	6,277	5,937	3,965	3,361	3,579
生　　産　　管　　理　　費 (14)	〃	…	266	301	311	329	527	522	491	522	505
労　　　　働　　　　費 (15)	〃	36,486	42,800	34,326	34,035	34,230	32,620	33,661	31,159	28,169	27,418
う　　ち　　家　　族 (16)	〃	36,155	40,314	33,329	32,930	33,152	31,253	31,315	29,531	24,519	25,235
費　　用　　合　　計 (17)	〃	509,467	358,263	352,658	324,107	347,020	365,294	332,750	329,520	333,009	366,218
副　　産　　物　　価　　額 (18)	〃	16,324	12,680	7,694	7,294	7,146	6,982	7,052	9,071	6,189	5,771
生産費（副産物価額差引） (19)	〃	493,143	345,583	344,964	316,813	339,874	358,312	325,698	320,449	326,820	360,447
支　　払　　利　　子 (20)	〃	…	5,495	4,247	3,969	4,433	3,873	4,135	4,690	3,333	2,808
支　　払　　地　　代 (21)	〃	…	282	240	235	228	208	480	291	233	375
支払利子・地代算入生産費 (22)	〃	…	351,360	349,451	321,017	344,535	362,393	330,313	325,430	330,386	363,630
自　己　資　本　利　子 (23)	〃	12,380	7,498	6,844	6,900	6,108	6,277	6,227	5,298	5,407	6,390
自　作　地　地　代 (24)	〃	2,790	1,522	1,362	1,404	1,340	1,437	1,552	1,549	2,172	2,702
資本利子・地代全額算入生産費（全算入生産費） (25)	〃	508,313	360,380	357,657	329,321	351,983	370,107	338,092	332,277	337,965	372,722
1経営体（戸）当たり											
飼養月平均頭数 (26)	頭	38.8	67.0	90.5	92.8	91.6	96.8	91.5	102.5	120.5	115.7
乳用雄肥育牛1頭当たり											
販　売　時　生　体　重 (27)	kg	730.1	741.0	755.4	752.1	758.4	760.1	746.1	761.6	751.7	751.2
販　　売　　価　　格 (28)	円	556,319	338,645	299,989	339,679	248,222	231,984	273,694	353,077	370,923	381,826
労　　働　　時　　間 (29)	時間	30.4	27.60	21.14	20.89	21.39	20.50	21.51	20.05	17.73	18.23
肥　　育　　期　　間 (30)	月	14.2	14.9	15.4	15.3	15.6	16.0	15.4	14.9	14.3	14.2
所　　　　　　　得 (31)	円	99,331	27,599	△ 16,133	51,592	△ 63,161	△ 99,156	△ 25,304	57,178	65,056	43,431
1日当たり											
所　　　　　　　得 (32)	〃	26,400	8,531	nc	20,730	nc	nc	nc	24,344	32,877	21,070
家　族　労　働　報　酬 (33)	〃	22,368	5,743	nc	17,393	nc	nc	nc	21,429	29,047	16,659

注：1　平成11年度〜平成17年度は、公表済みの『平成12年　乳用雄肥育牛生産費』〜『平成18年　乳用雄肥育牛生産費』のデータである。
　　2　「労働費のうち家族」について、平成3年までは調査対象経営体の所在するその地方の農村雇用賃金により評価し、平成4年から毎月勤労統計調査（厚生労働省）結果を用いた評価に改訂した。平成10年から、それまでの男女別評価から男女同一評価に改正した。
　　3　平成7年から飼育管理等の直接的な労働以外の労働（自給牧草生産に係る労働、資材等の購入付帯労働及び建物・農機具の修繕労働）を間接労働として関係費目から分離し、「労働費」及び「労働時間」に計上した。

	19	20	21	22	23	24	25	26	27	28	29	30	令和元年	2	3	
	(11)	(12)	(13)	(14)	(15)	(16)	(17)	(18)	(19)	(20)	(21)	(22)	(23)	(24)	(25)	
	383,365	412,078	358,095	358,601	377,874	386,973	406,609	432,419	439,522	475,757	503,803	505,466	510,114	521,087	559,074	(1)
	127,313	117,310	104,769	106,123	100,779	111,656	110,523	134,039	150,371	204,183	246,398	244,943	253,603	264,912	257,084	(2)
	221,407	259,881	217,595	212,802	232,769	236,890	259,664	262,270	252,108	232,001	221,695	223,292	219,937	216,993	257,243	(3)
	220,179	258,953	216,735	211,400	231,390	235,587	258,102	260,652	250,444	229,786	218,373	220,011	217,179	211,242	247,100	(4)
	8,377	7,923	8,017	8,417	8,835	8,992	9,001	8,305	9,093	10,246	7,592	7,535	9,036	11,444	15,318	(5)
	6,624	6,327	5,961	6,037	6,617	6,726	7,276	7,713	7,622	7,471	7,871	8,532	8,262	7,980	8,470	(6)
	229	450	274	547	519	147	185	297	294	275	433	214	162	138	120	(7)
	2,046	2,446	2,498	3,162	3,605	3,295	2,650	2,840	2,952	2,988	2,999	3,098	2,814	2,620	3,502	(8)
	3,227	2,355	2,409	2,756	2,864	3,044	3,095	3,215	3,467	4,122	2,537	2,537	2,848	2,888	2,339	(9)
	2,042	2,116	2,138	2,107	2,244	2,341	2,229	2,158	2,094	2,353	2,014	1,793	2,031	2,081	2,033	(10)
	6,203	6,433	7,617	8,849	11,649	7,378	5,939	6,010	5,794	6,719	6,506	6,940	5,157	5,071	5,382	(11)
	2,041	2,219	2,294	1,958	2,030	2,074	2,116	1,702	1,608	1,861	1,838	2,290	1,905	1,997	1,710	(12)
	3,435	4,101	4,060	5,370	5,398	3,736	3,319	3,208	3,469	2,970	3,422	3,767	3,874	4,532	5,511	(13)
	421	517	463	473	565	694	612	662	650	568	498	525	485	431	362	(14)
	26,720	26,986	26,034	25,034	25,611	24,755	23,148	24,380	25,030	25,437	23,926	24,940	22,320	22,936	21,299	(15)
	24,652	25,674	24,586	22,565	21,542	20,903	19,974	21,142	21,577	23,760	20,928	22,601	20,140	19,677	18,396	(16)
	410,085	439,064	384,129	383,635	403,485	411,728	429,757	456,799	464,552	501,194	527,729	530,406	532,434	544,023	580,373	(17)
	6,095	6,377	5,268	5,454	5,407	5,382	4,770	5,198	4,736	4,356	4,270	5,500	4,662	5,847	7,889	(18)
	403,990	432,687	378,861	378,181	398,078	406,346	424,987	451,601	459,816	496,838	523,459	524,906	527,772	538,176	572,484	(19)
	3,002	2,635	2,400	1,749	1,777	2,655	2,478	2,702	2,372	2,297	960	947	1,367	1,455	1,445	(20)
	570	126	244	88	171	129	130	176	202	158	125	130	134	178	239	(21)
	407,562	435,448	381,505	380,018	400,026	409,130	427,595	454,479	462,390	499,293	524,544	525,983	529,273	539,809	574,168	(22)
	7,366	5,615	5,860	6,245	5,701	3,890	4,089	4,288	4,080	4,888	5,817	6,091	4,449	4,521	4,732	(23)
	1,125	1,042	1,072	1,243	877	873	872	819	795	1,063	1,152	1,522	1,070	1,098	1,738	(24)
	416,053	442,105	388,437	387,506	406,604	413,893	432,556	459,586	467,265	505,244	531,513	533,596	534,792	545,428	580,638	(25)
	122.6	118.1	132.3	147.9	154.1	147.1	160.5	156.6	143.6	125.7	136.0	132.9	128.4	163.1	160.5	(26)
	750.7	756.1	757.5	773.3	782.8	769.5	767.9	759.7	755.1	769.7	775.9	779.7	779.9	791.9	794.2	(27)
	338,127	350,843	336,306	326,701	303,316	307,534	353,521	392,291	482,717	497,881	492,924	499,280	511,198	497,711	507,142	(28)
	17.90	18.29	17.64	17.49	17.23	16.90	15.71	16.26	16.49	16.65	15.37	15.76	13.12	12.89	12.40	(29)
	14.2	14.2	14.6	14.6	14.8	14.2	14.0	13.9	13.6	13.6	13.3	13.9	13.4	13.4	13.1	(30)
	△ 44,783	△ 58,931	△ 20,613	△ 30,752	△ 75,168	△ 80,693	△ 54,100	△ 41,046	41,904	22,348	△ 10,692	△ 4,102	2,065	△ 22,421	△ 48,630	(31)
	nc	nc	nc	nc	nc	nc	nc	nc	24,487	11,793	nc	nc	1,411	nc	nc	(32)
	nc	nc	nc	nc	nc	nc	nc	nc	21,639	8,653	nc	nc	nc	nc	nc	(33)

4 平成7年から、「光熱水料及び動力費」に含めていた「その他の諸材料費」を分離した。
5 平成16年度から、「農機具費」に含めていた「自動車費」を分離した。
6 平成19年度は、平成19年度税制改正における減価償却計算の見直しを行った結果を表章した。
7 調査期間について、令和元年からは調査年1月1日から同年12月31日、平成11年度から平成30年度は調査年4月1日から翌年3月31日、
　平成2年及び平成7年は前年8月1日から調査年7月31日である。

累年統計表（続き）

8　乳用雄肥育牛生産費（続き）

区　　　分	単位	平成2年	7	平成11年度	12	13	14	15	16	17	18
		(1)	(2)	(3)	(4)	(5)	(6)	(7)	(8)	(9)	(10)
乳用雄肥育牛生体100kg当たり											
物　　　　財　　　　費 (34)	円	64,784	42,572	42,140	38,568	41,245	43,766	40,087	39,174	40,553	45,106
も　　と　　畜　　費 (35)	〃	34,467	15,284	14,655	11,238	13,267	14,537	9,606	9,014	10,820	14,379
飼　　　　料　　　　費 (36)	〃	25,317	22,705	22,845	22,604	23,317	24,746	25,788	25,500	25,194	26,112
うち　流　通　飼　料　費 (37)	〃	24,504	22,280	22,690	22,454	23,157	24,580	25,630	25,270	24,977	25,831
敷　　　　料　　　　費 (38)	〃	1,359	1,253	1,120	1,163	1,183	1,107	1,182	1,149	1,140	1,145
光熱水料及び動力費 (39)	〃	471	479	636	662	667	635	697	782	783	825
その他の諸材料費 (40)	〃	…	35	38	41	42	44	43	32	23	26
獣医師料及び医薬品費 (41)	〃	428	396	449	434	426	424	466	443	464	302
賃　借　料　及　び　料　金 (42)	〃	85	78	133	142	145	148	178	280	341	447
物件税及び公課諸負担 (43)	〃	…	314	334	339	334	335	301	319	305	335
建　　　　物　　　　費 (44)	〃	1,200	1,083	918	926	883	895	960	822	717	772
自　　動　　車　　費 (45)	〃	…	…	…	…	…	…	…	248	249	218
農　　機　　具　　費 (46)	〃	1,457	909	972	977	937	826	796	521	447	477
生　産　管　理　費 (47)	〃	…	36	40	42	44	69	70	64	70	68
労　　　　働　　　　費 (48)	〃	4,997	5,776	4,545	4,524	4,513	4,292	4,512	4,092	3,748	3,651
う　　ち　　家　　族 (49)	〃	4,952	5,440	4,413	4,378	4,371	4,112	4,197	3,878	3,262	3,360
費　　用　　合　　計 (50)	〃	69,781	48,348	46,685	43,092	45,758	48,058	44,599	43,266	44,301	48,757
副　産　物　価　額 (51)	〃	2,236	1,711	1,019	970	942	918	945	1,191	823	768
生産費（副産物価額差引）(52)	〃	67,545	46,637	45,666	42,122	44,816	47,140	43,654	42,075	43,478	47,989
支　　払　　利　　子 (53)	〃	…	742	562	528	585	510	554	616	443	374
支　　払　　地　　代 (54)	〃	…	38	32	31	30	27	64	38	31	50
支払利子・地代算入生産費 (55)	〃	…	47,417	46,260	42,681	45,431	47,677	44,272	42,729	43,952	48,413
自　己　資　本　利　子 (56)	〃	1,696	1,012	906	917	805	826	835	696	719	851
自　作　地　地　代 (57)	〃	382	205	180	187	177	189	208	203	289	360
資本利子・地代全額算入生産費（全算入生産費）(58)	〃	69,623	48,634	47,346	43,785	46,413	48,692	45,315	43,628	44,960	49,624

注：1　平成11年度〜平成17年度は、公表済みの『平成12年　乳用雄肥育牛生産費』〜『平成18年　乳用雄肥育牛生産費』のデータである。
　　2　「労働費のうち家族」について、平成3年までは調査対象経営体の所在するその地方の農村雇用賃金により評価し、平成4年から毎月勤労統計調査（厚生労働省）結果を用いた評価に改訂した。平成10年から、それまでの男女別評価から男女同一評価に改正した。
　　3　平成7年から飼育管理等の直接的な労働以外の労働（自給牧草生産に係る労働、資材等の購入付帯労働及び建物・農機具の修繕労働）を間接労働として関係費目から分離し、「労働費」及び「労働時間」に計上した。

19	20	21	22	23	24	25	26	27	28	29	30	令和元年	2	3	
(11)	(12)	(13)	(14)	(15)	(16)	(17)	(18)	(19)	(20)	(21)	(22)	(23)	(24)	(25)	
51,070	54,504	47,272	46,371	48,269	50,287	52,952	56,919	58,202	61,810	64,929	64,829	65,407	65,804	70,393	(34)
16,960	15,516	13,831	13,723	12,874	14,510	14,393	17,643	19,913	26,527	31,755	31,416	32,517	33,454	32,370	(35)
29,495	34,374	28,724	27,517	29,734	30,784	33,816	34,522	33,385	30,142	28,572	28,640	28,201	27,403	32,390	(36)
29,331	34,251	28,611	27,336	29,558	30,615	33,612	34,309	33,165	29,854	28,144	28,219	27,847	26,677	31,113	(37)
1,116	1,048	1,058	1,088	1,128	1,168	1,173	1,094	1,204	1,331	979	966	1,158	1,446	1,929	(38)
882	837	787	781	845	874	948	1,015	1,009	971	1,015	1,094	1,059	1,008	1,066	(39)
30	59	36	71	66	19	24	39	39	36	56	27	21	17	15	(40)
273	324	330	409	461	428	345	374	391	388	387	397	361	331	441	(41)
430	312	318	356	366	396	403	423	459	535	327	325	365	365	294	(42)
272	280	282	273	287	304	290	284	277	306	259	230	261	262	256	(43)
826	851	1,006	1,144	1,488	959	773	791	767	873	838	890	661	641	678	(44)
272	293	303	253	259	269	275	224	213	241	236	294	244	253	215	(45)
458	542	536	694	689	486	432	423	459	386	441	483	497	570	693	(46)
56	68	61	62	72	90	80	87	86	74	64	67	62	54	46	(47)
3,560	3,626	3,437	3,238	3,272	3,216	3,014	3,210	3,314	3,305	3,083	3,199	2,862	2,896	2,683	(48)
3,284	3,452	3,245	2,918	2,752	2,716	2,601	2,783	2,857	3,087	2,697	2,899	2,583	2,485	2,317	(49)
54,630	58,130	50,709	49,609	51,541	53,503	55,966	60,129	61,516	65,115	68,012	68,028	68,269	68,700	73,076	(50)
812	844	695	705	691	699	621	684	627	566	550	705	597	738	992	(51)
53,818	57,286	50,014	48,904	50,850	52,804	55,345	59,445	60,889	64,549	67,462	67,323	67,672	67,962	72,084	(52)
400	348	317	226	227	345	323	356	314	298	124	121	175	184	182	(53)
76	17	32	11	22	17	17	23	27	21	16	17	17	22	30	(54)
54,294	57,651	50,363	49,141	51,099	53,166	55,685	59,824	61,230	64,868	67,602	67,461	67,864	68,168	72,296	(55)
981	743	774	808	728	506	532	564	540	635	750	781	570	571	596	(56)
150	138	141	161	112	113	113	108	105	138	148	195	137	139	219	(57)
55,425	58,532	51,278	50,110	51,939	53,785	56,330	60,496	61,875	65,641	68,500	68,437	68,571	68,878	73,111	(58)

4　平成７年から、「光熱水料及び動力費」に含めていた「その他の諸材料費」を分離した。
5　平成16年度から、「農機具費」に含めていた「自動車費」を分離した。
6　平成19年度は、平成19年度税制改正における減価償却計算の見直しを行った結果を表章した。
7　調査期間について、令和元年からは調査年１月１日から同年12月31日、平成11年度から平成30年度は調査年４月１日から翌年３月31日、
　平成２年及び平成７年は前年８月１日から調査年７月31日である。

累年統計表（続き）

9　交雑種肥育牛生産費

区　　　分	単位	平成11年度	12	13	14	15	16	17	18	19	20
		(1)	(2)	(3)	(4)	(5)	(6)	(7)	(8)	(9)	(10)
交雑種肥育牛1頭当たり											
物　　財　　費 (1)	円	421,203	386,164	396,266	456,165	415,869	489,544	504,593	542,871	613,561	642,460
も　と　畜　費 (2)	〃	193,507	158,782	156,909	203,612	151,280	220,635	237,357	257,565	277,908	246,948
飼　　料　　費 (3)	〃	186,261	185,460	196,431	209,270	218,374	223,221	222,745	240,535	289,483	346,633
うち流通飼料費 (4)	〃	185,381	184,596	195,524	208,414	217,453	222,017	221,698	239,135	288,502	345,538
敷　　料　　費 (5)	〃	9,695	10,072	10,582	9,596	10,248	10,425	9,764	9,919	8,726	9,118
光熱水料及び動力費 (6)	〃	5,801	5,956	6,009	6,088	5,761	6,042	6,393	6,774	7,479	7,918
その他の諸材料費 (7)	〃	159	168	172	295	378	380	366	292	265	366
獣医師料及び医薬品費 (8)	〃	4,643	4,690	4,498	4,317	4,365	4,605	4,656	4,597	5,067	5,130
賃借料及び料金 (9)	〃	948	1,003	1,016	1,061	1,645	1,755	1,751	1,283	1,228	1,463
物件税及び公課諸負担 (10)	〃	3,046	3,076	3,096	3,172	3,561	3,233	3,217	2,817	2,888	2,511
建　　物　　費 (11)	〃	9,250	9,057	9,182	10,369	10,771	11,223	9,436	9,875	11,185	11,623
自　動　車　費 (12)	〃	…	…	…	…	…	2,687	2,765	3,122	2,553	2,782
農　機　具　費 (13)	〃	7,518	7,544	8,008	7,901	8,751	4,785	5,452	5,157	5,863	6,636
生　産　管　理　費 (14)	〃	375	356	363	484	735	553	691	935	916	1,332
労　　働　　費 (15)	〃	43,471	43,082	42,275	41,552	43,077	44,385	44,048	43,264	43,013	44,580
う　ち　家　族 (16)	〃	41,368	40,743	40,046	38,965	40,682	41,897	41,352	37,521	37,039	43,096
費　用　合　計 (17)	〃	464,674	429,246	438,541	497,717	458,946	533,929	548,641	586,135	656,574	687,040
副　産　物　価　額 (18)	〃	7,256	7,247	8,008	7,808	9,423	8,273	9,254	8,881	7,528	6,766
生産費（副産物価額差引） (19)	〃	457,418	421,999	430,533	489,909	449,523	525,656	539,387	577,254	649,046	680,274
支　払　利　子 (20)	〃	6,390	5,847	6,138	8,489	9,430	6,639	6,967	6,206	6,277	5,821
支　払　地　代 (21)	〃	197	201	217	219	269	290	239	161	148	217
支払利子・地代算入生産費 (22)	〃	464,005	428,047	436,888	498,617	459,222	532,585	546,593	583,621	655,471	686,312
自　己　資　本　利　子 (23)	〃	9,024	8,910	9,278	9,653	8,665	9,759	10,211	10,775	11,175	13,527
自　作　地　地　代 (24)	〃	1,774	1,813	1,850	1,930	2,187	2,102	2,037	2,079	1,860	1,435
資本利子・地代全額算入生産費（全算入生産費） (25)	〃	474,803	438,770	448,016	510,200	470,074	544,446	558,841	596,475	668,506	701,274
1経営体（戸）当たり											
飼養月平均頭数 (26)	頭	80.6	83.3	85.5	85.9	87.3	90.4	91.5	100.3	96.5	94.8
交雑種肥育牛1頭当たり											
販　売　時　生　体　重 (27)	kg	710.3	710.1	714.2	726.0	714.9	729.6	738.0	750.2	758.7	751.6
販　　売　　価　　格 (28)	円	453,059	488,338	378,501	446,589	486,554	582,878	622,952	604,195	575,160	519,531
労　　働　　時　　間 (29)	時間	27.07	26.68	26.84	26.61	27.47	28.39	28.82	28.76	28.77	29.60
肥　　育　　期　　間 (30)	月	18.4	18.5	18.8	19.4	19.0	19.3	19.1	19.2	19.2	19.3
所　　　　　得 (31)	円	30,422	101,034	△ 18,341	△ 13,063	68,014	92,190	117,711	58,095	△ 43,272	△ 123,685
1日当たり											
所　　　　　得 (32)	〃	9,806	33,208	nc	nc	21,205	27,926	35,151	18,643	nc	nc
家　族　労　働　報　酬 (33)	〃	6,325	29,683	nc	nc	17,821	24,333	31,493	14,518	nc	nc

注：1　平成11年度～平成17年度は、公表済みの『平成12年　交雑種肥育牛生産費』～『平成18年　交雑種肥育牛生産費』のデータである。
　　2　平成16年度から、「農機具費」に含めていた「自動車費」を分離した。
　　3　平成19年度は、平成19年度税制改正における減価償却計算の見直しを行った結果を表章した。
　　4　調査期間について、令和元年からは調査年1月1日から同年12月31日、平成11年度から平成30年度は調査年4月1日から翌年3月31日である。

21	22	23	24	25	26	27	28	29	30	令和元年	2	3	
(11)	(12)	(13)	(14)	(15)	(16)	(17)	(18)	(19)	(20)	(21)	(22)	(23)	
529,950	507,627	598,541	630,287	636,593	659,100	703,108	715,192	767,256	780,187	748,809	786,657	808,802	(1)
195,223	187,440	252,733	280,960	258,012	271,169	326,594	371,349	416,488	430,702	405,634	455,172	428,898	(2)
285,828	269,139	294,300	299,790	327,921	339,623	326,384	294,278	298,304	298,560	297,952	288,525	333,843	(3)
284,854	268,214	292,797	299,138	327,060	338,732	325,498	293,216	297,136	297,100	293,518	284,021	326,591	(4)
8,868	8,991	9,270	9,177	9,438	8,721	9,394	8,052	7,629	7,940	8,200	9,005	10,166	(5)
7,073	7,549	8,114	8,338	9,724	10,140	9,476	9,378	9,788	9,807	9,251	8,923	9,531	(6)
426	462	259	214	240	218	334	203	263	254	235	259	291	(7)
4,974	5,107	3,859	4,211	4,734	4,267	3,943	4,525	4,515	4,966	3,677	3,107	3,380	(8)
1,464	1,742	2,769	3,532	2,841	2,682	2,904	2,969	2,831	3,170	3,362	3,275	2,813	(9)
2,806	2,631	2,988	2,953	2,692	2,754	2,774	2,588	2,606	2,583	2,706	2,367	2,468	(10)
12,417	13,638	13,477	11,049	10,699	9,261	9,783	11,042	13,980	12,382	9,105	7,980	8,268	(11)
2,687	3,202	3,188	3,402	3,142	3,209	3,421	3,520	3,648	3,324	2,300	2,655	3,048	(12)
6,713	6,814	6,602	5,892	6,014	5,959	7,293	6,495	6,194	5,456	5,513	4,560	5,267	(13)
1,471	912	982	769	1,136	1,097	808	793	1,010	1,043	874	829	829	(14)
43,424	41,759	41,359	41,285	41,953	41,570	39,329	39,627	39,235	39,749	40,181	38,957	37,029	(15)
40,948	38,270	37,676	37,691	38,261	37,207	33,817	34,240	31,220	31,119	33,257	32,655	30,255	(16)
573,374	549,386	639,900	671,572	678,546	700,670	742,437	754,819	806,491	819,936	788,990	825,614	845,831	(17)
7,238	7,145	5,827	5,800	5,884	6,189	6,290	5,098	5,761	6,686	7,189	8,394	9,729	(18)
566,136	542,241	634,073	665,772	672,662	694,481	736,147	749,721	800,730	813,250	781,801	817,220	836,102	(19)
3,499	3,427	4,994	7,438	5,535	5,583	5,520	4,843	4,006	6,068	4,522	3,974	3,957	(20)
223	211	113	89	90	146	151	286	146	278	547	641	718	(21)
569,858	545,879	639,180	673,299	678,287	700,210	741,818	754,850	804,882	819,596	786,870	821,835	840,777	(22)
11,801	12,365	8,174	11,535	8,602	8,270	8,638	13,011	11,992	7,983	6,272	4,969	4,754	(23)
1,489	1,416	1,763	1,728	1,610	1,547	1,633	1,523	1,582	1,540	1,628	1,413	1,615	(24)
583,148	559,660	649,117	686,562	688,499	710,027	752,089	769,384	818,456	829,119	794,770	828,217	847,146	(25)
97.4	103.8	112.3	117.2	115.4	118.3	125.6	129.8	141.3	144.4	157.5	174.0	197.5	(26)
753.4	766.6	795.7	796.5	806.5	797.9	816.2	813.2	826.6	824.7	813.0	831.7	835.0	(27)
484,302	538,153	505,177	538,858	608,814	655,596	823,570	828,635	768,503	798,525	799,867	691,713	775,418	(28)
29.50	28.72	28.67	27.33	27.59	27.32	25.79	25.36	25.16	24.81	24.31	23.12	21.96	(29)
19.2	19.2	19.0	18.9	19.0	18.8	18.5	18.1	18.6	18.6	18.2	18.0	18.0	(30)
△44,608	30,544	△96,327	△96,750	△31,212	△7,407	115,569	108,025	△5,159	10,048	46,254	△97,467	△35,104	(31)
nc	9,445	nc	nc	nc	nc	41,892	39,807	nc	4,229	18,802	nc	nc	(32)
nc	5,184	nc	nc	nc	nc	38,169	34,451	nc	221	15,591	nc	nc	(33)

交雑種肥育牛生産費

累年統計表（続き）

9　交雑種肥育牛生産費（続き）

区　　　　　分	単位	平成11年度	12	13	14	15	16	17	18	19	20
		(1)	(2)	(3)	(4)	(5)	(6)	(7)	(8)	(9)	(10)
交雑種肥育牛生体100kg当たり											
物　　　財　　　費 (34)	円	59,300	54,381	55,485	62,832	58,176	67,091	68,337	72,368	80,875	85,476
も　　と　　畜　　費 (35)	〃	27,243	22,360	21,971	28,045	21,162	30,238	32,164	34,335	36,632	32,855
飼　　　料　　　費 (36)	〃	26,222	26,118	27,505	28,825	30,548	30,593	30,184	32,065	38,156	46,118
うち　流　通　飼　料　費 (37)	〃	26,098	25,996	27,378	28,707	30,419	30,428	30,042	31,878	38,027	45,972
敷　　　料　　　費 (38)	〃	1,365	1,418	1,482	1,322	1,434	1,428	1,323	1,323	1,150	1,213
光熱水料及び動力費 (39)	〃	817	839	841	839	806	828	866	903	986	1,053
その他の諸材料費 (40)	〃	22	24	24	41	53	52	50	39	35	49
獣医師料及び医薬品費 (41)	〃	654	660	630	595	611	631	631	613	668	682
賃借料及び料金 (42)	〃	134	141	142	146	230	241	237	171	162	195
物件税及び公課諸負担 (43)	〃	429	433	434	437	498	443	436	375	381	334
建　　　物　　　費 (44)	〃	1,303	1,275	1,285	1,428	1,507	1,538	1,278	1,316	1,475	1,547
自　　動　　車　　費 (45)	〃	…	…	…	…	…	368	375	416	336	370
農　機　具　費 (46)	〃	1,058	1,063	1,121	1,088	1,224	656	739	688	773	883
生　産　管　理　費 (47)	〃	53	50	50	66	103	75	94	124	121	177
労　　　働　　　費 (48)	〃	6,120	6,067	5,919	5,723	6,026	6,083	5,969	5,768	5,670	5,932
う　　ち　　家　　族 (49)	〃	5,824	5,737	5,607	5,367	5,691	5,742	5,603	5,002	4,882	5,734
費　　用　　合　　計 (50)	〃	65,420	60,448	61,404	68,555	64,202	73,174	74,346	78,136	86,545	91,408
副　産　物　価　額 (51)	〃	1,021	1,021	1,121	1,076	1,318	1,134	1,254	1,184	992	900
生産費（副産物価額差引）(52)	〃	64,399	59,427	60,283	67,479	62,884	72,040	73,092	76,952	85,553	90,508
支　　払　　利　　子 (53)	〃	900	823	859	1,169	1,319	910	944	827	827	774
支　　払　　地　　代 (54)	〃	28	28	30	30	38	40	32	21	19	29
支払利子・地代算入生産費 (55)	〃	65,327	60,278	61,172	68,678	64,241	72,990	74,068	77,800	86,399	91,311
自　己　資　本　利　子 (56)	〃	1,270	1,255	1,299	1,330	1,212	1,337	1,384	1,436	1,473	1,800
自　作　地　地　代 (57)	〃	250	255	259	266	306	288	276	277	245	191
資本利子・地代全額算入生産費（全算入生産費）(58)	〃	66,847	61,788	62,730	70,274	65,759	74,615	75,728	79,513	88,117	93,302

注：1　平成11年度～平成17年度は、公表済みの『平成12年　交雑種肥育牛生産費』～『平成18年　交雑種肥育牛生産費』のデータである。
　　2　平成16年度から、「農機具費」に含めていた「自動車費」を分離した。
　　3　平成19年度は、平成19年度税制改正における減価償却計算の見直しを行った結果を表章した。
　　4　調査期間について、令和元年からは調査年1月1日から同年12月31日、平成11年度から平成30年度は調査年4月1日から翌年3月31日である。

21	22	23	24	25	26	27	28	29	30	令和元年	2	3	
(11)	(12)	(13)	(14)	(15)	(16)	(17)	(18)	(19)	(20)	(21)	(22)	(23)	
70,341	66,221	75,224	79,137	78,929	82,606	86,145	87,944	92,820	94,599	92,104	94,580	96,870	(34)
25,912	24,452	31,763	35,276	31,990	33,986	40,014	45,663	50,386	52,224	49,894	54,726	51,366	(35)
37,938	35,110	36,986	37,640	40,659	42,566	39,988	36,187	36,088	36,201	36,648	34,689	39,984	(36)
37,809	34,989	36,797	37,559	40,552	42,454	39,880	36,057	35,947	36,024	36,103	34,148	39,115	(37)
1,177	1,173	1,165	1,152	1,170	1,093	1,151	990	923	963	1,009	1,082	1,217	(38)
939	985	1,020	1,047	1,206	1,271	1,161	1,153	1,184	1,189	1,138	1,073	1,142	(39)
57	60	33	27	30	27	41	25	32	31	29	31	35	(40)
660	666	485	529	587	535	483	556	546	602	452	374	405	(41)
194	227	348	443	352	336	356	365	342	384	414	394	337	(42)
373	343	375	371	334	345	340	318	315	313	333	285	296	(43)
1,648	1,779	1,694	1,388	1,326	1,161	1,199	1,358	1,691	1,501	1,120	960	991	(44)
357	418	401	427	389	402	419	433	442	403	283	319	366	(45)
891	889	830	740	746	747	894	799	749	661	677	548	632	(46)
195	119	124	97	140	137	99	97	122	127	107	99	99	(47)
5,764	5,447	5,198	5,184	5,202	5,210	4,818	4,873	4,746	4,821	4,943	4,683	4,434	(48)
5,435	4,992	4,735	4,732	4,744	4,663	4,143	4,211	3,777	3,775	4,091	3,926	3,623	(49)
76,105	71,668	80,422	84,321	84,131	87,816	90,963	92,817	97,566	99,420	97,047	99,263	101,304	(50)
961	932	732	728	729	776	771	627	697	811	884	1,009	1,165	(51)
75,144	70,736	79,690	83,593	83,402	87,040	90,192	92,190	96,869	98,609	96,163	98,254	100,139	(52)
464	447	628	934	686	700	676	595	485	736	556	478	474	(53)
30	28	14	11	11	18	19	35	18	34	67	77	85	(54)
75,638	71,211	80,332	84,538	84,099	87,758	90,887	92,820	97,372	99,379	96,786	98,809	100,698	(55)
1,566	1,613	1,027	1,448	1,067	1,037	1,058	1,600	1,451	968	772	597	569	(56)
198	185	222	217	200	194	200	187	191	187	201	169	194	(57)
77,402	73,009	81,581	86,203	85,366	88,989	92,145	94,607	99,014	100,534	97,759	99,575	101,461	(58)

累年統計表（続き）

10　肥育豚生産費

区分	単位	平成2年	7	平成11年度	12	13	14	15	16	17	18
		(1)	(2)	(3)	(4)	(5)	(6)	(7)	(8)	(9)	(10)
肥育豚1頭当たり											
物財費 (1)	円	26,678	22,869	22,770	22,442	23,337	24,009	24,445	25,256	25,008	26,702
種付料 (2)	〃	…	21	43	50	54	54	51	51	65	65
もと畜費 (3)	〃	13,547	57	35	41	29	27	25	23	19	14
飼料費 (4)	〃	10,816	17,281	16,811	16,476	17,235	17,651	18,239	19,139	18,582	19,502
うち流通飼料費 (5)	〃	10,810	17,275	16,810	16,474	17,234	17,648	18,234	19,138	18,581	19,501
敷料費 (6)	〃	122	184	150	139	140	142	131	138	139	155
光熱水料及び動力費 (7)	〃	407	948	942	981	1,004	995	1,020	1,042	1,206	1,346
その他の諸材料費 (8)	〃	…	41	62	61	58	60	45	38	54	59
獣医師料及び医薬品費 (9)	〃	545	1,390	1,369	1,303	1,296	1,352	1,355	1,409	1,357	1,376
賃借料及び料金 (10)	〃	124	157	250	251	283	288	288	322	403	287
物件税及び公課諸負担 (11)	〃	…	174	172	170	175	170	186	161	183	207
繁殖雌豚費 (12)	〃	…	601	824	815	837	823	722	730	745	824
種雄豚費 (13)	〃	…	155	167	176	182	175	146	130	130	132
建物費 (14)	〃	594	1,106	1,147	1,184	1,238	1,352	1,366	1,189	1,191	1,802
自動車費 (15)	〃	…	…	…	…	…	…	…	256	263	263
農機具費 (16)	〃	523	694	710	699	700	808	769	539	578	571
生産管理費 (17)	〃	…	60	88	96	106	112	102	89	93	99
労働費 (18)	〃	3,365	5,135	4,912	4,920	4,799	4,676	4,638	4,581	4,490	4,438
うち家族 (19)	〃	3,180	4,621	4,545	4,568	4,386	4,136	4,069	3,916	3,753	3,585
費用合計 (20)	〃	30,043	28,004	27,682	27,362	28,136	28,685	29,083	29,837	29,498	31,140
副産物価額 (21)	〃	360	1,102	873	837	919	900	788	766	759	767
生産費（副産物価額差引）(22)	〃	29,683	26,902	26,809	26,525	27,217	27,785	28,295	29,071	28,739	30,373
支払利子 (23)	〃	…	349	260	262	271	193	195	182	206	126
支払地代 (24)	〃	…	18	12	11	10	10	10	10	11	15
支払利子・地代算入生産費 (25)	〃	…	27,269	27,081	26,798	27,498	27,988	28,500	29,263	28,956	30,514
自己資本利子 (26)	〃	334	651	604	598	632	641	677	600	636	911
自作地地代 (27)	〃	61	89	94	87	85	83	82	80	84	73
資本利子・地代全額算入生産費（全算入生産費）(28)	〃	30,078	28,009	27,779	27,483	28,215	28,712	29,259	29,943	29,676	31,498
1経営体（戸）当たり											
飼養月平均頭数 (29)	頭	211.2	494.7	594.2	599.9	621.4	622.3	648.0	668.1	678.4	683.5
肥育豚1頭当たり											
販売時生体重 (30)	kg	108.0	107.9	109.6	109.8	110.7	110.7	111.7	111.1	111.0	112.4
販売価格 (31)	円	29,326	28,318	28,124	27,491	31,604	30,104	28,281	30,432	31,507	31,792
労働時間 (32)	時間	28.4	3.63	3.19	3.15	3.14	3.15	3.19	3.11	3.08	3.13
所得 (33)	円	2,823	5,752	5,588	5,261	8,492	6,252	3,850	5,085	6,304	4,863
1日当たり											
所得 (34)	〃	8,555	14,029	15,415	14,716	24,437	18,733	11,450	15,829	20,092	15,687
家族労働報酬 (35)	〃	7,358	12,224	13,490	12,800	22,374	16,563	9,193	13,712	17,798	12,513

注：1　平成11年度～平成17年度は、公表済みの『平成12年　肥育豚生産費』～『平成18年　肥育豚生産費』のデータである。
　　2　平成2年の労働時間の表章単位は、肥育豚10頭当たりで表章した。
　　3　「労働費のうち家族」について、平成3年までは調査対象経営体の所在するその地方の農村雇用賃金により評価し、平成4年から毎月
　　　　勤労統計調査（厚生労働省）結果を用いた評価に改訂した。平成10年から、それまでの男女別評価から男女同一評価に改正した。
　　4　平成5年より対象を肥育経営農家から一貫経営農家とした。
　　5　平成7年から、繁殖雌豚及び繁殖雄豚を償却資産として扱うことを取り止め、購入費用を「繁殖雌豚費」及び「種雄豚費」に計上した。
　　　　また、繁殖豚の育成費用は該当する費目に計上するとともに、繁殖豚の販売価額は「副産物価額」に計上した。

	19	20	21	22	23	24	25	26	27	28	29	30	令和元年	2	3	
	(11)	(12)	(13)	(14)	(15)	(16)	(17)	(18)	(19)	(20)	(21)	(22)	(23)	(24)	(25)	
	29,339	30,741	26,697	25,948	27,649	28,064	29,959	30,659	29,833	27,951	28,619	28,540	29,219	29,116	33,114	(1)
	75	74	75	50	87	90	110	125	132	135	143	151	171	164	185	(2)
	15	13	22	55	66	58	25	21	12	20	31	74	87	24	22	(3)
	22,274	23,685	19,958	18,846	20,185	21,246	22,854	23,100	22,177	20,255	20,541	20,451	20,957	20,292	24,135	(4)
	22,273	23,685	19,958	18,845	20,182	21,245	22,853	23,098	22,176	20,253	20,539	20,450	20,957	20,292	24,135	(5)
	139	124	130	132	133	126	133	129	127	121	113	106	116	142	195	(6)
	1,431	1,331	1,269	1,364	1,406	1,440	1,547	1,600	1,526	1,509	1,592	1,661	1,730	1,752	1,814	(7)
	41	49	53	59	52	73	70	60	56	50	54	52	102	111	95	(8)
	1,337	1,391	1,526	1,588	1,683	1,754	1,907	2,042	2,125	2,090	2,116	1,992	1,917	2,143	2,190	(9)
	262	301	240	280	281	308	317	298	297	270	288	228	284	345	335	(10)
	181	192	177	199	191	188	188	179	179	185	173	183	210	228	226	(11)
	631	587	661	563	731	597	645	552	691	792	811	739	741	803	827	(12)
	154	210	114	140	118	98	106	95	114	130	126	93	98	121	140	(13)
	1,765	1,730	1,466	1,547	1,550	1,138	1,179	1,391	1,339	1,255	1,392	1,510	1,456	1,630	1,551	(14)
	292	288	260	288	285	243	231	235	216	250	257	307	319	319	324	(15)
	615	646	620	710	738	592	527	704	709	752	842	857	894	895	931	(16)
	127	120	126	127	143	113	120	128	133	137	140	136	137	147	144	(17)
	4,384	4,393	4,191	4,165	4,143	4,115	4,024	4,115	4,062	4,280	4,265	4,610	4,767	4,761	5,018	(18)
	3,841	3,755	3,643	3,258	3,242	3,177	3,111	3,220	3,336	3,428	3,423	3,791	4,126	3,957	4,053	(19)
	33,723	35,134	30,888	30,113	31,792	32,179	33,983	34,774	33,895	32,231	32,884	33,150	33,986	33,877	38,132	(20)
	691	833	638	652	764	755	813	866	831	878	883	963	909	993	1,056	(21)
	33,032	34,301	30,250	29,461	31,028	31,424	33,170	33,908	33,064	31,353	32,001	32,187	33,077	32,884	37,076	(22)
	178	152	119	192	164	113	114	112	120	104	69	72	69	77	76	(23)
	13	15	20	19	23	10	11	16	13	9	11	11	13	7	26	(24)
	33,223	34,468	30,389	29,672	31,215	31,547	33,295	34,036	33,197	31,466	32,081	32,270	33,159	32,968	37,178	(25)
	708	761	650	576	577	563	550	573	532	539	588	579	560	565	622	(26)
	90	108	113	123	111	132	126	119	99	84	91	94	105	89	107	(27)
	34,021	35,337	31,152	30,371	31,903	32,242	33,971	34,728	33,828	32,089	32,760	32,943	33,824	33,622	37,907	(28)
	684.0	720.6	749.4	754.1	772.9	813.0	839.3	853.0	855.8	868.3	882.0	796.4	739.0	793.6	802.0	(29)
	112.2	112.8	112.6	112.9	112.9	114.0	113.9	114.0	113.2	113.8	114.2	113.8	114.3	114.5	115.2	(30)
	34,195	33,857	29,293	31,327	30,303	29,373	33,343	39,840	37,963	37,207	39,387	35,983	36,629	38,723	37,658	(31)
	3.12	3.00	2.85	2.83	2.82	2.74	2.69	2.71	2.64	2.72	2.71	2.91	2.95	2.91	2.99	(32)
	4,813	3,144	2,547	4,913	2,330	1,003	3,159	9,024	8,102	9,169	10,729	7,504	7,596	9,712	4,533	(33)
	14,924	10,224	8,490	18,453	8,792	3,876	12,328	34,377	30,430	34,438	41,465	25,437	24,210	32,922	15,110	(34)
	12,450	7,398	5,947	15,827	6,196	1,190	9,690	31,741	28,060	32,098	38,841	23,156	22,091	30,705	12,680	(35)

6 平成7年から飼育管理等の直接的な労働以外の労働（自給牧草生産に係る労働、資材等の購入付帯労働及び建物・農機具の修繕労働）
　を間接労働として関係費目から分離し、「労働費」及び「労働時間」に計上した。
7 平成7年から、「光熱水料及び動力費」に含めていた「その他の諸材料費」を分離した。
8 平成7年から、子豚の販売価額を「副産物価額」に計上するとともに、その育成費用は該当する費目に計上した。
9 平成16年度から、「農機具費」に含めていた「自動車費」を分離した。
10 平成19年度は、平成19年度税制改正における減価償却計算の見直しを行った結果を表章した。
11 調査期間について、令和元年からは調査年1月1日から同年12月31日、平成11年度から平成30年度は調査年4月1日から翌年3月31日、
　平成2年及び平成7年は前年7月1日から調査年6月30日である。

累年統計表（続き）

10　肥育豚生産費（続き）

区　　　　　分	単位	平成2年	7	平成11年度	12	13	14	15	16	17	18
		(1)	(2)	(3)	(4)	(5)	(6)	(7)	(8)	(9)	(10)
肥育豚生体100kg当たり											
物　　　　財　　　　費 (36)	円	24,703	21,182	20,781	20,439	21,074	21,692	21,890	22,725	22,518	23,747
種　　　付　　　料 (37)	〃	…	19	39	46	49	49	46	46	59	58
も　　と　　畜　　費 (38)	〃	12,544	53	32	38	26	25	22	21	17	13
飼　　　料　　　費 (39)	〃	10,015	16,006	15,343	15,006	15,564	15,947	16,333	17,219	16,733	17,343
う　ち　流　通　飼　料　費 (40)	〃	10,009	16,001	15,342	15,004	15,563	15,944	16,329	17,218	16,732	17,342
敷　　　料　　　費 (41)	〃	113	171	137	127	125	128	116	124	125	138
光熱水料及び動力費 (42)	〃	377	877	860	894	907	899	913	938	1,086	1,197
その他の諸材料費 (43)	〃	…	37	56	55	52	54	40	34	49	52
獣医師料及び医薬品費 (44)	〃	505	1,288	1,249	1,187	1,170	1,221	1,214	1,267	1,222	1,224
賃借料及び料金 (45)	〃	115	146	228	228	255	260	259	290	363	255
物件税及び公課諸負担 (46)	〃	…	161	156	154	159	153	166	146	164	185
繁　殖　雌　豚　費 (47)	〃	…	557	752	742	756	744	646	657	671	733
種　雄　豚　費 (48)	〃	…	144	152	161	165	158	131	117	117	117
建　　　物　　　費 (49)	〃	550	1,025	1,047	1,079	1,117	1,222	1,223	1,070	1,072	1,602
自　　動　　車　　費 (50)	〃	…	…	…	…	…	…	…	230	236	234
農　機　具　費 (51)	〃	484	643	649	635	633	731	689	485	520	507
生　産　管　理　費 (52)	〃	…	55	81	87	96	101	92	81	84	89
労　　　働　　　費 (53)	〃	3,115	4,758	4,484	4,482	4,334	4,224	4,154	4,121	4,042	3,947
う　　ち　　家　　族 (54)	〃	2,944	4,358	4,148	4,161	3,961	3,736	3,644	3,523	3,379	3,189
費　　用　　合　　計 (55)	〃	27,818	25,940	25,265	24,921	25,408	25,916	26,044	26,846	26,560	27,694
副　産　物　価　額 (56)	〃	333	1,021	797	763	830	812	706	690	684	683
生産費（副産物価額差引）(57)	〃	27,485	24,919	24,468	24,158	24,578	25,104	25,338	26,156	25,876	27,011
支　　払　　利　　子 (58)	〃	…	323	237	238	245	174	174	164	186	112
支　　払　　地　　代 (59)	〃	…	16	12	10	9	10	9	10	10	14
支払利子・地代算入生産費 (60)	〃	…	25,258	24,717	24,406	24,832	25,288	25,521	26,330	26,072	27,137
自　己　資　本　利　子 (61)	〃	309	603	551	545	571	579	607	540	573	810
自　作　地　地　代 (62)	〃	57	84	86	79	76	75	73	72	76	65
資本利子・地代全額算入生産費 （全算入生産費）(63)	〃	27,851	25,945	25,354	25,030	25,479	25,942	26,201	26,942	26,721	28,012

注：1　平成11年度～平成17年度は、公表済みの『平成12年　肥育豚生産費』～『平成18年　肥育豚生産費』のデータである。
　　2　平成2年の労働時間の表章単位は、肥育豚10頭当たりで表章した。
　　3　「労働費のうち家族」について、平成3年までは調査対象経営体の所在するその地方の農村雇用賃金により評価し、平成4年から毎月
　　　勤労統計調査（厚生労働省）結果を用いた評価に改訂した。平成10年から、それまでの男女別評価から男女同一評価に改正した。
　　4　平成5年より対象を肥育経営農家から一貫経営農家とした。
　　5　平成7年から、繁殖雌豚及び繁殖雄豚を償却資産として扱うことを取り止め、購入費用を「繁殖雌豚費」及び「種雄豚費」に計上した。
　　　また、繁殖豚の育成費用は該当する費目に計上するとともに、繁殖豚の販売価額は「副産物価額」に計上した。

19	20	21	22	23	24	25	26	27	28	29	30	令和元年	2	3	
(11)	(12)	(13)	(14)	(15)	(16)	(17)	(18)	(19)	(20)	(21)	(22)	(23)	(24)	(25)	
26,139	27,245	23,706	22,987	24,496	24,610	26,300	26,887	26,354	24,552	25,069	25,079	25,560	25,426	28,749	(36)
67	65	67	44	77	79	97	110	116	119	125	133	149	143	161	(37)
14	12	20	48	59	51	22	19	11	18	27	65	76	21	19	(38)
19,844	20,990	17,722	16,696	17,885	18,634	20,065	20,255	19,591	17,792	17,992	17,968	18,331	17,722	20,956	(39)
19,843	20,990	17,722	16,695	17,882	18,633	20,064	20,254	19,590	17,791	17,990	17,968	18,331	17,722	20,956	(40)
123	109	116	117	118	110	117	114	112	107	99	94	102	124	168	(41)
1,275	1,181	1,127	1,208	1,245	1,262	1,358	1,403	1,348	1,325	1,394	1,460	1,513	1,530	1,575	(42)
37	43	47	53	45	64	61	53	50	44	48	46	89	97	83	(43)
1,191	1,233	1,354	1,406	1,491	1,538	1,674	1,791	1,877	1,835	1,853	1,750	1,677	1,872	1,901	(44)
233	267	213	248	250	270	277	261	263	238	252	201	249	301	291	(45)
161	171	156	176	169	165	164	156	158	164	151	161	184	199	196	(46)
563	520	587	498	647	524	566	484	610	696	711	649	649	701	718	(47)
137	186	101	124	105	86	93	83	101	114	111	82	86	106	122	(48)
1,573	1,533	1,302	1,371	1,373	998	1,034	1,220	1,183	1,101	1,221	1,328	1,272	1,423	1,346	(49)
260	255	231	255	252	212	203	207	190	219	226	270	280	278	282	(50)
549	573	551	630	654	518	463	619	627	660	736	753	783	781	806	(51)
112	107	112	113	126	99	106	112	117	120	123	119	120	128	125	(52)
3,905	3,894	3,719	3,690	3,672	3,607	3,532	3,610	3,588	3,760	3,736	4,049	4,170	4,159	4,358	(53)
3,422	3,328	3,231	2,886	2,872	2,785	2,730	2,825	2,948	3,011	2,998	3,329	3,609	3,456	3,519	(54)
30,044	31,139	27,425	26,677	28,168	28,217	29,832	30,497	29,942	28,312	28,805	29,128	29,730	29,585	33,107	(55)
616	738	566	579	677	662	714	760	734	771	773	845	794	866	917	(56)
29,428	30,401	26,859	26,098	27,491	27,555	29,118	29,737	29,208	27,541	28,032	28,283	28,936	28,719	32,190	(57)
158	135	106	170	145	99	100	98	106	92	61	63	60	67	66	(58)
12	13	17	17	20	9	10	13	11	8	10	9	11	6	23	(59)
29,598	30,549	26,982	26,285	27,656	27,663	29,228	29,848	29,325	27,641	28,103	28,355	29,007	28,792	32,279	(60)
631	675	577	510	511	494	483	503	470	474	515	509	490	494	540	(61)
81	96	100	109	98	116	110	104	87	74	80	83	91	77	93	(62)
30,310	31,320	27,659	26,904	28,265	28,273	29,821	30,455	29,882	28,189	28,698	28,947	29,588	29,363	32,912	(63)

6　平成7年から飼育管理等の直接的な労働以外の労働（自給牧草生産に係る労働、資材等の購入付帯労働及び建物・農機具の修繕労働）
　を間接労働として関係費目から分離し、「労働費」及び「労働時間」に計上した。
7　平成7年から、「光熱水料及び動力費」に含めていた「その他の諸材料費」を分離した。
8　平成7年から、子豚の販売価額を「副産物価額」に計上するとともに、その育成費用は該当する費目に計上した。
9　平成16年度から、「農機具費」に含めていた「自動車費」を分離した。
10　平成19年度は、平成19年度税制改正における減価償却計算の見直しを行った結果を表章した。
11　調査期間について、令和元年からは調査年1月1日から同年12月31日、平成11年度から平成30年度は調査年4月1日から翌年3月31日、
　平成2年及び平成7年は前年7月1日から調査年6月30日である。

（付表）
個 別 結 果 表 （ 様 式 ）

調査票様式は、次のURLから御覧になれます。
・牛乳生産費統計調査票
・子牛生産費統計調査票
・育成牛・肥育牛生産費統計調査票
・肥育豚生産費統計調査票

【https://www.e-stat.go.jp/stat-search/file-download?statInfId=000040039378&fileKind=2】

年　農業経営統計調査（牛乳生産費）　個別結果表 No.1

○指標部

	調査年	都道府県	センサス番号	生産費区分	頭数階層区分	農業地域類型区分	乳飼比	搾乳牛	負担率	認定農業者区分
	前回センサス番号		法人番号					建物 等	飼料関係作業	

1 生産費総括 (円)

	生産費区分	搾乳牛	負担分	計	搾乳牛	通算1頭当たり	年換算1頭当たり	生乳100kg当たり	女	計

購入
自給
購入
自給

9 物財費
10 飼料費
11 飼料費
12 流通飼料費
13 牧草・放牧・採草費
14 敷料費
15 光熱水料及び動力費
16 その他の諸材料費
17 獣医師料及び医薬品費
18 賃借料及び料金
19 物件税・公課諸負担
20 乳牛償却費
21 建物費
22 自動車費
23 農機具費
24 生産管理費
25 労働費
26 直接労働費
27 間接労働費
28 費用合計
29 生産物価額
30 子牛生産額
31 支払利子
32 支払地代
33 自家労賃
34 自己資本利子
35 自作地地代
36 全算入生産費
37 生産費（支払利子・地代算入）

2 主産物 (kg、円、%)

38	出生量
39	搾乳牛生産量
40	小牛給与量
41	乳飼消
42	自家
43	計
44	乳生産量
45	乳脂肪分3.5%換算乳量
46	価額
47	乳脂肪分
48	平均乳価
49	乳価

3 副産物
(1)きゅう肥 (kg、円)

	1頭当たり	総数	数量	価額
利用		計		
	販売	売却		
	自家農業向	仕向		

(2)子牛の概要 (頭、円)

	1頭当たり	頭数	価額
10日齢	雄		
評価販売	雌		
10日齢	雄		
死亡廃棄	雌		
計(死亡・廃棄含む)	雄		
	雌		
	計		

5 家族員数及び農業就業者等 (人)

	男	女	計
世帯員			
家族農業従事者			
農業就業者			
農業専従者			

6 資本額及び資本利子 (円)

	資本額	利子額
資本額計		
借入資本		
自己資本		
流動資本		
固定資本		
資産別内訳	乳牛	
	建物	
	自動車	
	農機具等	
	牧草関係	

7 乳用牛の月別飼養頭数 (頭)

	搾乳牛	育成牛	子牛
1月			
2月			
3月			
4月			
5月			
6月			
7月			
8月			
9月			
10月			
11月			
12月(末)			
計			
通年換算頭数			

8 借入金 (円)

	借入金	支払利子
調査期末借入残高		

○自給牧草の生産に要した費用 (円)

	価額
光熱動力費	
賃借料及び料金	
その他の諸材料費	
建物費	
自動車費	
農機具等	
計	

搾乳牛の概要 (頭、円)

	頭数	月初～引取頭数	月初～引渡頭数	取得価額	売却価額	減価償却額	うち処分差損失	売却頭数
	調査期間開始頭数							
51	1 産							
52	2 産							
53	3 産							
54	4 産							
55	5 産以上							
56	計							

○自給牧草の生産 (作付面積 (a、kg)

	作付面積	収穫量	種類
いね科	デントコーン		殻類及び野菜類
	イタリアン		生草
	ソルゴー		乾草
	輪作刈取飼料		計
	その他		野
まめ科	いね科主		牧 場
まめ科	その他		放
	その他		牧草給与割合(%)
57			
58			

204

年　農業経営統計調査（牛乳生産費）　個別結果表No.2

○指標部

1　調査　年
2　センサス番号　　前回センサス番号

9　作業別労働時間及び労働費（時間、円）
　　家族（男・女・計）／雇用（男・女・計）
　6　直接労働時間計
　7　飼料調理・給与・給水
　8　敷料搬入・きゅう肥搬出
　9　搾乳・処理・運搬
　10　その他
　11　間接労働時間
　12　自給牧草労働時間
　13　労働時間合計
　14　1頭当たり
　15　労働費
　16　直接労働費
　17　間接労働費
　18　敷料搬入・きゅう肥搬出
　19　自給牧草労働費
　20　1頭当たり

10　年齢階層別家族労働時間及び労働評価額（時間、円）
　　搾乳牛負担労働評価額（男・女・計）
　22　経営管理労働時間
　24　65歳未満
　25　65～70
　26　70～75
　27　75歳以上
　28　計

11　地代（a、円）
　　使用地面積／10a当たり地代／搾乳牛負担地代面積／使用地10a当たり／借入地代
　30　建物敷地
　31　運動場
　32　牧草栽培
　33　放牧地
　34　採草地
　37　支払地代
　38　自給牧草地代
　39　計

12　経営土地（調査開始時）（a）
　　所有地／借入地／計
　42　耕地
　43　普通畑
　44　樹園地
　45　計
　46　小計
　47　畜舎等
　48　畜産放牧地
　49　採草牧地
　50　計
　51　合計

13　物件税及び公課諸負担（円）
　　物件税／公課諸負担／計

14　建物等（円）
　　所有状況／建物／償却費
　　畜舎（㎡）
　　うちフリーストール（㎡）
　　納屋・倉庫（㎡）
　　乾牧草収納庫（㎡）
　　サイロ（㎡）
　　ふん尿貯留槽（基）
　　給水配管
　　クーラー牧
　　電気
　　浄化処理施設
　　その他
　　計

15　自動車（台、円）
　　所有台数／償却費
　　貨物自動車／その他／計

16　農機具（台、円）
　　所有台数／償却費
　　ミルカー・パイプライン
　　バケット
　　搾乳ロボット
　　牛乳冷却機
　　バルククーラー
　　バーンクリーナー
　　トラクター
　　は種機
　　マニュアスプレッダー
　　切り返し機（ローダー）
　　プラウ・ハロー
　　中耕除草機
　　集草機
　　その他の牧草収穫機
　　カッター
　　その他
　　計

17　処分差損失
　　建物／自動車／機具／その他／計

18　流通飼料の給与量と価額（kg、円）
　　数量／価額／単価
　　穀類　大麦／その他の麦／とうもろこし／その他／計
　　ぬか・ふすま類　米ぬか／ふすま／その他／計
　　植物性かす類　大豆油かす／ビートパルプ／その他／計
　　配合飼料　TMR／その他／計
　　牛乳・脱脂乳／いも類及び野菜類／その他の輪わら類／その他／計
　　生牧草／乾牧草／ヘイキューブ／サイレージ／いね発酵粗飼料／ねり発酵飼料／その他／計
　　牛乳・脱脂乳／ねり／その他／計
　　自給飼料／合計

19　自給牧草の給与量（kg）
　　数量／生牧草／乾牧草
　　デントコーン／イタリアン／ソルゴー／輪わら粗飼料／その他／計
　　牧草　まき科／いね科／その他／計
　　野草　放牧／採草

[参考1]　収益性（円、%）
　52　収入
　53　費用
　54　差額
　55　益
　56　得
　　1頭当たり
　　家族労働報酬／1日当たり

[参考2]　消費税（円）
　57　消費費
　58　消費税

[参考3]　飼料給与量（TDN換算量）（kg）1頭当たり
　59　粗飼料／濃厚飼料

205

年　農業経営統計調査（子牛生産費）　個別結果表No. 1

○ 指標部

調査 年	都道府県	センサス番号	認定農業者区分	前回センサス番号	法人番号

頭数階層区分	農業地域類型区分	生産費計算係数	計算期間

生産費区分

1 生産費総括（円）

	計	購 入	自 給	償 却	計算対象畜負担分	子牛1頭当たり（購入・自給・償却・計）

物財費
8 種 付 料
9 飼 料 費
10 流 通 飼 料 費
11 牧草・放牧・採草費
12 敷 料 費
13 光 熱 水 力 費
14 その他の諸材料費
15 獣医師料・医薬品費
16 賃 借 料 及 び 料 金
17 物件税・公課諸負担
18 繁 殖 雌 牛 償 却 費
19 建 物 費
20 自 動 車 費
21 農 機 具 費
22 生 産 管 理 費
23 計
24 労 働 費
25 間 接 労 働 費
26 直 接 労 働 費
27 費 用 合 計

2 主産物
28 副 産 物 価 額
29 生 産 費
30 支 払 利 子
31 支 払 地 代
32 利子・地代算入生産費
33 自 己 資 本 利 子
34 自 作 地 地 代
35 全 算 入 生 産 費
36 労 働 時 間
37 作付・肥育期間

	総 子牛	雌 子牛	雄 子牛	1頭当たり

38 分 べ ん 頭 数（頭）
39 頭 数（頭）
40 販 生 体 重（kg）
41 売 評 価 額（円）
42 販 売
43 法肥・とうた期間（月）
44 死亡・とうた頭数（頭）

3 副産物　きゅう肥（kg、円）

	数 量	価 額	総量

利 用 計
販 売
自家農業仕向
そ の 他
搬 出 量

4 出荷に要した費用（円）
45 材 料 費
46 料 金
47 賃 貸
48 材 料 費
49 料 金
50 賃 貸
51 計

5 計算対象繁殖雌牛の品種別頭数（頭）

	実 頭 数	延べ頭数

黒 毛 和 種
褐 毛 和 種
日 本 短 角 種
そ の 他
計

6 家族員数及び農業就業者等（人）

	男	女

世 帯 員
家 族 員
農 業 就 業 者
農 業 専 従 者
農 業 後 継 者

7 資本額及び資本利子（円）

	資 本 額	資 本 利 子

借 入 資 本
自 己 資 本
計
流動資本
固定資本
繁 殖 雌 牛
建 物
自 動 車
農 機 具 等
牧 草 関 係

販 売 回 数（回）
延べ計算期間（年）

8 繁殖雌牛飼養頭数（頭）
繁 殖 雌 牛
月初がい飼養頭数

9 繁殖雌牛の概要
月 齢（月）
評 価 額（円）
償 却 月 数（月）
償 却 額（円）
処 分 差 損 失（円）
売 却 頭 数（頭）
売 却 価 額（円）
分べん頭数a（頭）
ぺん間平均b/a（月）

1 月
2 月
3 月
4 月
5 月
6 月
7 月
8 月
9 月
10 月
11 月
12 月
計

飼 養 月 数（月）
飼養月平均頭数（頭）

10 借入金（円）
調査終了時借入金残高
支 払 利 子

○ 自給牧草の生産に要した費用（円）
光 熱 動 力 費
賃 借 料 及 び 料 金
その他の諸材料費
建 物 費
自 動 車 費
農 機 具 費
計

価 額

利 子 額
資 本 額

[参考1] 収益性等（円）

	1頭当たり

粗 収 益
生 産 費
利 潤
所 得
1 日 当 た り
家 族 労 働 報 酬
1 日 当 た り

1	2	3	4	5	6	7	8	9	10	11	12	13	14

年　農業経営統計調査（子牛生産費）　個別結果表No.2

○ 指標部

調査年	センサス番号	前回センサス番号

11 作業別労働時間及び労働費（時間、円）

	家族			雇用			単価
	男	女	計	男	女	計	1頭当たり

- 直接労働時間　計
- 飼料調理・給与・給水
- 敷料搬入・きゅう肥搬出
- その他
- 間接労働時間
- 自給牧草労働時間
- 労働時間合計
- 労働　1頭当たり
- 労働費
- 直接労働費
- 間接労働費
- 自給牧草労働費
- 1頭当たり
- 経営管理労働時間

12 年齢階層別家族労働評価額（時間、円）

計算対象畜負担労働評価額			
男	女	計	

- 65歳未満
- 65～70
- 70～75
- 75歳以上
- 計

13 地代（a、円）

	建物牧地	運動場	放牧地	牧草栽培	計

- 所有地　使用面積
- 有　10a当たり地代
- 借入地　使用面積
- 借　10a当たり地代
- 対象畜負担地代
- 計

14 経営耕地（調査開始時）

- 所有地
- 借入地
- 耕地　田、普通畑、樹園地、牧草地、小計
- 畜舎等、放牧地、採草地、用小、計

15 物件税及び公課諸負担（円）

- 物件税
- 課
- 諸負担
- 計

16 建物等（円）

	所有状況	償却費

- 畜舎・倉庫（㎡）
- たい肥舎（㎡）
- たい尿貯留槽（基）
- フン尿処理施設槽（基）
- 飼料用タンク（基）
- その他
- 計

17 自動車（台、円）

	所有台数	償却費

- 貨物自動車
- 自動車
- その他
- 計

18 農機具（台、円）

	所有台数	償却費

- バキュームカー
- マニュアスプレッダー
- ふん尿搬出機
- 切り返し機（ローダー）
- 動力噴霧機
- トラクター
- カッター
- 飼料粉砕機
- 飼料配合機
- その他
- 計

19 処分差損失（円）

- 建物
- 自動車
- 農機具
- 生産管理機器
- 計

20 流通飼料の給与量と価額（kg、円）

	数量	価額	単価

- 穀類　計、大麦、その他の麦、とうもろこし、大豆、飼料用米、その他
- ぬか・ふすま類計、ぬか、ふすま、米・麦ぬか、その他
- 植物性かす類計、大豆油かす、ビートパルプ、その他
- 購入　配合飼料、TMR
- 飼料　牛乳脱脂乳、その他
- いも類及び野菜類
- その他わら類計、稲わら、その他
- 生牧草計
- 乾牧草計
- ヘイキューブ、サイレージ（コーン）、い（稲発酵粗飼料）、その他、合計
- 自給飼料、飼料

21 自給牧草の給与量（kg）

	数量	乾牧草	サイレージ

- 生牧草計
- い科、デントコーン、イタリアン、ソルゴー、稲発酵粗飼料、その他
- まぜき、い科、その他
- 野草計、生草、乾草、計
- 放牧給与量（時間）
- 牧場費

○ 自給牧草の生産（a、kg）

	作付面積	収量	優良

- い科　デントコーン、イタリアン、ソルゴー、稲発酵粗飼料、その他
- ねね科
- まぜまき、その他
- 野草、生草、乾草、計
- 放牧給与量、牧草給与割合（%）

参考2) 清算費

参考3) 飼料給与量（TDN換算量）（kg）1頭当たり、濃厚飼料、粗飼料、飼料、計

207

年　農業経営統計調査（育成牛・肥育牛生産費）　個別結果表 No. 1

○ 指標部

調査年	都道府県	センサス番号	前回センサス番号	法人番号
生産費区分	農業地域類型区分	生産費計算係数	頭数階層区分	認定農業者区分

1　生産費総括（円）

- 購入／自給／計算対象畜負担分／計（育成牛・肥育牛1頭当たり／肥育牛生体100kg当たり）
- 物財費
- 8　もと畜費
- 9　飼料費
- 10　流通同飼料費
- 12　敷料費
- 13　光熱動力費
- 14　その他の諸材料費
- 15　獣医師料・医薬品費
- 16　賃借料及び料金
- 17　物件税・公課諸負担
- 18　建物費
- 19　自動車費
- 20　農機具費
- 21　生産管理費
- 22　労働費
- 23　直接労働費
- 24　間接労働費
- 26　費用合計
- 27　副産物価額
- 28　生産費
- 29　支払利子
- 30　支払地代
- 31　利子・地代全額算入生産費
- 32　自己資本利子
- 33　自作地地代
- 34　資本利子・地代全額算入生産費

3　生産物（kg、頭、円）

- 35　生産物
- 副産物（総数量・1頭当たり／総価額・1頭当たり）
- 利用／販売／自家農業仕向／その他／搬出量／計

4　もと畜（頭、月、円）

- 37　もと畜 頭数（頭）
- 38　月齢（月）
- 39　評価額（円）
- 40　頭数（頭）
- 41　月齢（月）
- 42　生体重（kg）
- 43　販売 評価額（円）
- 44　肥育・育成期間（月）
- 45　死亡・とう汰頭数（頭）
- 46　出荷時に要した費用（円）
- 48　材料費
- 49　料金
- 50　労働費
- 51　計

5　家族員数及び農業就業者等（人）

- 世帯員
- 家族
- 農業就業者
- 農業専従者
- 農業年雇
- 男／女

6　資本額及び資本利子（円）

- 資本額／利子額
- 借入資本／自己資本
- 資産別内訳：流動資本、固定資本、建物、自動車、農機具等、牧草関係、計
- 販売・回転期間（回）／延べ計算期間（年）

7　月始め飼養頭数（頭）

- 実頭数
- 1月〜12月／計／飼養月数（月）／飼養月平均頭数（頭）

8　販売肉用牛の品種別頭数（頭）

- 黒毛／褐毛／日本短角／乳用／その他／計

9　借入金（円）

- 調始末価額残高

〔参考1〕　収益性等（円）

- 租収益／生産費総額／所得／1頭当たり／1日当たり／家族労働報酬／1日当たり

208

年　農業経営統計調査（育成牛・肥育牛生産費）　個別結果表No.2

○ 指標部

1　調査年
2　センサス番号　　前回センサス番号

10　作業別労働時間及び労働費（時間、円）

家族 ／ 雇用（男・女・計）　　1頭当たり　　単価

3
4
5
6　直接労働時間計
7　飼料調理・給与・給水
8　敷料搬入・きゅう肥搬出
9　その他
10　間接労働時間
11　自給牧草労働時間
12　労働時間合計
13　1頭当たり
14　労働費
15　直接労働費
16　間接労働費
17　（敷料搬入きゅう肥搬出費）
18　自給牧草労働費
19　1頭当たり
20　経営管理労働時間

11　年齢階層別家族労働時間及び労働評価額（時間、円）

計算対象畜負担労働時間 ／ 評価額（男・女・計）

21
22
23　65歳未満
24
25　65～70
26　70～75
27　75歳以上
28　計

12　地代（a、円）

所有地 ／ 借入地 ／ 運動場 ／ 放牧地 ／ 牧草栽培 ／ 採草地 ／ 計

29
30　使用地面積
31　所有　10a当たり地代
32　対象畜負担地代
33　使用地面積
34　借入　10a当たり地代
35　対象畜負担地代
36
37

13　経営耕地（調査開始時）(a)

38　田
39　畑　普通
40　　　畑
41　　　樹園地
42　地　牧草
43　　　畜舎放牧
44　　　採草
45　　　小計
46　　　合計

14　物件税及び公課諸負担（円）

49
50　公課負担
51　件諸負担
52　計

[参考2]　消費税（円）
53
54　消費税
55　費税

[参考3]　飼料給与量（TDN換算量）(kg)　1頭当たり
56　濃厚飼料
57　粗飼料
58　計

15　建物等（円）

所有状況 ／ 償却費

畜舎・倉庫（㎡）
納屋・肥舎（㎡）
たい肥舎（㎡）
ふん尿貯留槽（基）
プラ用乾燥施設（㎡）
飼料用タンク（基）
その他
計

16　自動車（台、円）

所有台数 ／ 償却費

貨物自動車
自動車
その他
計

17　農機具（台、円）

所有台数 ／ 償却費

マニュアスプレッダー
ふん尿搬出機
切り返し機（ローダー）
動力噴霧器
カクター
飼料粉砕機
飼料配合機
飼料給水機
その他
計

18　処分差損失（円）

建物
自動車
農機具
生産管理機器
計

19　流通飼料の給与量と価額（kg、円）

数量 ／ 価額 ／ 単価

配合飼料
大麦類　計
　その他の麦
　とうもろこし
　大豆
　飼料用米
　その他
ぬか・ふすま類　計
　ぬか
　米・麦ぬか
　その他
植物性かす類　計
　大豆油かす
　ビートパルプ
　その他
TMR
牛乳・脱脂乳
いも類及び野菜類
その他わら類　計
　稲わら
　その他
生牧草
乾牧草　計
購入
飼料

20　自給牧草の給与量 (kg)

自給　生牧草
飼料　乾牧草　計
　　　わら
　　　その他
　　　計

○ 自給牧草の生産（a、kg）

作付面積 ／ 収穫量 ／ 収量

デントコーン
イタリアン
ソルゴー
稲発酵粗飼料
その他
いも科
せきね科
その他
計
野草　生牧草類及び野菜類（生・乾）
野草（生・乾）
牧草給与割合（面積・割合%）
放牧場（時間）

年　農業経営統計調査（肥育豚生産費）　個別結果表No. 1

○ 指標部

1	調 査 年
2	都 道 府 県
3	前回センサス番号
4	センサス番号
5	法 人 番 号

認定農業者区分 ／ 子豚平均導入月齢 ／ 死亡・とう汰豚平均飼養月齢

子豚平均販売月齢 ／ 肉豚平均販売月齢 ／ 生産費計算頭数 ／ 農業地域類型区分 ／ 頭数階層区分 ／ 生産費区分

1 生産費総括（円）

6	計		
7		購 入	
8	物 財 費	計	自 給
9		種 付 料	負 担 分
10		と 畜 費	償 却
11		も と 畜 費	
12		飼 料 費	
13		流 通 飼 料 費
		牧草・放牧・採草費
14		敷 料 費
15		光 熱 水 料 及 び 動 力 費
16		その他の諸材料費
17		獣医師料・医薬品費
18		賃借料及び料金
19		物件税・公課諸負担
20		繁 殖 雌 豚 費
21		種 雄 豚 費
22		建 物 費
23		自 動 車 費
24		農 機 具 費
25		生 産 管 理 費
26		計
27	労 働 費	
28		間 接 労 働 費
29		直 接 労 働 費
30	費 用 合 計
31	副 産 物 価 額
32	生 産 費
33	支 払 利 子
34	支 払 地 代
35	利子・地代算入生産費
36	自 己 資 本 利 子
37	自 作 地 地 代
38	全 算 入 生 産 費

肥 育 豚 ／ 計 ／ 購 入 ／ 自 給

1 頭 当 た り（価額／償却）

2 主 産 物

39	頭 数（頭）
40	販 売 月（月）
41	生 体 重（kg）
42	評 価 額・とう汰頭数（頭）
43	死 亡・とう汰頭数

総 数 ／ 数 量 ／ 価 額 ／ 1 頭 当 た り

3 副産物（kg、頭、円）

利 用 / 販 売 / 計
自家農業仕向 / その他
肥 育 豚 / 事 故 豚 / 繁 殖 雌 豚 / 種 雄 豚 / 子 豚 / 計

総 数 ／ 数 量 ／ 価 額 ／ 1頭当たり（数量／価額）

4 出荷に要した費用（円）

44	材 料 費
45	料 金
46	労 働 費
47	計

5 家族員数及び農業就業者等（人）

	世 帯 員
	家 族
	農 業 就 業 者
	農 業 専 従 者
	農 業 年 雇

男 ／ 女 ／ 計

生体100kg当たり

6 資本額及び資本利子（円）

	資 本 額	計
		借 入 資 本
		自 己 資 本
	自 己 資 本	流 動 資 本
		労 働 資 本
	固 定 資 本	産 畜
		建 物
	別 内 訳	自 動 車
		農 機 具 等

利 子 ／ 資 本 額

7 肉豚飼養頭数（頭）

肉 豚 の 月 別 飼 養 頭 数（肥育豚＋子豚）

	1 月
	2 月
	3 月
	4 月
	5 月
	6 月
	7 月
	8 月
	9 月
	10 月
	11 月
	12 月
	計
	飼 養 月 数（月）
	飼 養 平 均 頭 数

○ 子豚の生産・販売等状況（頭）

	分べんした繁殖雌豚頭数
	子豚の分べん頭数
	子豚の導入頭数
	子豚の販売頭数

○ 繁殖豚の飼養状況（年始め飼養頭数）

	繁 殖 豚	頭 数
	雄 豚
	後 継 繁 殖 雌 豚
	後 継 種 雄 豚

8 借入金（円）

調整末借入残高

[参考1] 収益性等（円）

	収 益	1頭当たり
	生 産 費
	所 得	総 額
		調 整
		得
		1 日 当 た り
	家族労働報酬
		1 日 当 た り

支 払 利 子

1 2 3 4 5 6 7 8 9 10 11 12 13 14

210

年　農業経営統計調査（肥育豚生産費）　個別結果表No.２

○　指標部

行	調査年	センサス番号	前回センサス番号							
1	調　査　年	センサス番号	前回センサス番号							
2										

9　作業別労働時間及び労働費（時間、円）

行		家族 男	家族 女	家族 計	雇用 男	雇用 女	雇用 計	計 男	計 女	計 計	1頭当たり
6	直接労働時間計										
7	飼料調理・給与・給水										
8	敷料搬入・きゅう肥搬出										
9	その他										
10	間接労働時間										
11	労働時間合計										
12	1頭当たり										
13	労働費										
14	直接労働費										
15	敷料搬入きゅう肥搬出										
16	間接労働費										
17	1頭当たり										
18	経営管理労働時間										

10　年齢階層別家族労働時間及び労働評価額（時間、円）

行		計算対象畜負担労働時間 男	女	計	計算対象牛負担労働評価額 男	女	計
22	65歳未満						
23	65～70						
24	70～75						
25	75歳以上						
26	計						

11　地代（a、円）

行			建物敷地	運動場	牧草栽培	採草地	計
29	所有地	使用地面積					
30		10a当たり地代					
31		対象畜負担地代					
32	借入地	使用地面積					
33		10a当たり地代					
34		対象畜負担地代					

12　経営土地（調査開始時）（a）

行			所有地	借入地	計
37	耕地	田			
38		普通畑			
39		樹園地			
40		牧草地			
41		小計			
42	畜産用地	畜舎等			
43		採草地			
44		小計			
45	合計				

13　物件税及び公課諸負担（円）

行		
48	物件税	
49	公課諸負担	
50	計	

〔参考２〕　消費税（円）

消費税	

14　建物等（円）

	所有状況	償却費
畜舎（㎡）		
たい肥舎（㎡）		
ふん尿貯留槽（基）		
脱臭施設（基）		
浄化処理施設（基）		
ふん乾燥施設（基）		
飼料用タンク（基）		
その他		
計		

〔参考３〕　飼料給与量（TDN換算量）（kg）　1頭当たり

計	濃厚飼料	粗飼料

15　自動車（台、円）

	所有台数	償却費
貨物自動車		
その他		
計		

16　農機具（台、円）

	所有台数	償却費
バキュームカー		
マニュアスプレッダー		
固液分離機		
切り返し機（ローダー）		
動力噴霧機		
トラクター		
飼料粉砕機		
飼料配合機		
自動給餌機		
自動給水機		
その他		
計		

17　処分差損失（円）

建物	
自動車	
農機具	
生産管理機器	

18　流通飼料の給与量と価額（kg、円）

			数量	価額	単価
購入飼料	穀類計				
		大麦			
		その他の麦			
		とうもろこし			
		飼料用米			
		その他			
	ぬか・ふすま計				
		ふすま			
		その他			
	植物性かす類				
	配合飼料				
	エコフィード				
	脱脂乳				
	いも類及び野菜類				
	その他				
	計				
自給飼料					

1	2	3	4	5	6	7	8	9	10	11	12	13	14

令和3年　畜産物生産費

令和5年10月　発行　　　　　定価は表紙に表示しています。

編集　　〒100-8950　東京都千代田区霞が関1－2－1
　　　　　　　　　　　農林水産省大臣官房統計部

発行　　〒141-0031　東京都品川区西五反田7-22-17　TOCビル11階34号
　　　　　　　　　　　一般財団法人　農林統計協会
　　　　　　　　　　　振替　00190-5-70255　TEL　03（3492）2950

ISBN978-4-541-04445-7　C3061